"十二五"职业教育国家规划教材

经全国职业教育教材审定委员会审定

首届黑龙江省教材建设奖优秀教材

种子生产与管理

第 3 版

霍志军　尹　春　主编

U0218791

中国农业大学出版社

·北京·

内 容 简 介

本教材是"十二五"职业教育国家规划教材。《种子生产与管理》介绍了种子生产的基本理论,自交作物、异交作物与无性繁殖作物种子生产的基本知识和生产技术,蔬菜种子生产的基本知识和生产技术,农作物种子质量检验的基本知识,种子室内检验与田间检验及种子加工贮藏技术。每一项目前增加了项目导入,使学生对本项目的学习产生兴趣,并提炼了复习题,便于学生复习。

本教材可作为高等职业院校、本科院校举办的职业技术学院、五年制高职及成人教育种子生产、园艺、农学、生物技术等专业的教材,也可作为从事相关工作的人员的参考用书。

图书在版编目(CIP)数据

种子生产与管理/霍志军,尹春主编.--3 版.--北京:中国农业大学出版社,2022.1(2025.2 重印)

ISBN 978-7-5655-2704-3

Ⅰ.①种… Ⅱ.①霍…②尹… Ⅲ.①作物育种-职业教育-教材 Ⅳ.①S33

中国版本图书馆 CIP 数据核字(2021)第 262811 号

书 名	种子生产与管理 第 3 版		
作 者	霍志军 尹 春 主编		

策划编辑	张 玉	责任编辑	张 玉
封面设计	郑 川		
出版发行	中国农业大学出版社		
社 址	北京市海淀区圆明园西路 2 号	邮政编码	100193
电 话	发行部 010-62818525,8625	读者服务部	010-62732336
	编辑部 010-62732617,2618	出 版 部	010-62733440
网 址	http://www.cau.edu.cn/caup	e-mail	cbsszs@cau.edu.cn
经 销	新华书店		
印 刷	北京时代华都印刷有限公司		
版 次	2022 年 3 月第 3 版 2025 年 2 月第 3 次印刷		
规 格	185 mm×260 mm 16 开本 17.75 印张 450 千字		
定 价	46.00 元		

图书如有质量问题本社发行部负责调换

中国农业大学出版社
"十二五"职业教育国家规划教材
建设指导委员会专家名单
（按姓氏拼音排列）

第 3 版编写人员

主　编　霍志军　黑龙江农业职业技术学院
　　　　尹　春　内蒙古农业大学

副主编　董兴月　黑龙江农业职业技术学院
　　　　申宏波　黑龙江农业职业技术学院
　　　　张彭良　成都农业科技职业学院
　　　　王海萍　湖北生物科技职业学院
　　　　瞿宏杰　襄阳职业技术学院

参　编　贾永红　内蒙古农业大学
　　　　杨忠仁　内蒙古农业大学
　　　　杜嘉轩　北大荒垦丰种业股份有限公司
　　　　张校晗　黑龙江省田友种业有限公司

主　审　苏代群　黑龙江省种业技术服务中心

第 2 版编写人员

主　编　霍志军　黑龙江农业职业技术学院

　　　　　尹　春　内蒙古农业大学

副主编　潘晓琳　黑龙江农业职业技术学院

　　　　　申宏波　黑龙江农业职业技术学院

　　　　　张彭良　成都农业科技职业学院

参　编　贾永红　内蒙古农业大学

　　　　　杨忠仁　内蒙古农业大学

　　　　　戚　秀　萝北县鹤北镇农业服务中心

　　　　　丛丽华　富锦市兴隆岗镇农业服务中心

　　　　　马　艳　富锦市二龙山镇农业服务中心

第 3 版前言

习近平总书记多次对职业教育工作作出批示,充分体现了党中央对于职业教育发展的高度重视。在全面建设社会主义现代化国家新征程中,职业教育前途广阔、大有可为。建设一批高水平职业院校和专业,推动职普融通,增强职业教育适应性,加快构建现代职业教育体系,才能培养更多高素质技术技能人才、能工巧匠、大国工匠。党的二十大报告提出,深入实施种业振兴行动。中国人要牢牢地把饭碗端在自己的手里,粮食基本自给,才能掌握粮食安全的主动权,才能保障国运民生。种子是农业的芯片,也是农业科技进步的重要载体,学好种子生产与管理的基本知识与技能尤为重要。

在《种子生产与管理》第 2 版教材使用中,广大高职院校师生、基层农业技术人员和新型职业农民提出了宝贵意见,据此我们对教材进行了修订,删除了部分不适应的内容,更新了案例素材、学习任务,突出对学生实践能力的培养;同时配备了教学课件,供教学科研与学生使用;增加了课程思政内容,引导学生"懂农业、爱农村、爱农民",主动服务乡村振兴事业。教材采用了由浅入深、循序渐进的总体思想来构建全书的内容,注重实践动手能力的培养,更适合不同专业的需要。

全书由霍志军与尹春任主编,董兴月、申宏波、张彭良、王海萍、瞿宏杰任副主编。绪论与项目一由霍志军与王海萍共同编写,项目二由尹春与瞿宏杰共同编写,项目三由张彭良与董兴月共同编写,项目四由贾永红编写,项目五由董兴月与张校晗共同编写,项目六由申宏波与杜嘉轩共同编写,项目七由杨忠仁编写。全书由霍志军统稿,由黑龙江省种业技术服务中心苏代群审稿。

本教材在编写过程中得到了有关职业院校学者与企事业单位专家的大力支持和帮助,广泛参阅、引用了许多单位及相关专家、学者的著作、论文和教材,在此一并致以诚挚的谢意。

由于编写人员水平有限,书中难免有疏漏之处,欢迎广大读者批评指正,以便我们今后修订、补充和完善。

编　者

2025 年 2 月

第 2 版前言

　　《种子生产与管理》是"十二五"职业教育国家规划教材,是根据教育部《关于加强高职高专教材建设的若干意见》和《关于全面提高高等职业教育的若干意见》的有关精神,了解和征求了许多教学单位的教师和行业专家意见之后进行编写的。

　　本书根据高职高专教育的要求和特点,以项目为载体,结合"项目导入、任务驱动"的教学理念,实训与理论相结合,实现"教、学、练"三者融合。以"必需、够用"作为本课程的编写标尺。把握学生所需教材的深度、广度,着重介绍农作物种子生产与管理的基本知识和技能。但随着经济发展、科技进步,尤其是我国种业的快速发展,种子生产与管理的新技术、新方法、新成果不断涌现,种子生产与管理对就业者的知识、技能要求更高,也更注重其实际操作和应用能力。采用了由浅入深、循序渐进的总体思想来构建全书的内容,加强实践动手能力的培养,更适合不同专业的需要。

　　全书由霍志军与尹春任主编,潘晓琳、申宏波、张彭良任副主编。绪论与项目一由霍志军与戚秀编写,项目二由尹春编写,项目三由张彭良编写,项目四由贾永红编写,项目五由潘晓琳与丛丽华编写,项目六由申宏波与马艳编写,项目七由杨忠仁编写。全书由霍志军统稿。

　　本教材在编写过程中得到了有关职业技术学院学者与企事业专家的大力支持,广泛参阅、引用了许多单位及各位专家、学者的著作、论文和教材,在此一并致以诚挚的谢意。

　　由于编写人员水平有限,书中难免有一些不足之处,欢迎广大读者批评指正,以便我们今后修订、补充和完善。

编　者

2016 年 6 月

目　　录

绪　　论

一、种子生产概念

种子是农业生产最基本的生产资料,也是农业再生产的基本保证和农业生产发展的重要条件。农业生产水平的高低在很大程度上取决于种子的质量,只有生产出高质量的种子供农业生产使用,才可以保证丰产丰收。优质种子的生产取决于优良品种和先进的种子生产技术。种子生产是作物育种工作的延续,是育种成果在实际生产中进行推广转化的重要技术措施,是联结育种与农业生产的核心技术,没有科学的种子生产技术,育种家选育的优良品种的增产特性将难以在生产中得到发挥。因此,一个优良品种要取得理想的经济效益,在具有良好的符合农业生产需要的遗传特性和经济性状的同时,还必须有数量足、质量高的大田用种。种子生产就是将育种家选育的优良品种,结合作物的繁殖方式与遗传变异特点,使用科学的种子生产技术,在保持优良品种种性不变、维持较长经济寿命的条件下,迅速扩大繁殖,为农业生产提供足够数量的优质种子。

种子生产是一项极其复杂和严格的系统工程。广义的种子生产包括新品种选育和引进、区试、审定、育种家种子繁殖、大田用种种子生产、收获、清选、包衣、包装、贮藏、检验和销售等环节。狭义的种子生产包括两方面任务:一是加速生产新选育或新引进的优良品种种子,以替换原有的老品种,实行品种更换;二是对已经在生产中大量使用的品种,有计划地利用原原种生产出遗传纯度变异较小的生产用种,进行品种更新。种子生产计划的制订以及种子的收获、清选、包衣、包装、贮藏、检验和销售等环节将列入种子贮藏加工学、种子检验学和种子经营管理学的范畴。

本课程的主要目的是使学生在学习遗传学、作物育种学和作物栽培学的基础上,进一步了解不同作物的开花生物学与繁殖特性,学习和掌握种子生产的基本原理、生产技术系统及各类作物优良品种生产的技能。

你知道吗?
农业生产中所说的种子与植物学中所说的种子是不是一回事?

二、种子、品种概念

(一)种子的概念

种子是指能够生长出下一代个体的生物组织器官。从植物学概念上理解,种子是指有性繁殖的植物经授粉、受精,由胚珠发育而成的繁殖器官,主要由种皮、胚和胚乳3个部分组成。种皮是包围在胚和胚乳外部的保护构造,其结构及内部不同组分的化学物质对种子的休眠、寿命、发芽、种子处理措施及干燥、贮藏等均发生直接和间接的作用,种皮上的色泽、花纹、茸毛等特征,可用来区分作物的种类和品种;胚是种子的最核心部分,在适宜的条件下能迅速发芽生长成正常植株,直到形成新的种子;胚乳是种子营养物质的贮藏器官,有些植物种子的胚乳在种子发育过程中被胚吸收,成为无胚乳种子,其营养物质贮藏于胚内,特别是子叶内最多。

从农业生产的实际应用来理解,凡可用作播种材料的任何植物组织、器官或其营养体的一部分,能作为繁殖后代用的都称为种子。农业意义上的种子具有比较广泛的含义,为了区别于植物学意义上的种子,亦可称其为"农业种子"。农业种子一般可归纳为三大类型:①真种子,即植物学上所称的种子,它是由母株花器中的胚珠发育而来。如豆类、棉花、油菜、烟草等作物的种子。②植物学中的果实,内含一粒或多粒种子,外部则由子房壁发育的果皮包围。如禾本科作物的小麦、黑麦、玉米、高粱和谷子的种子都属颖果,荞麦、向日葵、苎麻和大麻等的种子是瘦果,甜菜的种子是坚果等。③营养器官,主要包括根、茎的变态物的自然无性繁殖器官,如甘薯的块根,马铃薯的块茎,甘蔗的茎节芽和葱、蒜的鳞茎,某些花卉的叶片等。

(二)品种的概念

品种是人类长期以来根据特定的经济需要,将野生植物驯化成栽培植物,并经长期的培育和不断的选择而形成的或利用现代育种技术所获得的具有经济价值的作物群体,不是植物分类学上的单位,也不同于野生植物。群体中每一个体具有相对整齐一致的、稳定的形态特征和生理、生化特性,即特有的遗传性;而不同品种间的各种特征、特性彼此不完全相同,因而能互相区别。品种是一种重要的生产资料,能在一定的自然、栽培条件下获得高而稳定的产量和品质优良的产品,满足农业生产和人类生活的需要。

品种具有地区适应性。品种是在一定的生态条件下选育而成的,因此要求品种利用在特定的生态条件下进行,因地制宜,良种结合良法。不同品种的适应性有广有窄,但没有任何一个品种能适应所有地区。不同的生态类型地区,所种植的品种不同;即使在同一地区,由于地势、土壤类别、肥力水平等存在差异,所种植的品种也各不相同。在农业生产上,应根据当地的生态与经济条件来选择相应的品种。

品种的利用有时间性。任何品种在生产上利用的年限都是有限的,每个地区,随着经济、自然和生产条件的变化,原有的品种便不能适应。因此,必须不断地进行新品种的选育研究,不断地选育出新的接替品种,以满足农业生产对品种更新的需求。

品种根据其来源(自然变异或人工变异)可分为农家品种(farmers'variety,FV)与现代品种(modern variety,MV),或者传统品种(traditional variety,TV)与高产品种(high yielding variety,HYV)。一般而言,农家品种与传统品种均是指在当地的自然和栽培条件下,经过长期的自然进化而来或者经农民长期的选择和培育而来的品种;现代品种与高产品种则是通过人工杂交等各种育种方法选育的、符合现代农业生产需要的品种。现代品种一般具有高产、抗病、优质等特点。

(三)优良品种的概念

优良品种与品种的概念不同。优良品种是指优良品种的优质种子。一般的标准认为,优良品种是经过审定定名品种的符合一定质量等级标准的种子。优良品种和优质种子是密切相关的。优良品种是生产优质种子的前提,一个生产潜力差、品质低劣的品种,繁殖不出优质的种子,不会有生产价值;一个优良品种倘若不能繁殖生产出优质的种子,如种子混杂、成熟度不好、不饱满或感染病虫害等,这个优良品种就无法充分发挥其生产潜力和作用。

从目前我国各地的农业生产及国民经济的发展来看,一个优良品种应具备高产、稳产、优质、多抗、成熟期适当、适应性广和易于种植、栽培管理等特点。高产是一个优良品种必须具备的基本条件。但单纯认为产量高就是好品种的看法也不全面。随着生产和人民生活水平的提高,人们对农产品,不仅要求数量多,还要求质量好。因此,良种除应具备稳定遗传的产量、品质优良特性外,还要具备较强的抵抗各种自然灾害(如病虫害、霜冻害及旱、涝、盐、碱等)的能力和对当地及不同地区的自然条件(气候条件、土壤条件、耕作制度和栽培条件)的适应能力。品种的抗逆性、适应性以及稳定性是充分发挥良种高产、稳产和优质潜力的必要条件和保证。

因此,优良品种必须具备的条件是多方面的,而且各方面是相互联系的,一定要全面衡量,不能片面地强调某一性状,性状间要能协调,以适应自然、栽培条件。但是,要求一个优良品种的各个性状都十全十美也是不现实的。优良品种只是在主要经济性状和适应性方面是好的,而在另一些性状上还是会有缺点的,但这些缺点的程度轻,或属于次要的性状,而且可以通过栽培措施予以克服或削弱。要着眼于它在整个农业生产或国民经济中的经济效益。比如,有些品种特别早熟,能给后季安排一个早茬口,增加全年的总产量;又如在麦棉两熟地区,选育早熟、优质的棉花品种,作为麦后棉或麦套棉,即使棉花本身的产量稍低些,但可缓解粮、棉争地的矛盾,也会受到欢迎。目前各地都在推广优质小麦品种,这些优质品种的产量可能稍低,但人们对优质麦的需求量增加,优质小麦可以以优价销售,同样也受到了农民的欢迎。又如,优质的油菜、大豆、花生、向日葵等油料作物品种的籽粒产量也可能稍低些,但其籽粒的含油量高,相对经济效益还是较高,这样的品种也一定会受到欢迎。

良种是优良品种的繁殖材料——种子,应符合纯、净、壮、健、干的要求。

纯,指的是种子纯度高,没有或很少混杂有其他作物种子、其他品种或杂草的种子。特征特性符合该品种种性和国家种子质量标准中对品种纯度的要求。

净,指的是种子净度好,即清洁干净,不带有病菌、虫卵。不含有泥沙、残株和叶片等杂质,符合国家种子质量标准中对品种净度的要求。

壮,指的是种子饱满充实,千粒重和容重高。发芽势、发芽率高,种子活力强,发芽、出苗快而健壮、整齐,符合国家种子质量标准中对种子发芽率的要求。

健,指的是种子健康,不带有检疫性病虫害和危险性杂草种子。符合国家检疫条例对种子健康的要求。

干,指的是种子干燥,含水量低,没有受潮和发霉变质,能安全贮藏。符合国家种子质量标准中对种子水分的要求。

为了使生产上能获得优质的种子,国家技术监督局发布了《农作物种子检验规程》和《农作物种子质量标准》。根据种子质量的优劣,将常规种子和亲本种子分为育种家种子、原种和大田用种,大田用种划分为大田用种一代、大田用种二代。杂交种子分为一级、二级。各级原、大田用种均必须符合国家规定的质量标准。

你知道吗?
在现代农业生产中,优良品种应该具备哪些条件?

三、种子生产在农业生产中的作用

国内外现代农业发展史生动地说明:良种在农业生产发展中的作用是其他任何因素都无法取代的。近 20 年来,世界粮食产量较 20 年前翻了一番,其中优良品种增产的份额占 30%～35%。我国的农业生产发展也深刻地说明了这一点。近 20 年来,在人口持续增长,人民生活水平不断提高,可耕地面积不断缩小的前提下,各类农产品的持续供给能力大幅度增长,主要农产品的生产总量已出现结构性剩余,我国的农业生产达到这样的境界,种子的贡献功不可没。

为了科学、准确、客观地评价良种在农业生产发展中的作用,我国科学家做了大量的相关研究。丹东市农业科学研究所的科技人员曾对辽宁省 25 年中 226 个玉米品种区域试验点,2 530 个实验数据进行统计分析。结果表明:品种改良的增产效应在增产因素的总效应中占 37.1%,这一结果与国际认同的研究结果基本一致。

种子在农业生产发展中的重要作用集中地表现为以下几个方面:

1.大幅度提高单产和总产

优良品种的基本特征之一是具备丰产性,增产潜力较大。丰产性是一个综合性状,它要求品种在资源环境条件优越时能获得高产,在资源环境条件欠缺时能获得丰产。因此,优良品种的科学使用和合理搭配是大幅度提高单产和总产的根本措施。

2.改善和提高农产品品质

推广优质品种是提高农产品品质的必由之路。近十几年来,我国品质育种已取得重大进展,不仅大宗作物如水稻、小麦、玉米、油菜等有了高产优质品种,而且小杂粮(油)作物亦有了高产优质品种,如山西省农业科学院育成的晋黍 3 号、晋亚 6 号、晋谷 21 号等,对推动我国北方杂粮区的农业生产发展发挥了积极作用。

3.减轻和避免自然灾害造成的损失

推广抗病、抗虫和抗逆能力强的品种,能有效减轻病、虫害和各种自然灾害对作物产量的影响,实现稳产、高产。棉花是病、虫害较多的作物之一,近 20 年来,棉花育种工作者选育出晋棉 11 号、中棉 12 等抗病品种,基本上消除了枯萎病、黄萎病对棉花的威胁。随着转 Bt 基因抗虫棉的产生和推广,棉铃虫的威胁也将成为历史。

4.有利于耕作改制,促进种植业结构调整,扩大作物栽培区域

在我国中、高纬度地带,热量不足常常制约其他农业资源的高效利用。选择合适的作物种

类和品种予以组合,实施间作、套种,进行 2 年 3 作、1 年 2 收耕作制,可有效地提高资源利用率。如黄淮海地区实施的小麦、玉米 1 年 3 收,亩产过吨的例子就是著名的典型,生动地说明了种子在种植制度改革中能发挥重要作用。

5.促进农业机械化发展,大幅度提高劳动生产率

实现大田作物作业机械化,要求配置适合机械化作业的品种及其种子。例如,在棉花生产中,一些先进的国家已培育出株型紧凑、适于密植、吐絮早而集中、苞叶能自动脱落的新品种,基本符合机械化收获的要求,有力地促进了棉花机械化生产。

6.提高农业生产经济效益

在农业增产的各因素中,选育推广良种是投资少、经济效益高的技术措施。据资料介绍,美国对玉米种子研究工作的投资效益为 1∶400。陕西省农业科学院选育推广玉米杂交种的经济效益为 1∶450。种子在提高农业生产经济效益中的作用由此可见一斑。

> **你知道吗?**
> 现代农业生产中,优良品种具有哪些作用?

四、种子生产体系发展

一切现代农业技术、农艺措施都是直接或者间接地通过种子这一载体在农业生产中发挥作用的。种子生产水平在一定程度上代表一个国家的农业科技水平,因此受到世界各国的高度重视。由于各国科技与经济发展的不平衡,其种子生产体系发展水平各不相同。Douglas(1980)与 Morris(1998)指出,各国的种子生产发展均要经历相同的过程。关于种子生产体系的发展阶段,分别提出了不同的划分标准与方法。Douglas 根据种子工业发展的组织形式变化将种子工业的发展过程划分为 4 个阶段。

阶段一:存在一些育种单位与组织,这些组织繁殖少量的种子并散发给较少数的农户种植。

阶段二:种子仍由育种单位组织繁殖,但种子的散发则由经过挑选的承担种子繁殖任务的农户承担,在市场上有少量的种子销售。

阶段三:国家制定一系列有关种子工业发展、种子生产、销售、质量控制、签证和培训等政策,这些政策被有效地执行。

阶段四:国家的种子政策经常被修订,其注意力放在发展和强化商品种子的生产与销售上,有关种子的法律已被确立,各种培训活动经常进行,并建立了与其他许多有关组织和单位的联系。

然而,随着种子研究、生产与供应的国际合作的增加,除了一些国际合作组织对种子生产、科研与供应的作用外,一些融新品种选育科研、种子生产与销售为一体的跨国公司对国际种子市场的作用越来越大,一些国家农业生产使用的种子主要依赖于这些公司的供应。与此同时,各国国内的种子科研、生产与供应情况也发生了相应的变化,一些发达国家有关政府公共组织参与种子生产的活动逐渐被削弱,而一些私人组织的种子经营活动则越来越强。为此,Morris(1998)依据技术发展、经济学、组织理论与行为科学等有关理论,提出了世界种子生产体系发

展的新的阶段划分方法,他将整个种子工业的发展过程划分为 4 个阶段,即前工业化阶段、产生阶段、快速发展阶段与成熟阶段。

阶段一:前工业化阶段。此阶段,所有的种子生产、改良与散发活动均由单个农民进行,专门从事种子经营活动的组织由于缺乏生产种子的材料而很难生存。但这一时期农民的种子相互交换效率相对较高。

阶段二:产生阶段。随着农业生产的发展对种子需求不断增加,不断刺激与诱导了种子工业组织的形成和发展。起初,政府公共组织承担了新品种研发、良种生产、向农民散发(包括无偿分发种子给农民、以粮换种及种子销售等)及给农民提供培训与教育等种子使用技术服务的主要任务。虽然这样的活动无利可图,但政府以此来作为实现保障食物安全、改善公共福利或者平衡不同行业分配不平等政策目标的手段。在这种情况下,种子市场价格不取决于市场需求,而取决于政府的政策目标。

此阶段,农民对良种的需求能力仍较弱。有关改良品种研究、良种生产、种子散发及对农民采用新品种教育培训活动的成本,高于种子经营活动所获得的收入。所以,商业种子公司或者私人种子经营者很难生存。

阶段三:快速发展阶段。随着农民对良种增产作用的认识不断增强,越来越多的农民开始购买和采用商品种子,使种子工业快速发展。政府公共组织仍控制着育种科研活动,但商业种子公司与私人公司开始生产与销售商品种子,并与政府公共组织竞争。许多情况下,最初的私人公司是前国有公司雇员支持或资助的小公司,这些公司往往作为公共组织种子经营活动的补充,承担一些传统的国有公共组织不经营的小规模经营项目任务。

阶段四:成熟阶段。当较多的农户定期更换种子时,种子销售市场则多由种子商业企业与私人公司控制。政府的公共组织则逐渐被商业企业与私人公司所替代,公共组织不再从事种子的销售活动,由公共组织控制的一些应用育种研究活动也逐渐减少。在这一时期,种子的生产与服务活动受到市场的调节,其价格与市场需求相吻合,价格信号反映市场需求,商业企业与私人公司进行较高效率的种子生产、经营与服务活动。与此同时,公共组织的种子经营活动全部被商业企业与私人公司的相应活动所替代。

在这一时期,政府公共组织所承担的任务并未消失,其保障本国的食物安全、改善公共福利与平衡不同行业分配不平等的任务,将会由原来保障种子的供应转移到加强基础研究上,其作用越来越大。

通过分析国际种子生产体系的发展历程,可以看出我国的种子生产体系发展历程也在沿着这条轨迹向前发展,走向成熟阶段。

(一)中国种子生产体系的发展

中国是一个农业大国,也是一个农业古国,早在西汉年间的《氾胜之书》中即记载了对种子的处理方法。《齐民要术》也有关于种子的叙述。罗振玉(1900)著《农事私议》中对种子的重要性进行了介绍:"郡、县设售种所议",建议从欧美引进玉米良种,并设立种子田,"俾得繁殖,免求远之劳,而收倍蓰之利"。新中国成立前,中央有中央农业推广委员会、中央农业实验所,省有农业改进所,地方上有农事试验场,形成种子生产体系的雏形。但是由于科技水平的局限性,只有少数单位从事主要农作物引进示范推广工作,农业生产中使用的种子多为当地农家品种,类型繁多,产量较低。新中国成立后,随着中国农村经济体制改革和商品经济的发展以及农业科学水平的快速提高,中国的种子生产体系取得了很大的进步,种子生产体系的发展大致经历了以下4个不同的发展时期。

1."家家种田,户户留种"时期(1949—1957年)

新中国成立初期,我国的种子生产基本处于家家种田、户户留种的局面。广大农村地区使用的品种和种子多、乱、杂,常常是粮种不分,以粮代种。同时,由于技术和生产设施条件的简陋以及自然灾害的影响,许多农户在春季播种时没有足量的种子。农业部根据当时的农业生产情况,要求广泛开展群选群育的活动,选出的品种就地繁殖,就地推广,在农村实行家家种田,户户留种,以保证农户的基本用种需求。但是这种方式只适用于较低生产水平的农业生产,由于户户留种,邻里串换,易造成粮种不分,以粮代种,很难大幅度提高单位面积产量。

2."四自一辅"时期(1958—1977年)

随着生产的发展,农业合作化后,集体经济得到发展,农业部于1958年4月提出我国的种子生产推行"四自一辅"的方针,即农业生产合作社自繁、自选、自留、自用,辅之以国家调剂。同时种子机构得到充实,各级种子管理站实施行政、技术、经营三位一体。山东栖霞的"大队统一供种"和黑龙江呼兰"公社统一供种"走在了全国种子生产"四自一辅"的前列,并被作为典型在全国推广。这种生产大队(或公社)有种子生产基地、种子生产队伍、种子仓库,统一繁殖、统一保管和统一供种的"三有三统一"的措施,基本解决了农村用种的问题。

在"四自一辅"的方针指导下,种子生产有了很大的发展。由于强调种子生产的自选、自繁、自留、自用,农业生产中品种多、乱、杂的情况虽然有所改变,但是仍未能彻底解决。农村地区种子生产依然处于多单位、多层次、低水平状态。

3."四化一供"时期(1978—1995年)

1978年5月,国务院批准了农林部《关于加强种子工作的报告》,批准在全国建立各级种子公司,继续实行行政、技术、经营三位一体的种子工作体制,并且提出我国的种子工作要实行"四化一供"的要求,即品种布局区域化、种子生产专业化、种子加工机械化、种子质量标准化,以县为单位有计划地组织统一供种。种子工作由"四自一辅"向"四化一供"转变是当时农村实行家庭联产承包责任制及商品经济发展的必然结果。以生产队为基础的三级良种繁育推广体系自然而然地解体。种子生产的专业化和社会化以及商品化的应用体系应运而生。在这一时期,有关部门制定了一系列的种子工作法规,国务院于1989年3月发布了《中华人民共和国种子管理条例》,条例包括总则、种质资源管理、种子选育与审定、种子生产、种子经营、种子检验和检疫、种子贮备、罚则及附则共9章。1989年12月农业部颁布了《全国农作物品种审定委员会章程(试行)》和《全国农作物品种审定办法(试行)》。这一系列法规条例的发布,极大地促进了我国种子工作的发展,为我国种子产业的现代化发展奠定了基础。

4.实施"种子工程",加速建设现代化种子产业时期(1996年至今)

随着我国经济体制由计划经济向市场经济转变,"四化一供""三位一体"的种子生产体系虽然在提高种子质量、规范品种推广、促进农业生产方面发挥了巨大的作用,但是已经不能够适应新的经济体制下的农业生产对种子的需要,急需一个适应现代农业要求的种子生产新体系。为了真正把中国的种子推上国际商品竞争的舞台,1995年召开的全国种子工作会议提出了推进种子产业化、创建"种子工程"的集体意见。

党的十五届六中全会将"种子工程"列入农业生产发展的重点。"种子工程"明确提出了我国的种子生产体系要实现四大根本转变,由传统的粗放型向集约型大生产转变,由行政区域的自给性生产经营向社会化、国际化、市场化转变,由分散的小规模生产经营向专业化的大中型或集团化转变,由科研、生产、经营相互脱节向育种、生产、销售一体化转变。形成结构优化、布局合理的种子产业体系和科学的管理体系,建立生产专业化、经营集团化、管理规范化、育繁销一体化、大田用种商品化的适应市场经济的现代化种子生产体系。

当前,在种子工程的推动下,我国的种子生产体系发生了深刻的变化。2000 年 12 月 1 日起《中华人民共和国种子法》施行,特别是加入国际植物新品种保护联盟(UPOV)以来,种业品种权申请数量的增长态势迅猛,从 2017 年起已超过欧盟,居第 1 位。但是,我国种业存在品种同质化现象,虽然品种数量多,但缺乏具有全球竞争力的产品,规模优势没有成为产业优势。与国际一流企业的差距依然很大,企业研发投入不足是导致创新能力不强的主要原因。据公司年报显示,2020 年德国拜耳公司的研发投入为 71.26 亿欧元,美国科迪华公司为 11.42 亿美元;作为国内种业领头羊的袁隆平农业高科技股份有限公司,研发投入仅为 4.11 亿元人民币,与国际种业巨头相比差距明显。一个优良品种的诞生,往往要经过十几年甚至数十年的投入,研发成本高昂,所以,高性能种子的研发一直都是国际种业巨头的“专利”。

2020 年中央经济工作会议指出:种子是农业的“芯片”,要打好种业翻身仗,开展种源“卡脖子”技术攻关。“中国粮主要用中国种”,种业“破卡”刻不容缓。2021 年中央全面深化改革委员会第二十次会议,审议通过《种业振兴行动方案》。会议强调,把种源安全提升到关系国家安全的战略高度,实现种业科技自立自强、种源自主可控。加快实施农业生物育种重大科技项目,开展种源关键核心技术攻关,扎实推进南繁硅谷等创新基地建设。中央政府工作报告中多次强调,要加强种质资源保护利用和优良品种选育推广,开展农业关键核心技术攻关,建设国家粮食安全产业带。

随着经济全球化、市场一体化进程加速,种业跨国公司对种业市场份额的竞争日益激烈,大型种业跨国公司所在国家的全球市场份额占比体现了该国的产业竞争力。2019 年,我国有 4 家企业(先正达集团、袁隆平农业高科技股份有限公司、北大荒垦丰种业股份有限公司、苏垦农发股份有限公司)进入全球销售额前 20 名,彰显了我国种业发展的巨大潜力,绪表 1 为 2019 年销售额 Top10 企业。

绪表 1　2019 年销售额 Top10 企业

排名	公司	国别	销售额/百万美元
1	拜耳公司	德国	10 667
2	科迪华公司	美国	7 590
3	先正达集团	中国	3 083
4	巴斯夫股份公司	德国	1 619
5	利马格兰集团	法国	1 491
6	科沃施集团	德国	1 263
7	丹农种子股份公司	丹麦	779
8	坂田种苗株式会社	日本	587
9	泷井种苗株式会社	日本	484
10	袁隆平农业高科技股份有限公司	中国	450

注:数据来源于各跨国种业公司年报。

(二)美国种子生产体系的发展

美国现代种子产业开始于 19 世纪,形成于 20 世纪中期,特别是杂交优势的发现和应用,促进了大规模杂交种子产业的形成。纵观美国种子产业发展历程,主要经过了以下几个历史时期。

1.政府管理时期

1900—1930 年,种子产业刚刚兴起,优良品种尚未置于法律保护之下,种子市场运营缺乏操作基础。政府拨款给各州立大学农业试验站,培育出第一批玉米新品种。各州相继成立"作物品种改良协会"或"种子认证机构",开始组织和实施种子认证计划,其目的是生产和销售高质量的种子。1919 年美国正式成立国际作物改良协会,其目的一是促进认证种子的生产、鉴定、销售和使用,二是制定种子生产、贮存和装卸的最低质量标准,三是制定统一的种子认证标准和程序,四是向公众宣传认证种子的好处以鼓励广泛使用。1930 年以后美国的玉米新品种大多是由州立大学和科研机构培育,政府管理下的种子认证系统成为农民获得良种的唯一途径。作物品种改良协会对提高种子质量、促进种业发展起到了重要作用。

2.立法过渡时期

1930 年以后,美国通过立法实行品种保护,促进种业市场化。种子立法为种子市场提供制度保证,开始从以公立机构为主经营向以私立机构为主经营转变。私人种子公司主要有 3 类:最初的私人公司只从事种子加工、包装和销售,在此基础上逐渐演化出专业性和地域性的种子公司;一些公司靠销售公共品种起家,还有许多公司聘用育种家,培育新品种或出售亲本材料;后期出现了大型的种业公司,把研究、育种、生产和销售紧密结合起来。

3.公司垄断时期

20 世纪 70—80 年代,私人种子公司居美国种业的主导地位,通过市场竞争,特别是高新技术引入子产业,超额利润吸引大量工业资本和金融资本进入,使种子公司朝着大型化和科研、生产、销售、服务一体化垄断方向发展。

4.跨国公司竞争时期

20 世纪 90 年代,种子产业发展中最明显的是育种研究、种子生产与营销供应的国际化趋势加强,兴起融育、繁、销于一体的跨国种业集团公司,对国际种子市场垄断趋势越来越强。一些国家的种子主要依赖跨国种子公司供应,而种子公司也为实力更为雄厚的财团兼并或收购。美国的种子公司大力向国外扩展,而欧洲一些国家的种子公司也开始进军美国,参与种子市场的竞争。目前,美国发展了一大批融种子科研、生产、加工、销售和技术服务为一体的世界著名的跨国种子公司或集团,如科迪华、孟山都、杜邦等。种子年贸易额 60 亿美元左右,每年大约生产 60 000 个品种的种子,与世界上 120 多个国家和地区有种子贸易往来,贸易额占世界种子总贸易额 300 亿美元的 20%。

你知道吗?
在现代农业生产上,种子工作发展体系共分为几个阶段,与农业发达国家还有哪些差距?

项目一

种子生产与管理基础

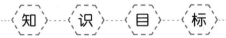

- 理解作物繁殖方式与种子的类别；
- 掌握纯系学说与种子生产的关系；
- 掌握品种混杂退化的原因与防治方法；
- 掌握杂种优势的利用与杂交种生产。

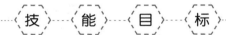

- 能够进行种子生产基地建设与选择；
- 会区分种子类别；
- 熟练掌握不同作物种子繁殖类型。

【项目导入】

　　"世界上有一粒种子，像核桃那样大，绿色的外皮非常可爱。凡是看见它的人，没一个不喜欢它。听说，要是把它种在土里，就能够钻出碧玉一般的芽来。开的花呢，当然更美丽，不论是玫瑰花、牡丹花、菊花，都比不上它；并且有浓郁的香气，不论是珠兰、桂花、玉簪，都比不上它。可是从来没人种过它，自然也就没人见过它的美丽的花，闻过它的花的香气。"这是现代作家、教育家和文学家叶圣陶写的童话故事《一粒种子》的开头。《一粒种子》主要讲了一颗种子在国王、富翁、商人、士兵手中没有长成碧绿的小树，因为他们种种子只为了自己，而农夫则该浇水就浇水，该施肥就施肥，最终那一粒种子长成了一棵美丽的花树的故事。

　　这则童话故事给我们的启示是：国王、富翁、商人、士兵都想通过这粒种子，改变自己的人生，由于他们或爱慕虚荣，或居心不正，最终都没有成功。而农夫用纯正、平和的心态对待这粒种子，最终这粒种子长成了美丽的花树。当我们越想得到一样东西，越想达到某种目的，就越容易忘记做这件事本身的意义。人生就是这样,如果你一心只想着功成名就、家财万贯,想要一夜暴富、一步登天,那你等到的肯定是失望,凡事要有平常心,要靠自己的努力,脚踏实地去奋斗,人生才有意义。

新中国成立以后,我国种子流通体制发生了一些变化,主要可以归纳为 3 个时期。第一个时期是新中国成立后到改革开放前。由于生产技术的落后和当时农村社会结构的原因,那时的种子流通主要是村村留种,集中供种的方式。特别是在 1956—1976 年,"一大二公"的体制要求生产资料的全部公有化和集体化,种子的集体配给也是必然的选择,这段时期也称为"四自一辅"时期,种子工作主要依靠农业合作社自繁、自选、自留、自用,辅之以调剂。第二个时期是改革开放后至 20 世纪末,国家出台了"四化一供"方针,种子工作逐步实现品种布局区域化、种子生产专业化、种子加工机械化和种子质量标准化,实行以县为单位统一供种,这标志着种子生产由传统农业向现代农业转化。第三个时期是 2000 年《中华人民共和国种子法》颁布实施至今,我国种子产业全面进入市场化阶段。在国家相关农业政策的大环境的影响下,各地种子产业已经成为现代农业领域中最值得关注的行业之一,良好的发展前景、巨大的市场潜力、高额的利润回报使得各类资本纷纷介入种业。各类种子企业纷纷自主研发或从科研部门购得品种开发经营权,形成品种研发渠道的多元化,种业主体多元化格局基本形成。

你知道吗?

为什么现代农业生产上,种子在使用了一段时间后要进行更新与更换?为什么种子使用上有的可以自己留种,有的不能留种?为什么有的种子称为原种,有的又称为大田用种?

模块一　种子生产基本理论

种子是农业生产最基本的生产资料,也是农业再生产的基本保证和农业生产发展的重要条件。

一、作物繁殖方式与种子类别

(一)有性繁殖与种子生产

1. 自花授粉作物

在生产上,这类作物通常是由遗传基础相同的雌雄配子相结合所产生的同质结合体。由于自花授粉作物异交率很低,高度的天然自交使群体内部的遗传基础比较简单,基本上是同质结合的个体。同质结合的个体经过不断的自交繁殖,便可形成一个遗传性相对稳定的纯合品系,而且长期的自交和自然选择,逐渐淘汰了自交有害的基因型,形成自交后代生长正常、不退化或耐退化的有利特性。

自花授粉作物在生产上主要利用纯系品种,也可以通过品种(系)混合,利用混合(系)品种;配制杂交种时,一般是品种间的杂交种。纯系品种的种子生产比较简单,对原种进行一次或几次扩繁即可作为生产用种,也可采用单株选择、分系比较、混系繁殖的方法,用"三圃制"生产原种。在种子生产中,保持品种纯度,主要是防止各种形式的机械混杂,田间去杂是主要的技术措施。其次是防止生物学混杂,但对隔离条件要求不严,可采取适当隔离。

2. 异花授粉作物

在生产上,异花授粉作物通常是由遗传基础不同的雌雄配子结合而产生的异质结合体。其群体的遗传结构是多种多样的,包含许多不同基因型的个体,而且每一个体在遗传组成上都是高度杂合的。因此,异花授粉作物的品种是由许多异质结合的个体组成的群体。其后代产生分离现象,表现出多样性,故优良性状难以稳定地保持下去。这类作物自交强烈退化,表现为生活力衰退,产量降低等;异交有明显的杂种优势。

异花授粉作物最容易利用杂种优势,在生产上种植杂交种。但在亲本繁育和杂交制种过程中,为了保证品种和自交系的纯度及杂交种的质量,除防止机械混杂外,还必须采取严格的隔离措施和控制授粉,同时要注意及时拔除杂劣株,以防止发生不同类型间杂交。

3. 常异花授粉作物

这类作物虽然以自花授粉为主,在主要性状上多处于同质结合状态,但由于其天然异交率较高,遗传基础比较复杂,群体则多处于异质结合状态,个体的遗传性和典型性不易保持稳定。

在种子生产中,要设置隔离区、及时拔除杂株,防止异交混杂,同时要严防各种形式的机械混杂。在杂种优势利用上,可利用品种间杂交种,但最好利用自交系间杂交种。

(二)无性繁殖与种子生产

以营养繁殖或组织培养方式生产的无性繁殖后代叫无性繁殖系(即无性系)。由于后代品种群体来源于母本的体细胞,遗传物质只来自母本一方,所以不论母本遗传基础的纯或杂,其后代的表现型与母本完全相似,通常不发生分离现象。同一无性系内的植株遗传基础相同,而且具有原始亲本(母本)的特性。同样道理,无融合生殖所获得的后代,只具有母本或父本一方的遗传物质,表现母本或父本一方的性状。

无性繁殖作物品种的个体虽基因型杂合,但其后代群体表现型一致。因而易于保持品种的稳定性。可采用有性杂交与无性繁殖相结合的方法来改良无性繁殖作物。当前无性繁殖作物的病毒病是引起品种退化减产的主要原因,所以在种子生产过程中,除了要注意去杂选优,防止混杂退化以外,还应采取以防治病毒病为中心的防止良种退化的各种措施。

你知道吗?

农民种植作物中玉米、大豆、水稻、小麦、马铃薯等作物,哪些是自花授粉作物? 哪些是异花授粉作物? 哪些是常异花授粉作物? 哪些又是无性繁殖作物?

(三)种子特性与种子类别

1. 种子特性

品种一般都具有 3 个基本需求或属性,即特异性(distinctness)、一致性(uniformity)和稳定性(stability),简称 DUS 三性。特异性是指一个植物品种有一个以上性状明显区别于已知品种。一致性是指一个植物品种的特性除可预期的自然变异外,群体内个体间相关的特征或者特性表现一致。稳定性是指一个植物品种经过反复繁殖后或者在特定繁殖周期结束时,其主要性状保持不变。在市场经济条件下,栽培植物的优良品种具有如下特性:

(1)经济性 品种是根据生产和生活需要而产生的植物群体,具有应用价值,能产生经济效益,是具有经济价值的群体。

(2)时效性 品种在生产上的经济价值是有时间性的。若一个优良品种没有做好提纯复壮工作,推广过程中发生了混杂退化,或不能适应变化了的栽培条件、耕作制度及病虫分布,或不能适应人类对产量、品质需求的不断提高,都可使其失去在农业生产上的应用价值而被新品种所替代。新品种不断替代老品种,是自然规律,因此,品种使用是有期限的。

(3)可生产性 一个品种,一般至少应符合优良性、稳定性、纯合性和适应性的需求。在适宜的自然或栽培条件下,能利用有利的生长条件,抵抗和减轻不利因素的影响,表现高产、稳产、优质和高效。

(4)地域性 品种是在一定自然、栽培条件下被选育的,其优良性表现具有地域性,若自然、栽培条件因地域不同而改变,品种的优良性就可能丧失,这是品种区域试验和引种试验的理论基础。

(5)商品性 在市场经济中,品种的种子是一种具有再生产性能的特殊商品,优良品种的优质种子能带来良好的经济效益,使种子生产和经营成为农业经济发展的最活跃生长点。

2.种子级别分类

种子级别的实质可以说是质量的级别,主要是以繁殖的程序、代数来确定。不同的时期,种子级别的内涵也不同。1996年以前,我国种子级别分三级,即原原种、原种和良种。从1996年起按新的种子检验规程和分级标准,目前我国主要粮食作物种子分类级别也是分三级,即育种家种子、原种与大田用种。

(1)育种家种子 育种家种子指育种家育成的遗传性状稳定的品种或亲本种子的最初一批种子。育种家种子是用于进一步繁殖的种子。

(2)原种 原种指用育种家种子繁殖的第一代至第三代,经确认达到规定质量要求的种子。

(3)大田用种 大田用种指用原种繁殖的第一代至第三代或杂交种,经确认达到规定质量要求的种子。

你知道吗?

请同学们查找有关资料,了解大豆作物种子分级标准也是育种家种子、原种与大田用种三个级别。

二、纯系学说与种子生产的关系

1.纯系学说

纯系学说是由丹麦植物学家 Johannsen 于 1903 年提出的。其主要论点是:

(1)在自花授粉植物的天然混杂群体中,通过单株选择,可以分离出许多基因型纯合的家系。表明原始群体是各个纯系的混合体,通过个体选择能够分离出各种纯系,选择是有效的。

(2)在纯系内继续选择无效。因为纯系内各个体的基因型相同，它们之间的差异只是环境因素影响的结果，是不能稳定遗传的。

关于纯系的定义，Johannsen(1903)原先认为是"绝对自交单株的后代"，后来改为"从一个自交的纯合单株所衍生的后代"。而现代书刊对纯系的定义是"由于连续近交或通过其他手段得到的在遗传上相对纯合稳定的生物品系"。自交作物单株后代是纯系，异交作物人工强制自交的单株后代也是纯系。

纯系学说的理论意义在于，它区分了遗传的变异和不遗传的变异，指出了选择遗传变异的重要性，对选择的作用也进行了精辟的论述。因此，它为自花授粉作物的选择育种和种子生产提供了理论基础。

2. 纯系学说在种子生产中的指导意义

(1)保纯防杂　种子生产的中心任务是保纯防杂，所以在种子生产中，在品种真实性的基础上，纯度的高低是检验种子质量的第一标准。我们在扩大种子生产时，所有的农业技术措施重点之一，就是要保持纯度。在种子生产中，虽然有大量的自花授粉作物，但是绝对的完全的自花授粉几乎是没有的。由于种种因素的影响，总有一定程度的天然杂交，从而引起基因的重组，同时也可能发生各种自发的突变。这也是我们在种子质量定级时，纯度不能要求100%的原因。但是，这种理解和实际情况不能成为我们生产不合格种子的理由，恰恰相反，这应当是我们防止混杂退化的技术路线的关键。

我们知道，大多数作物的经济性状都是数量性状，是受微效多基因控制的。所以，完全的纯系是没有的。所谓"纯"只能是局部的、暂时的和相对的，它随着繁殖的扩大必然会降低后代的相对纯度。因此，在现代种子生产中，提出了尽可能较少生产代数的要求。

(2)在原种生产中单株选择的重要性　纯系学说在育种和种子生产的最大影响是，在理论和实践上提出自花授粉作物单株选择的重大意义。在自交作物三年三圃制原种生产体系中，要按原品种的典型性，采取单株选择，单株脱粒，对株系进行比较，一步步进行提纯复壮。

> **你知道吗？**
> 在大豆作物种子生产中，纯系学说有无指导意义呢？

三、品种混杂退化的原因及防治方法

(一)品种混杂退化的概念

品种混杂是指一个品种群体内混进了不同种或品种的种子或上一代发生了天然杂交或基因突变，导致后代群体中分离出变异类型，造成品种纯度降低。品种退化是指品种遗传基础发生了变化，使经济性状变劣、抗逆性减退、产量降低、品质下降，从而丧失原品种在农业生产上的利用价值。

一个优良品种，在生产上可以连续几年发挥其增产作用。但任何一个品种的种性都不是固定不变的。随着品种繁殖世代的增加，往往由于各种原因引起品种的混杂退化，致使产量、品质降低。

品种的混杂和退化有着密切的联系，往往由于品种发生了混杂，才导致了品种的退化。因此,品种的混杂和退化虽然属于不同概念,但两者经常交织在一起,很难截然分开。一般来讲,品种在生产过程中,发生了纯度降低、种性变劣、抗逆性减退、产量下降、品质变劣等现象,就称为品种的混杂退化。

品种混杂退化是农业生产中的一种普遍现象。主干品种发生混杂退化后,会给农业生产造成严重损失。一个优良品种种植多年,总会发生不同变化,混入其他品种或产生一些不良类型,出现植株高矮不齐,成熟早晚不一,生长势强弱不同,病虫害加重,抵抗不良环境条件的能力减弱,穗小、粒少等现象。

此外,品种混杂退化还会给田间管理带来困难,如植株生长不整齐等。品种混杂退化,还会增加病虫害传播蔓延的机会,如小麦赤霉病菌是在温暖、阴雨天气,趁小麦开花时侵入穗部的,纯度高的小麦品种抽穗开花一致,病菌侵入的机会少。相反,混杂退化的品种,抽穗期不一致,则病菌侵入的机会就增多,致使发病严重。可见,品种的混杂退化是农业生产中必须重视并及时加以解决的问题。

(二)品种混杂退化的原因

引起品种混杂退化的原因很多,而且比较复杂。有的是一种原因引起的,有的是多种原因综合作用造成的。不同作物、同一作物不同品种以及不同地区之间混杂退化的原因也不尽相同。归纳起来,品种的混杂退化主要有以下几种类型:

1.机械混杂

机械混杂是在种子生产过程中人为因素造成的混杂。如在种子处理(晒种、浸种、拌种、包衣)、播种、补种、补栽、收获、脱粒、贮藏和运输等作业过程中人为疏忽或不按种子生产操作规程,使繁育的品种内混入了其他品种或种类的种子,造成机械混杂。此外,由于留种田选用连作地块,前作品种自然落粒的种子和后作的不同品种混杂生长,也会引起机械混杂。由于施用未腐熟的有机肥料,其中混有其他具有生命力的种子,也可能导致机械混杂。对已经发生机械混杂的品种如不采取有效措施及时处理,其混杂程度就会逐年增加,致使该品种退化,直至丧失使用价值。

机械混杂有两种情况,一是混进同一作物其他品种的种子,即品种间的混杂。由于同种作物不同品种在形态上比较接近,田间去杂和室内清选较难区分,不易除净,所以在良种繁育过程中应特别注意防止品种间混杂的发生。二是混进其他作物或杂草的种子。这种混杂不论在田间或室内,均易区别和发现,较易清除。品种混杂现象中,机械混杂是最主要的原因,所以,在种子生产工作中,应特别重视防止机械混杂的发生。

2.生物学混杂

生物学混杂是由于天然杂交而造成的混杂。在种子生产过程中,未将不同品种进行符合规定的隔离,或者繁育的品种本身发生了机械混杂,从而导致不同品种间发生天然杂交,引起群体遗传组成的改变,使品种的纯度、典型性、产量和品质降低。有性繁殖作物均有一定的天然杂交率,尤其异花、常异花授粉作物,天然杂交率较高,若不注意采取有效隔离措施,极易发生天然杂交,致使后代产生分离,出现不良单株,导致生物学混杂,而且混杂程度发展很快。例如一个玉米自交系繁殖田内,混有少数杂株,若不及时去掉,任其自由授粉,只要两三年的时间,这个自交系便会面目全非,表现为植株生长不齐,成熟不一致,果穗大小差别很大,粒型、粒色等均有很大变化,丧失了原来的典型性。因此,生物学混杂是异花、常异花授粉作物混杂退化的主要原因。自花授粉作物天然杂交率较低,但在机械混杂严重的情况下,天然杂交机会增多。也会因一定数量的天然杂交而产生分离,使良种种性变劣。

生物学混杂一般是由同种作物不同品种间发生天然杂交,造成品种间的混杂。但有时同种作物在亚种之间也能发生天然杂交。

3. 品种本身的变异

一个品种在推广以后,由于品种本身残存杂合基因的分离重组和基因突变等原因而引起性状变异,导致混杂退化。品种可以看成一个纯系,但这种"纯"是相对的,个体间的基因组成总会有些差异,尤其是通过品种间杂交或种间杂交育成的品种,虽然主要性状表现一致,但次要性状常有不一致的现象,即有某些残存杂合基因存在。特别是那些由微效多基因控制的数量性状,难以完全纯合,因此,就使得个体间遗传基础出现差异。在种子繁殖过程中,这些杂合基因不可避免地会出现分离、重组,导致个体性状差异加大,使品种的典型性、一致性降低,纯度下降。

在自然条件下,品种有时会由于某种特异环境因子的作用而发生基因突变。研究表明,大部分自然突变对作物本身是不利的,这些突变一旦被留存下来,就会通过自身繁殖和生物学混杂方式,使后代群体中变异类型和变异个体数量增加,导致品种混杂退化。

4. 不正确的选择

在种子生产过程中,特别是在品种提纯复壮时,如果对品种的性状不了解或了解不够,不能按照品种性状的典型性进行选择和去杂去劣,就会使群体中杂株增多,导致品种的混杂退化。如在间苗时,人们往往把那些表现好的,具有杂种优势的杂种苗误认为是该品种的壮苗加以选留、繁殖,结果造成混杂退化。在品系繁殖过程中,人们也经常把较弱品系的幼苗拔掉而留下壮大的杂交苗,这样势必加速混杂退化。

在提纯复壮时,如果选择标准不正确,而且选株数量又少,那么,所繁育的群体种性失真就越严重,保持原品种的典型性就越难,品种混杂退化的速度就越快。

5. 不良的环境和栽培条件

一个优良品种的优良性状是在一定的环境条件和栽培条件下形成的,如果环境条件和栽培技术不适宜品种生长发育,则品种的优良种性得不到充分发挥,导致某些经济性状衰退、变劣。特别是异常的环境条件,还可能引起不良的变异或病变,严重影响产量和品质。如水稻生育后期和成熟期的温度不合适,谷粒大小和品质就会发生变化。

6. 不良的授粉条件

对异花、常异花授粉作物而言,自由授粉受到限制或授粉不充分,会引起品种退化变劣。

7. 病毒侵染

病毒侵染是引起某些无性繁殖植物混杂退化的主要原因。病毒一旦侵入健康植株,就会在其体内扩繁、传输、积累,随着无性繁殖,会使病毒由上一代传到下一代。一个不耐病毒的品种,到第4~5代就会出现绝收现象;即使是耐病毒的品种,其产量和品质也严重下降。

总之,品种混杂退化有多种原因,各种因素之间又相互联系、相互影响、相互作用。其中机械混杂和生物学混杂较为普遍,在品种混杂退化中起主要作用。因此,在找到品种混杂退化的原因并分清主次的同时,必须采取综合技术措施,解决防杂保纯的问题。

(三)防止品种混杂退化的方法

品种发生混杂退化以后,纯度显著降低,性状变劣,抗逆性减弱,最后,导致产量下降,品质变差,给农业生产造成损失,品种本身亦会失去利用价值。因此,在种子生产中必须采取有效措施,防止和克服品种混杂退化现象的发生。

品种混杂退化有多方面的原因,因此,防止混杂退化是一项比较复杂的工作。它的技术性强,持续时间长,涉及种子生产的各个环节。为了做好这项工作,必须加强组织领导,制定有关规章制度,建立健全良种繁育体系和专业化的工作队伍,坚持"防杂重于除杂,保纯重于提纯"的原则。在技术方面,需做好以下几方面的工作:

1.建立严格的种子生产规则,防止机械混杂

机械混杂是品种混杂退化的主要原因之一,预防机械混杂是保持品种纯度和典型性的重要措施。从繁种田块安排、种子准备、播种到收获、贮藏的全过程中,必须认真遵守种苗生产规则,合理安排繁殖田的轮作和耕种,注意种苗的接收和发放手续,认真执行种、收、运、脱、晒、藏的操作技术规程,从各个环节杜绝机械混杂的发生。

(1)合理安排种子繁殖田的轮作和布局 种子繁殖田一般不宜连作,以防上季残留种子在下季出苗而造成混杂,并注意及时中耕,以消灭杂草。在作物布局上,种子生产一定要把握规模种植的原则,建立集中连片的繁育基地,切忌小块地繁殖;要把握同一区域内不繁殖相同作物不同品种的原则,杜绝机械混杂的途径。

(2)认真核实种子的接收和发放手续 在种子的接收和发放过程中,要认真核实,严格检查种子的纯度、净度、发芽力、水分等,鉴定品种真实性和种子等级,如有疑问,必须核查解决后才能播种。

(3)做好种子处理和播种工作 播种前的种子处理,如晒种、选种、浸种、催芽、拌种、包衣等,必须做到不同品种、不同等级的种子分别处理,种子处理和播种时,用具必须清理干净,并由专人负责。

(4)严格遵守单收、单运、单脱、单晒、单藏等各环节的操作规程 不同品种不得在同一个晒场上同时脱粒、晾晒;贮藏时,不同品种以及同一品种不同等级的种子必须分别存放。种子要装袋,并在种子袋内外各放一标签,标明品种名称、产地、等级、生产年代、重量等。各项操作的用具和场地,必须清理干净,并由专人负责,认真检查,以防混杂。

2.采取隔离措施,严防生物学混杂

对于容易发生天然杂交的异花、常异花授粉作物,必须采取严格的隔离措施,避免因风力或昆虫传粉造成生物学混杂。自花授粉作物也要进行隔离。隔离的方法有空间隔离、时间隔离、自然屏障隔离、高秆作物隔离等,对量少而珍贵的材料,也可用人工套袋法进行隔离。

(1)空间隔离 各种植物由于花粉数量、传粉能力、传粉方式等不同,隔离的距离也不一样。玉米制种一般隔离区距离为 300 m,自交系繁殖隔离区距离为 500 m;小麦、水稻繁殖田也要适当隔离,一般 50～100 m;番茄、豆角、菜豆等自花授粉蔬菜作物生产原种,隔离区距离要求 100 m 以上(表 1-1)。

(2)时间隔离 通过播种时间的调节,使繁殖种子的开花时间与其他品种错开。一般错期

25～30 d 即可实现时间隔离。

(3)自然屏障隔离　利用山丘、树林、果园、村庄等进行隔离。

(4)高秆作物隔离　采用高秆的其他作物进行隔离。

(5)套袋隔离　是最可靠的隔离方法,一般在提纯自交系、生产原原种,以及少量的蔬菜制种时使用。

表 1-1　主要作物授粉方式和留种时隔离距离参考

授粉方式		作物种类	隔离距离/m	
			原种	大田用种
异花授粉	虫媒花	十字花科蔬菜：大白菜、小白菜、油菜、薹菜、芥菜、萝卜、甘蓝、花椰菜、茎蓝、芜菁等	2 000	1 000
		瓜类蔬菜：南瓜、黄瓜、冬瓜、西葫芦、西瓜、甜瓜等	1 000	500
		伞形花科蔬菜：胡萝卜、芹菜、芫荽、小茴香等	2 000	1 000
		百合科葱属蔬菜：大葱、圆葱、韭菜	2 000	1 000
	风媒花	藜科蔬菜：菠菜、甜菜	2 000	1 000
		玉米	自交系 500 以上,单交种 400 以上,双交种 300 以上	
常异花授粉		茄科蔬菜：甜椒、辣椒、茄子	500	300
自花授粉		茄科蔬菜：番茄	300	200
		豆科蔬菜：菜豆、豌豆	200	100
		菊科蔬菜：莴苣、茼蒿	500	300
		水稻	20	20

3.严格去杂去劣,加强选择

种子繁殖田必须坚持严格的去杂去劣措施,一旦繁殖田中出现杂劣株,应及时除掉。杂株指非本品种的植株;劣株指本品种感染病虫害或生长不良的植株。去杂去劣应在熟悉本品种各生育阶段典型性状的基础上,在植物不同生育时期分次进行,务求去杂去劣干净彻底。

加强选择,提纯复壮是促使品种保持高纯度,防止品种混杂退化的有效措施。在种子生产过程中,根据植物生长特点,采用块选、株选或混合选择法留种可防止品种混杂退化,提高种子生产效率。

4.定期进行品种更新

种子生产单位应不断从品种育成单位引进原原种,繁殖原种,或者通过选优提纯法生产原种,始终坚持用纯度高、质量好的原种繁殖大田生产用种子,是保持品种纯度和种性、防止品种混杂退化、延长品种使用寿命的一项重要措施。此外,要根据社会需求和育种科技发展状况及时更新品种,不断推出更符合人类要求的新品种,是防止品种混杂退化的根本措施。因而,在种子生产过程中,要加强引种试验,密切联系育种科研单位,保证主要推广品种的定期更新。

5.改变生育条件

对于某些植物可采用改变种植区生态条件的方法,进行种子生产,以保持品种种性,防止混杂退化。如马铃薯,因高温条件会使退化加重,故平原区一般不进行春播留种,可在高纬度冷凉的北部或高海拔山区进行种子生产,或采取就地秋播留种。

6.利用低温低湿条件贮存原种

利用低温低湿条件贮存原种是有效防止品种混杂退化、保持种性、延长品种使用寿命的一项先进技术。近年来,美国、加拿大、德国等许多国家都相继建立了低温、低湿贮藏库,用于保存原种和种质资源。我国黑龙江、辽宁等省采用一次生产、多年贮存、多年使用的方法,把"超量生产"的原种贮存在低温、低湿种子库中,每隔几年从中取出一部分原种用于扩大繁殖,使种子生产始终有原原种支持,从繁殖制度上,保证了生产用种子的纯度和质量。这样减少了繁殖世代,也减少了品种混杂退化的机会,有效保持了品种的纯度和典型性。

7.脱毒技术的应用

利用脱毒技术生产脱毒种。通过茎尖分生组织培养,获得无病毒植株,进而繁殖无病毒种,可以从根本上解决品种退化问题。另外,研究表明,大多数病毒不能侵染种子,即在有性繁殖过程中,植物能自动汰除毒源。因此,无性繁殖作物还可通过有性繁殖生产种子,再用种子生产无毒种,汰除毒源,培育健康种苗。

你知道吗?
在大豆与玉米作物种子生产中,品种混杂退化的原因与预防方法是否相同呢?

四、杂种优势利用与杂交种种子生产

(一)杂种优势的概念

杂种优势是生物界的一种普遍现象,是指两个性状不同的亲本杂交产生的杂种 F_1,在生长势、生活力、抗逆性、繁殖力、适应性以及产量、品质等性状方面超过其双亲的现象。

(二)杂种优势的遗传理论

1.显性假说(有利显性基因假说)

显性假说是由 Bruce 于 1910 年提出的,得到了 Jones 等的支持。

基本论点是:杂种 F_1 集中了控制双亲有利性状的显性基因,每个基因都能产生完全显性或部分显性效应,由于双亲显性基因的互补作用,从而产生杂种优势。

2.超显性假说

超显性假说是由 Shull 于 1908 年提出的,得到了 East 和 Hull 等的支持。

基本论点是:杂合等位基因的互作胜过纯合等位基因的作用,杂种优势是由双亲杂交的 F_1 的异质性引起的,即由杂合性的等位基因间互作引起的。等位基因间没有显隐性关系,杂合的等位基因相互作用大于纯合等位基因的作用,按照这一假说,杂合等位基因的贡献可能大于纯合显性基因和纯合隐性基因的贡献。

(三)杂交种子生产途径

在配制杂交种时首先要解决的问题是去雄,即两个亲本中作为母本的一方,采用何种方式去掉其雄花的问题。不同的作物,由于花器构造和授粉方式的不同,去雄的方式也就不同,这也就决定了采用何种途径来生产杂交种。目前主要有下列途径。

1．人工去雄

人工去雄配制杂交种是杂种优势利用的常用途径之一。采用这种方法的作物需具备以下3个条件:①花器较大、去雄容易;②人工杂交一朵花能够得到较多的种子;③种植杂交种时用种量较小。

2．利用理化因素杀雄制种

雌雄配子对各种理化因素反应的敏感性不同,用理化因素处理后,能有选择性地杀死雄性器官而不影响雌性器官,以代替去雄。它适应于花器小、人工去雄困难的作物,如水稻、小麦等。

3．标志性状的利用

用某一对基因控制的显性或隐性性状作为标志,来区别杂交种和自交种,可以用不进行人工去雄授粉的方法获得杂交种。可以用作标志的性状,有水稻的紫色对绿色叶枕、小麦的红色对绿色芽鞘、棉花的绿苗对芽黄苗和有腺体对无腺体等。具体做法是:给杂交父本转育一个苗期出现的显性标志性状,或给母本转育一个苗期出现的隐性标志性状,用这样的父母本进行不去雄放任杂交,从母本上收获自交和杂交两类种子。播种后根据标志性状,在间苗时拔除具有隐性性状的幼苗,即假杂种或母本苗,留下具有显性性状的幼苗就是杂种植株。

4．自交不亲和性的利用

自交不亲和是指同一植株上机能正常的雌雄两性器官和配子,因受自交不亲和基因的控制,不能正常交配的特性。表现为自交或兄妹交不结实或结实极少,具有这种特性的品系称为自交不亲和系。如十字花科、豆科、蔷薇科、茄科、菊科等。配制杂交种时,以自交不亲和系作母本与另一自交亲和系作父本按比例种植,就可以免除人工去雄的麻烦,从母本上收获杂交种。如果双亲都是自交不亲和系,对正反交差异不明显的组合,就可互作父母本,最后收获的种子均为杂交种,供大田使用。目前生产上使用的大白菜、甘蓝等的杂交种就是此种类型。

5．利用雄性不育性制种

(1)利用雄性不育系的意义　可以免去人工去雄的工作,且雄性不育性可以遗传,可从根本上免去人工去雄的麻烦。另外可以为一些难以进行人工去雄的作物提供了商业化杂种优势利用的途径。

(2)雄性不育性的概念　雄性不育性:雄蕊发育不正常,不能产生有功能的花粉,但它的雌蕊发育正常,能够接受正常花粉而受精结实。

质核型不育性用于生产,必须选育出"配套的三系",即雄性不育系、雄性不育保持系和雄性不育恢复系。

你知道吗?

大豆与玉米作物种子生产中,杂种优势利用方法是否相同呢? 在杂交种子生产途径中,哪些作物适合于哪种途径?

五、种子生产基地建设

推广优良品种,是促进农业增产的一项最基本的措施。生产作物良种离不开种子繁殖基地。建设好种子繁殖基地,对于完成种子生产计划、保证种子的质量具有重要的意义。因此,种子生产基地建设是种子工作的最基本内容。

种子生产基地是在优良环境和安全的隔离条件下,保质保量地生产农作物种子的场所。建设种子生产基地,可以充分、有效地利用地理优势、技术优势,生产出数量足、品种品质与播种品质均好的优良种子,满足种子市场需求。随着种子工程的实施,种子生产向集团化、产业化方向发展,新型的种子生产基地不断建立和完善,有力地促进了种子产业的发展。

(一)现代种子生产基地的要求

种子生产基地建立之前,应对预选基地进行细致调查研究,经过详细比较后择优建立。种子生产基地一般应具备以下条件:

1.自然与生产条件

①基地隔离条件好,具有空间隔离或天然屏障隔离条件。

②基地的无霜期相对较长,能够满足作物生育期对温度的需求。

③土地集中连片、肥沃、灌排方便,无灌溉条件的降水要充足。

④作物各种病虫害较轻,不能在重病地或病虫害常发生地区以及有检疫性病虫害的地区建立基地。

⑤交通方便,便于种子运输。

⑥基地农业生产水平高,群众有科学种田经验,又有较好的生产条件。

2.社会经济条件

①领导重视,群众积极性、主动性高。

②技术力量要强,通过培训,主要劳动力都能熟练掌握种子生产的技术,并愿意接受技术指导和监督,按生产技术规程操作。

③劳力充足,在种子生产关键期不会发生劳力短缺,贻误时机。劳动者文化素质较高,容易形成当地自己的技术力量。

④农户经济条件较好,能及时购买地膜、化肥、农药、种子等生产资料,具备一定的机械作业条件。

(二)建立种子生产基地程序

建立种子生产基地,通常要做好以下几个方面的工作。

1.搞好论证

种子生产基地建立之前要搞好调查研究,对基地的自然条件(如无霜期、降水量、隔离条件、土地面积、土壤肥力等)、社会经济条件(如土地生产水平、劳力情况、经济状况、干部群众的积极性、交通条件等)进行详细调查研究。在此基础上编写建立种子生产基地的任务书,内容主要包括基地建设目的与意义、基地建设的规划、基地建立的实施方案和基地建成后的经济效益分析等,并组织有关专家进行论证。

2.详细规划

在有关专家充分论证的基础上搞好种子生产基地建设的详细规划。为了保证大田种子需要,在计划种子生产基地面积时,要留有余地。也可建一部分计划外基地,与基地订好合同,同基地互惠互利,共担风险。

3.组织实施

制订出基地建设实施方案,并组织相关部门实施,各部门要分工协作,具体负责基地建设的各项工作,使基地保质保量、按期完成并交付使用。

(三)种子生产基地管理

当前种子生产基地正朝着集团化、规模化、专业化、社会化方向发展,搞好基地管理,有利于种子产业的发展。为此,要做好以下种子基地管理工作。

1.种子生产基地计划管理

种子生产能否取得预期的经济效益,取决于市场的需求、种子本身的质量和数量等。因此,必须以市场为导向,以质量求生存,搞好基地的计划管理,不断提高经济效益和社会效益。

(1)按市场需求确定生产规模 种子是计划性很强的特殊商品,一方面,农作物种子是有生命的农业生产资料,其质量好坏直接影响来年的作物产量,进而影响农民利益;另一方面,农作物种子是有寿命的商品,而且季节性明显,种子寿命一旦丧失就失去了使用价值。同时,农作物种子过多与过少都会影响农业生产,给农民造成经济损失。

(2)推行合同制,预约生产、收购和供种 为了把种子按需生产建立在牢固的基础上,保护种子生产者和销售者的合法权益,协调产销之间的关系,改善经营管理,提高经济效益,应积极推行预购、预销合同制。

2.种子生产基地技术管理

种子生产尤其是杂交制种,包括选地隔离、规格播种、去杂去劣、适时去雄等一系列环节,技术性很强。任何一个环节的疏忽都可能造成种子质量下降乃至制种的失败。因此,种子生产基地一定要加强技术管理,保证制种工作保质保量完成。

①制定统一的技术规程。我国种子生产经历了"四自一辅""四化一供"等发展阶段,目前形成了种子专业化、集团化、商品化生产,并初步形成了把品种区域试验、审定、生产、推广、加工、检验和经营等环节连成一体的产业化种子生产体系。

水稻、小麦等自花授粉和棉花等常异花授粉作物的常规品种,经审定后,由育种单位提供育种家种子,在生产单位实行原种、大田用种分级繁育。对生产上正在应用的品种,可采用"三圃制"或"二圃制"方法提纯后,生产原种。再由特约种子生产基地或各专业村(户)用原种繁殖出大田用种,供生产应用。

②建立健全技术岗位责任制,实行严格的奖惩制度。

③建立健全技术培训制度,提高种子生产者的技术水平。

3.种子生产基地质量管理

种子生产专业化、标准化、商品化的程度不断提高,对种子质量提出了更高的要求。种子质量直接影响着作物产量的高低及其品质的优劣,关系到种子销售者的形象、实力乃至生存与发展。所以,基地的质量管理是一项十分重要的工作,必须严格种子生产的质量管理,加强执法管理力度,完善质量管理体系。

①实行种子专业化、规模化生产,种子生产田相对集中、隔离安全、容易发挥基地的地理优势,生产技术水平高,容易发挥基地的人才优势。还可以充分调动农户生产积极性和主观能动性,使农民愿意接受技术指导和培训,发挥基地的管理优势。

②严把质量关,规范作业。

③建立健全种子检验制度,做好贮藏与加工工作。

你知道吗?
目前我国种子生产基地生产模式都有哪些?

模块二　种子管理基础

一、品种区域试验与生产试验

品种布局区域化是合理利用良种,充分发挥其增产作用的一项重要措施,也是品种推广的基础。育种单位育成的新品种要在生产上推广种植,必须先经过品种审定机构统一布置的品种区域化试验鉴定,确定其适宜推广区域范围、推广价值和品种适宜的栽培条件。品种区域化鉴定是通过品种的区域试验、生产试验、栽培试验,对品种的利用价值、适宜范围及适宜栽培条件等做出全面的评价,为品种布局区域化提供依据。

(一)区域试验

品种区域试验是鉴定和筛选适宜不同生态区种植的丰产、稳产、抗逆性强、适应性广的优良作物新品种,并为品种审定和区域布局提供依据。

1.区域试验的组织体系

我国农作物品种区域试验分为国家和省(自治区、直辖市)两级。国家级区域试验是跨省的,由农业农村部种子管理部门或全国农作物品种审定委员会与中国农科院负责组织;省(市、自治区)级区域试验由各省(市、自治区)的种子管理部门或品种审定委员会与同级农业科学院负责组织。除有条件的地区受省品种审定委员会委托可以组织区域试验外,地、县级一般不单独组织区域试验。

参加全国区域试验品种,一般由各省(自治区、直辖市)的区域试验主持单位或全国攻关联合试验主持单位推荐;参加省(自治区、直辖市)区域试验品种,由各育种单位所在地区品种管理部门推荐。申请参加区域试验品种(或品系),必须有2年以上育种单位的品种(或品系)比较试验结果,以及自己设置的品系多点试验结果,一般要求比对照增产10%以上,或具有某些特异性状、产量品质等性状又不低于对照品种。

2．区域试验任务

①客观鉴定参试品种的主要特征特性,如丰产性、稳产性、适应性和品质等性状,并分析其增产效果和增产效益,以确定其利用价值。

②确定各地区适宜推广的主栽品种和搭配品种。

③为优良品种划定最适宜的推广区域,做到因地制宜种植优良品种,恰当地和最大限度地发挥优良品种的增产潜力。

④了解新品种适宜的栽培技术,做到良种良法相结合。

⑤向品种审定委员会推荐符合审定条件的新品种。

3．区域试验方法和程序

(1)划区设点 根据作物分布范围的农业区划或生态区划,以及各种作物的种植面积等选出有代表性的科研单位或良种场作为试验点。试验点必须有代表性,且分布要合理。试验地要求土地平整、地力均匀,还要注意茬口和耕作栽培技术的一致性,以提高试验的精确度。

(2)试验设计 区域试验在小区排列方式、重复次数、记载项目和标准等方面都要有统一的规定。一般采用完全随机区组设计,重复 3~5 次,小区面积十几平方米到几十平方米,稀植作物面积可大些,密植作物可适当小些。参试品种 10~15 个,一般只设一个对照,必要时可以增设当地推广品种作为第二对照。

(3)试验年限 区域试验一般进行 2~3 年,其中表现突出品系可以在参加第二年区试时,同时参加生产试验。个别品系第一年在各试验点普遍表现较差时,可以考虑淘汰该品系。

(4)田间管理 试验地的各项管理措施,如追肥、浇水、中耕除草、病虫害防除等应当均匀一致,并且每一项措施要以重复为单位,在一天内完成,以减少误差。在全生育期内注意加强观察记载,充分掌握品系的性状表现及其优缺点。观察记载项目也要以重复为单位在一天内完成。

(5)总结评定 每年由主持单位汇总各试验点的试验材料,对供试品系做出全面评价后,提出处理意见和建议,报同级农作物品种审定委员会,作为品种审定的重要依据。

(二)生产试验和栽培试验

参加生产试验的品种,应是参试第一、二年在大部分区域试验点上表现性状优异,增产效果在 10% 以上,或具有特殊优异性状的品种。参试品种除对照品种外一般为 2~3 个,可不设重复。生产试验种子由选育(引进)单位提供,质量与区域试验用种要求相同。在生育期间尤其是收获前,要进行观察评比。

生产试验原则上在区域试验点附近进行,同一生态区内试验点不少于 5 个,进行 1 个生产周期以上。生产试验与区域试验可交叉进行。在作物生育期间进行观察评比,以进一步鉴定其表现,同时起到良种示范和繁殖的作用。

生产试验应选择地力均匀的地块,也可一个品种种植一区,试验区面积视作物而定。稻、麦等矮秆作物,每个品种不少于 660 m²,对照品种面积不少于 300 m²;玉米、高粱等高秆作物 1 000~2 000 m²。

在生产试验以及优良品种决定推广的同时,还应进行栽培试验,目的在于摸索新品种的良种良法配套技术,为大田生产制定高产、优质栽培措施提供依据。栽培试验的内容主要有密度、肥水、播期及播量等,视具体情况选择1~3项,结合品种进行试验。试验中也应设置合理的对照,一般以当地常用的栽培方式为对照。当参加区试的品种较少,而且试验的栽培项目或处理组合又不多时,栽培试验可以结合区域试验进行。

你知道吗?
新品种选育时,在审定程序中,哪些程序最能直接反映生产实际呢?

二、品种审定和登记

(一)品种审定

品种审定就是根据品种区域试验结果和生产试验的表现,对参试品种(系)科学、公正、及时地进行审查、定名的过程。实行主要农作物品种审定制度,可以加强主要农作物的品种管理,有计划、因地制宜地推广优良品种,加强育种成果的转化和利用,避免盲目引种和不良播种材料的扩散,防止在一个地区品种过多、种子混杂等"多、乱、杂"现象,以及品种单一化、盲目调运等现象的发生。这些都是实现生产用种良种化、品种布局区域化,合理使用优良品种的必要措施。

(二)品种审定组织体制和任务

农业部发布的《主要农作物品种审定办法》规定:我国农作物品种实行国家和省(市、自治区)两级审定制度。农业部设立全国农作物品种审定委员会(简称全国评审会),各省(市、自治区)人民政府农业主管部门设立省级农作物品种审定委员会[简称省(市、自治区)评审会],市(地、州、盟)人民政府农业主管部门可设立农作物品种审查小组。全国评审会与省级评审会是在农业部和省级人民政府农业主管部门领导下,负责农作物品种审定的权力机构。

品种审定是对品种的种性和实用性的确认及其市场准入的许可,是建立在公正、科学的试验、鉴定和检测基础上,对品种的利用价值、利用程度和利用范围进行的预测和确认。主要是通过品种的多年多点区域试验、生产试验或栽培试验,对其利用价值、适应范围、推广地区及栽培条件的要求等做出比较全面的评价。一方面为生产上选择应用最适宜的品种,充分利用当地条件,挖掘其生产潜力;另一方面为新品种寻找最适宜的栽培环境条件,发挥其应有的增产作用,给品种布局区域化提供参考依据。我国现在和未来很长一段时期内,对主要农作物实行强制审定,对其他农作物实行自愿登记制度。《中华人民共和国种子法》中明确规定,主要农作物品种和主要林木品种在推广前应当通过国家级或者省级审定。我国主要农作物品种规定为稻、小麦、玉米、棉花、大豆、油菜和马铃薯共7种。各省、自治区、直辖市农业行政主管部门可根据本地区的实际情况再确定1~2种农作物为主要农作物,予以公布并报农业部备案。

(三)品种审定方法和程序

1.报审条件

申请品种审定的单位和个人,可以直接申请国家审定或省级审定,也可以同时申请国家和省级审定,还可以同时向几个省(自治区、直辖市)申请审定。

申请审定的品种应当具备下列条件:

①人工选育或发现并经过改良。

②与现有品种(本级品种审定委员会已受理或审定通过的品种)有明显区别。

③遗传性状相对稳定。

④形态特征和生物学特性一致。

⑤具有适当的名称。

2.申报材料

申请品种审定的单位或个人,应当向品种审定委员会办公室提交申请书。申请书包括以下内容:

①申请者名称、地址、邮政编码、联系人、电话号码、传真、国籍。

②品种选育的单位或个人全名。

③作物种类和品种暂定名称。品种暂定名称应当符合《中华人民共和国植物新品种保护条例》的有关规定。

④建议的试验区域和栽培要点。

⑤品种选育报告,包括亲本组合以及杂交种的亲本血缘、选育方法、世代和特性描述。

⑥品种(含杂交种亲本)特征描述以及标准图片。

转基因品种还应当提供农业转移基因生物安全证书。

3.申报程序和时间

申请者提出申请(签章)→申请者所在单位审查、核实(加盖公章)→主持区域试验和生产试验单位推荐(签名盖章)→报送品种审定委员会。向国家级申报的品种须有育种者所在省(市、自治区)或品种最适宜种植的省级品种审定委员会签署意见。

按照现行规定,申报国家级审定的农作物品种的截止时间为每年 3 月 31 日,各省审定农作物品种的申报时间由各省自定。

凡是申报审定品种,申报者必须按申报程序处理,未按申报程序办理手续者,一般不予受理。

4.审定与命名

对于完成品种试验程序的品种,品种审定委员会办公室一般在 3 个月内汇总结果,并提交品种审定委员会专业委员会或者审定小组初审。专业委员会(审定小组)在 2 个月内完成初审工作。

专业委员会(审定小组)初审品种时召开会议,到会委员应达到该专业委员会(审定小组)委员总数 2/3 以上的,会议有效。对品种的初审,根据审定标准,采用无记名投票表决,赞成票数超过该专业委员会(审定小组)委员总数 1/2 以上的品种,通过初审。

初审通过的品种,由专业委员会(审定小组)在 1 个月内将初审意见及推荐种植区域意见提交主任委员会审核,审核同意的,通过审定。主任委员会在 1 个月内完成审定工作。

审定通过的品种,由品种审定委员会编号、颁发证书,同级农业行政主管部门公告。编号为品种审定委员会简称、作物种类简称、年号、序号,其中序号为三位数。

省级品种审定公告,要报国家品种审定委员会备案。

审定公告在相应的媒体上发布。审定公告公布的品种名称为该品种的通用名称。

审定通过的品种，在使用过程中如发现有不可克服的缺点，由原专业委员会或者审定小组提出停止推广建议，经主任委员会审核同意后，由同级农业行政主管部门公告。

审定未通过的品种，由品种审定委员会办公室在 15 日内通知申请者。申请者对审定结果有异议的，在接到通知之日起 30 日内，可以向原品种审定委员会或者上一级品种审定委员会提出复审。品种审定委员会对复审理由、原审定文件和原审定程序进行复审，在 6 个月内作出复审决定，并通知申请者。

你知道吗？
国家在新品种审定中，有哪些规定？

三、植物新品种保护与推广

(一)植物新品种保护

为了保护植物新品种权，鼓励培育和使用植物新品种，促进农业、林业的发展，我国于 1997 年 3 月发布了《中华人民共和国植物新品种保护条例》，自 1997 年 10 月 1 日起实施。1999 年 3 月 23 日，我国正式向国际植物新品种保护联盟（UPOV）递交了《国际植物新品种保护公约（1978 年文本）》的加入书，使得我国成为 UPOV 的成员国。

植物新品种保护目的是通过有关法律、法规和条例，保护育种者的合法权益，鼓励培育和使用植物新品种，促进植物新品种的开发和推广，加快农业科技创新步伐，扩大国际农业科技交流与合作。被授予品种权的新品种选育单位或个人享受生产销售和使用该品种繁殖材料的独有权，同专利权、商标权和著作权一样，也是知识产权的主要组成部分。我国植物新品种保护对象是经过人工培育或者发现的野生植物加以开发，具有新颖性、特异性、一致性和稳定性，并有适当命名的植物新品种。农业植物和林业植物分别由农业部和国家林业部门负责植物新品种权申请受理、审查，并对符合条例的植物新品种授予植物新品种权。1999 年 4 月 20 日，农业部植物新品种保护办公室公布了首批农业植物新品种权申请代理机构和申请人名单，并开始正式受理国内外单位和个人在中国境内的植物新品种权申请。1999 年 9 月 1 日由农业部植物新品种保护办公室为配合《中华人民共和国植物新品种保护条例》实施而创办的融法律、技术和信息于一体的期刊《植物新品种保护公报》第一期正式发行。

植物新品种保护有利于在我国育种行业中建立一个公正、公平的竞争机制。这个机制可以最大限度地调动育种者培育新品种的积极性，进一步激励育种者积极投入植物品种创新活动，从而培育出更多更好优良品种。通过植物新品种保护，育种者可以获得应得的利益。这样育种者不仅可以收回自己投入的育种资本，还可以将这部分资本再投入新的植物品种培育中，同时还可以吸引社会投资用于育种事业。由此往复，可以使植物新品种的培育机制更好地适应市场经济，从而使能够培育出大量优良品种的单位得以充实发展，使在育种上无所作为的育种单位自行解体转向。

植物新品种保护有利于种子繁殖经营部门在相应的法律制度保护下进行正常种子繁殖经

营活动。一旦出现低劣品种滥繁或假冒种子销售，用户、种子繁育经营部门和育种者均可以从维护自身利益出发而诉诸法律。植物新品种保护还有利于促进国际间品种交流合作。

(二)植物新品种推广

新品种审定通过后，一般种子的数量很少，必须采用适当的方式，加速繁殖和推广，使之尽快地在生产中应用和普及。新品种在生产过程中必须采取有效的方式推广、合理使用。尽量保持其纯度，延长其寿命，使之持续地发挥作用。

植物新品种推广的方式有以下几种：

(1)分片式　按照生态、耕作栽培条件，把推广区域划分成若干片，与县级种子管理部门协商分片轮流供应新品种的原种及其后代种子方案。自花授粉作物和无性繁殖作物自己留种，供下一年度生产使用；异花授粉作物分区组织繁种，使一个新品种能在短期内推广普及。

(2)波流式　先在推广区域选择若干个条件较好的乡、村，将新品种的原种集中繁殖后，通过观摩、宣传，再逐步推广。

(3)多点式　将繁殖出的原种或原种后代，先在各区县每个乡镇，选择1~2个条件较好的专业户或承包户，扩大繁殖，示范指导，周围的种植户见到高产增值效果后，第二年即可大面积普及。

(4)订单式　对于优质品种、有特定经济价值的作物，先寻找加工企业(龙头企业)开发新产品，为新品种产品开辟消费渠道。在龙头企业支持下，新品种的推广采取与种植户实行订单种植。

(三)品种区域化和良种合理布局

任何一种农作物新品种都是育种者在某一个区域范围内，在一定的生态条件下，按照生产的需要，通过各种育种手段选育而成的优良生态类型，以致各有其生态特点，对外界环境都具有一定的适应性。这种适应性就是该品种在生产上的局限性和区域性。不同农作物品种适应不同的自然条件、栽培和耕作条件，必须在适宜其生长发育的地区种植，因此对农作物品种应该进行合理的布局。品种区域化就是依据品种区域试验结果和品种审定意见，使一定的品种在适宜地区范围内推广的措施。在一个较大的地区范围内，配置具有不同特点的品种，使生态条件得到最好的利用，将品种的生产潜力充分地发挥出来，使之能丰产、稳产。

(四)良种合理搭配

在一个地区应推广一个主栽品种和2~3个搭配品种，防止品种的单一化给生产造成重大损失，也要防止品种过多而造成品种混杂。主栽品种的丰产性、稳定性、抗逆性要好，适应性要强，能获得较为稳定的产量。搭配相应的品种可以调节农机和劳力的分配。同时从预防病虫害流行传播方面看，也应做到抗源的合理搭配，否则单一品种的种植，会造成相连地块同一病虫害的迅速蔓延，导致大流行，结果造成产量和品质降低。对于棉花等异交率高、容易造成混杂退化的经济作物，最好一个生态区或一个县只种植一个品种。

【本项目小结】

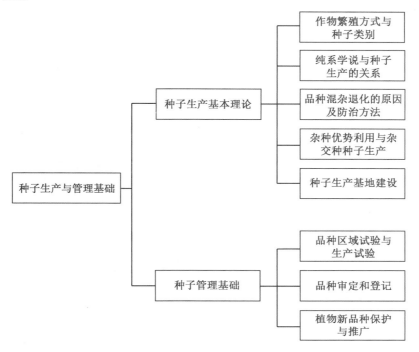

【复习题】

一、名词解释

DUS 三性　育种家种子　原种　大田用种　纯系学说　品种混杂　品种退化品种杂种优势　布局区域化　生产试验　栽培试验　品种审定　品种保护　品种推广

二、简答题

1. 作物种子繁殖方式有哪些？

2. 目前我国种子类别有哪些？

3. 品种混杂退化原因有哪些？如何防止品种混杂退化？

4. 杂种优势理论基础是什么？杂种优势利用途径有哪些？

5. 植物新品种推广的方式有哪些？

思政园地

1. 学习本课程对你的职业规划有哪些帮助？

2. 简述你对"中国人饭碗牢牢端在自己手中"的理解。

项目二

自交作物种子生产技术

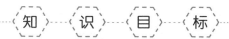

- 掌握自交作物概念及种子级别；
- 掌握自交作物种子生产内容；
- 掌握原种生产方法；
- 掌握大田用种种子生产方法。

- 能够熟练进行种子授粉习性分类；
- 能够熟练进行自交作物原种生产；
- 能够熟练进行自交作物大田用种种子生产。

【项目导入】

英国皇家植物园——邱园有 250 多年的历史，园中收集了约 5 万种植物，是联合国认定的世界文化遗产，植物种类多得足以震撼心灵。邱园中专业园林就有 20 多个，还有供来自世界各地的植物生长发育的温室、温床，以及多种建筑，如图书馆、研究室、实验室等，足以开一个高等院校。尤其是 2000 年，邱园在威克赫斯特植物分园内建成了千年种子银行，保存了世界各地珍贵和濒危的植物种子。种子银行的主要功能是进行物种储存，一旦某个植物物种灭绝，种子银行就可以启用储备，让植物生命延续。

小小种子，春种一粒，秋收万颗。从某种意义上说，一粒种子可以改变世界，可以改变一个国家和社会的命运。这其中深奥的哲理，已为越来越多的人所认识。曾经有一个国家在遭受粮食危机时，种质资源库的工作人员也丝毫不动库里的种子来充饥，最后，这个国家终于渡过危机，利用资源库的种子恢复了生产，重振国家农业。

在农业生产上,产量的提高、品质的改良都离不开种子,一切科学技术、农艺措施也只有直接和间接通过种子这一载体,才能发挥作用。在科学技术突飞猛进的今天,种子的作用更加令人瞩目。科学家预言:21世纪将是生物学的世纪,而生物学的最大受益者是农业,而农业又主要通过种子而受益。这揭示了种子的无限增产潜力和广阔利用前景。有了种子,还不够,需要懂得种子生产技术,不同植物的繁殖方式、开花授粉习性及花器构造需要用不同的种子生产技术来生产优良品种。

所以,每每看到种子时,我们看到的将是"种子圣殿"里的种子,它们正蛰伏在坚硬的壳里,弓着蓄满力量的腰,传承着自然的使命,等待着生命的绽放。

你知道吗?
在21世纪,我国的种子生产产业正在发生怎样深刻的变化? 为什么小麦能自己留种? 玉米和向日葵却不能自己留种?

模块一 基 本 知 识

种子的含义,在植物学和农业生产上是不同的。植物学上的种子是指从胚珠发育而成的繁殖器官;而农业生产中的种子是指一切可以被用作播种材料的植物器官。所以农业生产中各种作物的播种材料,即种子也称"农业种子"。它是最基本的农业生产资料,也是农业再生产的基本保证和重要的物质基础。

一、常规品种原种生产

常规品种即基因型纯合的优良品种。包括自花授粉、天然异交率较低的常异花授粉植物的纯系品种及其经杂交育种选育出的基因型纯合的优良品种。

原种在种子生产中起到承上启下的作用,各国对原种的繁殖代数和质量都有一定的要求。搞好原种生产是整个种子生产过程中最基本和最重要的环节。在目前的原种生产中,主要存在着两种不同的生产程序:一种是重复繁殖程序;另一种是循环选择程序。

(一)重复繁殖程序

重复繁殖程序又称保纯繁殖程序,其种子生产程序是在限制世代基础上的分级繁殖。它的含义是每一轮种子生产的种源都是育种家种子,每个等级的种子经过一代繁殖只能生产较下一等级的种子,即用育种家种子只能生产基础种子,基础种子只能生产登记种子,登记种子只能生产检验种子即生产用种子。而育种家种子可以通过生产或仓储不断获得。这样,从育种家种子到生产用种,最多繁殖四代,形成常规品种原种生产的四级程序。下一轮原种种子生产依然重复相同的过程。

国际作物改良协会把纯系种子分为四级。即育种家种子、基础种子、登记种子、检验种子或生产用种子。我国有些地区和生产单位采用的四级种子生产程序即育种家种子、原原种、原种、大田用种也属于此类程序。

我国目前实行育种家种子或原原种、原种、大田用种三级种子生产程序,它也属于重复繁殖程序。但这种程序的种子级别较少,要生产足量种子,每个级别一般要繁殖多代。如原种是用育种家种子繁殖的第一代到第三代,大田用种是用原种繁殖的第一代到第三代,这样从育种家种子到大田用种,最少繁殖 3 代,最多繁殖 6 代,其种子生产程序虽然是分级繁殖,但没有限制世代。

重复繁殖程序既适用于自花授粉作物和常异花授粉作物常规品种的原种生产,也适用于杂交种亲本自交系、亲本品种和"三系"(雄性不育系、保持系、恢复系)种子的生产。

(二)循环选择程序

循环选择程序是指从某一品种群体中或其他繁殖田中选择单株,通过"个体选择、分系比较、混系繁殖"生产原种,然后扩大繁殖生产用种。如此循环提纯生产原种。这种方法实际上是一种改良混合选择法,主要用于自花授粉作物和常异花授粉作物常规品种的原种生产。根据比较过程长短的不同,有三圃制和两圃制的区别。

1.三圃制原种生产程序

即单株选择、株行比较(株行圃)、株系比较(株系圃)、混系繁殖(原种圃)的四年制种子繁殖程序。

【操作技术 2-1-1】选择单株(穗)

单株选择是原种生产的基础,符合原品种特征特性的单株(穗),是保持原品种种性的关键。单株选择在技术上应注意以下五个方面。

①选株(穗)对象。必须是在生产品种的纯度较高的群体中选择。可以是原种圃、株系圃、原种繁殖的种子生产田,甚至是纯度较高的丰产田中进行选株(穗)。

②选株(穗)的标准。必须要符合原品种的典型性状。选择者要熟悉原品种的典型性状,掌握准确统一的选择标准,不能注重选奇特株(穗)。选优重点放在田间选择,辅以室内考种。选择的重点性状有丰产性、株间一致性、抗病性、抗逆性、抽穗期、株高、成熟期以及便于区分品种的某些质量性状。

③选株(穗)的条件。要在均匀一致的条件下选择。不可在缺苗、断垄、地边、粪底等特殊条件下选择,更不能在有病虫害检疫对象的田中选择。

④选株(穗)的数量。根据下一年株(穗)行圃的面积及作物的种类而定。为了确保选择的群体不偏离原品种的典型性,选择数量要大。

⑤选株(穗)的时间和方法。田间选择在品种性状表现最明显的时期进行,例如,禾谷类作物可在幼苗期、抽穗期、成熟期进行。一般在抽穗或开花期初选、标记,在成熟期根据后期性状复选,入选的典型单株(穗)分别收获,室内再按株、穗、粒等性状进行决选。最后入选的单株(穗)分别脱粒、编号、保存,下一年进入株(穗)行圃比较鉴定。

【操作技术 2-1-2】株(穗)行圃,即株行比较鉴定

①种植。在隔离区内将上一年入选的单株(穗)按编号分别种成一行或数行,建立株(穗)行圃,进行株(穗)行比较鉴定。株(穗)行圃应选择土壤肥沃、地势平坦、肥力均匀、旱涝保收、隔离安全的田块,以便于进行正确的比较鉴定。试验采用间比法设计,每隔 9 个或 19 个株行

种一个对照,对照为本品种原种。各株(穗)行的播种量、株行距及管理措施要均匀一致,密度要偏稀,采用优良的栽培管理技术,要设不少于三行的保护行。

②选择和收获。在作物生长发育的各关键时期,要对主要性状进行田间观察记载,以比较、鉴定每个株(穗)行的典型性和整齐度。收获前,综合各株(穗)行的全面表现进行决选,淘汰生长差、不整齐、不典型、有杂株等不符合要求的株(穗)行。入选的株(穗)行,既要在行内各株间表现典型、整齐、无杂劣株,而且各行之间在主要性状上也要表现一致。收获时,先收被淘汰的株(穗)行,以免遗漏混杂在入选株(穗)行中。清垄后,再将入选株(穗)行分别收获,经室内考种鉴定后,将决选株(穗)行分别脱粒、保存,下一年进入株(穗)系比较试验。

【操作技术 2-1-3】株(穗)系圃,即株系比较试验

在隔离区内将上一年入选的株(穗)行种子各种一个小区,建立株系圃。对其典型性、丰产性和适应性等性状进行进一步的比较试验。试验仍采用间比法设计,每隔4个或9个小区设一对照区。对照为本品种的原种。田间管理、调查记载、室内考种、评选、决选等技术环节均与株(穗)行圃要求相同。入选的各系种子混合,下一年混合种于原种圃进行繁殖。

【操作技术 2-1-4】原种圃,即混系繁殖

在隔离区内将上一年入选株系的混合种子扩大繁殖,建立原种圃。原种圃分别在苗期、抽穗期或开花期、成熟期严格拔除杂劣株,收获的种子经种子检验,符合国家规定的原种质量标准即为原种。

原种圃要集中连片,隔离安全,土壤肥沃,采用先进的栽培管理措施,单粒稀播,以提高繁殖系数。同时,要严格去杂去劣,在种、管、收、运、脱、晒等过程中严防机械混杂。

一般而言,株行圃、株系圃、原种圃的面积比例以 1:(50~100):(1 000~2 000)为宜。即 667 m^2 株行圃可供 3~7 hm^2 株系圃的种子,可供 67~133 hm^2 原种圃的种子。

三圃制原种生产程序比较复杂,适用于混杂退化较重的品种。

2.两圃制原种生产程序

两圃制原种生产程序也是单株选择、株行比较、混系繁殖。其与三圃制几乎相同,只是少了一次株系比较,在株行圃就将入选的各株行种子混合,下一年种于原种圃进行繁殖。两圃制原种生产由于减少了一次繁殖,因而与三圃制相比,在生产同样数量原种的情况下,要增加单株选择的初选株与决选株的数量和株行圃的面积。

两圃制原种生产程序适用于混杂退化较轻的品种。

采用循环选择程序生产原种时,要经过单株、株行、株系的多次循环选择,汰劣留优。这对防止和克服品种的混杂退化,保持生产用种的优良性状有一定的作用。但是该程序也有一定的弊端,一是育种者的知识产权得不到很好的保护。二是种子生产周期长,赶不上品种更新换代的要求。三是种源不是育种家种子,起点不高。四是对品种典型性把握不准,品种易混杂退化。

随着我国种子产业的快速发展,农业生产对种子生产质量和效益提出了越来越高的要求,迫切需要不断改革和完善种子生产体系,主要体现在对种子生产程序的改革和创新上。通过借鉴国外种子生产的先进经验,并结合我国市场经济发展的国情和种子生产实践,提出和发展了一些新的原种生产程序,其中有代表性的程序有四级种子生产程序,即育种家种子、原原种、原种、大田用种、株系循环程序(参见小麦原种生产技术)、自交混繁程序等。

你知道吗?

小麦原种生产中,采用什么方法呢? 大豆原种生产和小麦一样吗?

二、常规品种大田用种生产

获得原种后,由于原种数量有限,一般需要把原种再繁殖1～3代,以供生产使用。这个过程称为原种繁殖或良种生产。大田用种供大面积生产使用,用种量极大,需要专门的种子田生产,才能保证大田用种生产的数量和质量。

1.种子田的选择

为了获得高产、优质的种子,种子田应具备下列条件。

①交通便利、隔离安全、地势平坦、土壤肥沃、排灌方便、旱涝保收。

②实行合理轮作倒茬,避免连作危害。

③病、虫、杂草危害较轻,无检疫性病、虫、草害。

④同一品种的种子田最好集中连片种植。

2.种子田大田用种生产程序

原种一般能繁殖1～3代,超过3代后,由其生产的大田用种的质量将难以保证。

将各级原种场、良种场生产出来的原种,第一年放在种子田繁殖,从种子田选择典型单株(穗)混合脱粒,作为下一年种子田用种,其余植株经过严格去杂去劣后混合脱粒,作为下一年生产田用种。第二年再在种子田重复第一年的程序,第三年也是一样的程序。这样,原种繁殖1～3代后淘汰,重新用原种更新种子田用种。

3.种子田的管理

种子田应选择地势平坦、土壤肥沃、排灌方便的地块,以求旱涝保收。种子田要实行合理轮作,以避免连作造成的机械混杂。同一品种的种子田最好连片种植,与种子田相邻的田块最好种同一品种。在种子田的田间布局上要便于田间管理和去杂去劣工作。要精心管理,做到适时播种、适当稀植、加强肥水管理,使植株生长发育良好,提高繁殖系数。在生育期间要分期去杂去劣,保证品种纯度。种子收获时,要单独收、打、晒、藏,严防机械混杂。

三、加速种子生产进程的方法

为了使优良品种尽快地在生产上发挥增产作用,必须加速种子的繁殖,即加速种子生产进程。加速种子生产进程的方法有多种,常用的有提高繁殖系数、一年多代繁殖和组织培养繁殖。

(一)提高繁殖系数

种子繁殖的倍数也称繁殖系数,它是指单位重量的种子经种植后,其所繁殖的种子的数量相当于原来种子的倍数。例如,小麦播种量是10 kg,收获的种子数量是350 kg,则繁殖系数为35。

提高繁殖系数的主要途径是节约单位面积的播种量,可采用以下措施。

1. 稀播繁殖

也称稀播高繁。即充分发挥单株生产力,提高种子产量。这种方法一方面节约用种量,最大限度地发挥每一粒原种的生产力;另一方面通过提高单株产量,提高繁殖系数。

2. 剥蘖繁殖

以水稻为例,可以提早播种,利用稀播培育壮秧,促进分蘖,再经多次剥蘖插植大田,加强田间管理,促使早发分蘖,提高有效穗数,获得高繁殖系数。

3. 扦插繁殖

甘薯、马铃薯等根茎类无性繁殖作物,可采用多级育苗法增加采苗次数,也可用切块育苗法增加苗数,然后再采用多次切割,扦插繁殖的方法。

(二)一年多代繁殖

一年多代繁殖的主要方式是异地加代繁殖或异季加代繁殖。

1. 异地加代繁殖

利用我国幅员辽阔、地势复杂、气候差异较大的有利自然条件,进行异地加代,一年可繁殖多代。即选择光、热条件可以满足作物生长发育所需的某些地区,进行冬繁或夏繁加代。例如,我国常常将玉米、高粱、水稻、棉花、谷子等春播作物(4—9月),收获后到海南省、云南省等地进行冬繁加代(10月至翌年4月)的"北种南繁";油菜等秋播作物收获后到青海等高海拔高寒地区夏繁加代的"南种北繁";北方的春小麦7月收获后在云贵高原夏繁,10月收获后再到海南岛冬繁,一年可繁殖3代。

2. 异季加代繁殖

利用当地不同季节的光、热条件和某些设备,在本地进行异季加代。例如,南方的早稻"翻秋"(或称"倒种春")和晚稻"翻春"。福建、浙江、广东、广西等地把早稻品种经春种夏收后,当年再夏种秋收,一年种植2次,加速繁殖速度。广东省揭阳用100粒"IR8号"水稻种子,经过一年两季种植,获得了2 516 kg种子。再有,利用温室和人工气候室,可以在当地进行异季加代。

(三)组织培养繁殖

组织培养技术是依据细胞遗传信息全能性的特点,在无菌条件下,将植物根、茎、叶、花、果实甚至细胞培养成为一个完整的植株。目前,采用组织培养技术,可以对许多植物进行快速繁殖。例如,甘薯可以将其叶片剪成许多小块进行组织培养,待小叶块长成幼苗后再栽到大田,从而大大提高繁殖系数。再如,甘薯、马铃薯可以利用茎尖脱毒培养进行快繁。利用组织培养还可以获得胚状体,制成人工种子,使繁殖系数大大提高。

你知道吗?
多次继代快速繁殖会产生什么不良的效应?试举例说明。

模块二　自交作物种子生产技术

一、小麦种子生产技术

小麦种子生产技术主要包括小麦的常规种子生产技术和杂交种种子生产技术。

(一)小麦种子生产生物学特性

小麦从外部形态形成可概括为 10 个时期,即种子萌发、出苗、三叶、分蘖、拔节、孕穗、抽穗、开花、灌浆及成熟。冬小麦还有越冬期和返青期。

1.根

小麦的根为须根系,由初生根和次生根组成。初生根一般为 5 条,少则 3 条,条件适宜时可达 7 条,初生根入土较深,可以长期存活,并具有吸收功能。次生根在三叶期后从分蘖节上长出。正常的分蘖也长出自己的次生根。低温条件下根的生长可超过茎、蘖的生长;在温度升高时,情况则相反。根系的数量和分布受土壤、水分、通气和施肥等情况的影响,通常主要分布于 50 cm 以内的土层中,一般在 20 cm 土层内占全部根量的 70%～80%。冬小麦根系的总量常大于春小麦。

2.茎

小麦的茎的节数为 7～14 节,分为地上节和地下节。小麦的茎节早在幼穗分化的单棱期前,就伴随着最后 4～6 片叶原基的分化而形成。

小麦的茎在苗期并不伸长,各节紧密相连。当光照阶段结束时,茎基部间开始伸长。当茎伸长达到 3～4 cm,第一节间伸出地面 1.5～2.0 cm 时,称为拔节。茎呈圆筒形,由节与节间组成。茎节坚硬而充实,多数品种节间中空,但也有实心的品种。冬小麦一个主茎上有 12～16 个节,但只有上部 4～6 个节间伸长;春小麦有 7～12 个节,绝大多数为 4 个节间伸长。茎的基部间短而坚韧,从下而上逐节加长,最上部 1 个节间最长。茎是植株运输水分和营养物质的主要器官。同化产物由茎输送,也可在茎中贮存。同时,茎又是支持器官。茎成熟时呈黄色,也有少数呈紫色的。

3.叶

小麦的叶分为叶片和叶鞘,在叶鞘与叶片相连处有一叶舌,其两旁有一对叶耳。叶鞘紧包节间,有保护和加固茎秆作用。冬小麦一生主茎有 12～16 片叶,春小麦 7～12 片叶,因品种和地区栽培条件而不同。叶片光合能力的强度,除与品种特性有关外,还受光照强度、空气中 CO_2 浓度、水分和矿质营养的影响。

4.分蘖

小麦分蘖从基部分蘖节上长出,与叶片出生有一定的同伸关系。在正常情况下,当主茎第四叶伸出后,同时从第一叶腋中长出第一分蘖;当主茎第五叶伸出后,第二叶腋中长出第二分蘖,当每个分蘖长出 3 个以上叶片时,在分蘖上又能长出二级分蘖,条件适宜时还可长出三级以上的分蘖。麦苗分蘖的多少,决定于生长条件和品种特性,在大田生产条件下每株平均滋生 2～3 个分蘖。分蘖生长的适宜温度为 12～16℃,低于 8～10℃高于 25℃时,分蘖生长缓慢;低于 2～3℃或高于 30℃时,则停止分蘖。适期播种的小麦,出苗后 15～20 d 开始分蘖,至拔节前分蘖数达到最高峰。拔节前后,植株由营养生长转入生殖生长,有效分蘖基本稳定下来。一般早生的分蘖能长出麦穗,晚生分蘖往往无效。分蘖成穗多少,取决于品种特性、环境条件和栽培条件,一般大田成穗率为 25%～40%,单株成穗数在 1.2 左右。冬小麦的分蘖数和成穗数多于春小麦。

5. 穗

小麦的穗为复穗状花序(图 2-1)。麦苗在生长锥伸长时,就开始分化幼穗,进而逐步分化发育出小穗、小花、雄蕊、雌蕊、花粉粒,最后抽出发育完全的麦穗。麦穗的形状、长宽和小穗排列的松紧度,因品种而异,可分为纺锤、长方、棍棒和椭圆等形状。麦穗由许多节片组成穗轴,穗轴的每个节片上着生 1 个小穗。每个小穗有 1 个小穗轴、2 片护颖和 2～9 朵小花。正常发育的小花有外颖(稃)、内颖(稃)各 2,3 个雄蕊和 1 个雌蕊,花内还有 2 个鳞片。外颖顶端可伸长成芒,有长芒、短芒、顶芒、曲芒、无芒之分。穗型、颖壳色、粒色和芒(有无、长短),常作为识别品种的标志。小麦是自花授粉作物,一般自然异交率很低,不到 1%。开花授粉后,受精的子房发育成长为颖果,俗称种子。

图 2-1 小麦的花器结构
A.麦穗 B.小穗 C.小花
1.穗轴 2.护颖 3.小花 4.外稃 5.内稃 6.雄蕊 7.雌蕊 8.鳞片

6. 果实(种子)

小麦的籽粒为颖果。顶端有茸毛,称冠毛。其腹面有沟,称腹沟,腹沟深浅与出粉率有关。种子由皮层、胚乳和胚 3 个部分组成。皮层是保护组织,占种子重量的 5%～8%,包括果皮和种皮;种皮又分内外层,其中内皮层含有色物质,使籽粒显出不同颜色,有红、白或琥珀色之分。胚乳占种子重量的 90%~93%,提供种子发芽和幼苗初期生长所需的养分。胚乳中大部分为淀粉,小部分为含氮物质和纤维素。胚乳的最外面为糊粉层,里面包着淀粉胚乳。磨粉时,淀粉胚乳是面粉的主要组成部分,麦麸主要是糊粉层及其外边的皮层。胚由胚根、胚轴、胚芽和盾片组成,约占种子重量的 2%。胚芽外边包着胚芽鞘,里面有生长点、叶原始体及腋芽。发芽后,胚芽鞘破土出苗,长成幼苗。通过休眠期的种子,在一定水分、温度和空气条件下开始发芽,发芽的最适温度为 15~20℃,最适含水量为种子干重的 35%~45%。

你知道吗?
小麦的开花授粉习性及花器构造适合杂交吗?试加以说明。

(二)小麦常规种子生产技术

小麦常规种子生产技术主要包括小麦的原种生产技术和大田用种生产技术。

1. 小麦原种生产技术

我国小麦原种生产技术操作规程(GB/T 17317—2011)规定了小麦原种生产采用三圃制、二圃制、用育种家种子直接生产原种(一圃制)、株系循环(保种圃)法生产原种。如果一个品种在生产上利用的时间较长,品种的各种优良性状有不同程度的变异,或退化或机械混杂较重,而且又没有新品种代替时,可用三年三圃制法生产原种。如果一个品种在生产上种植的时间较短,混杂不严重时,或新品种开始投入生产时,性状尚有分离,需要提纯,可采用两年两圃制生产原种。对遗传性稳定的推广品种和经审定通过的新品种,可采用一圃制生产原种。此外,有株系循环法等原种生产方法。

(1)三圃制　是指株(穗)行圃、株(穗)系圃、原种圃。用这种方法生产原种通常需要三年,所以也称"三年三圃制"。如选单株时设选择圃,就需要四年时间。三圃制生产原种的基本技术程序是"单株(穗)选择、分系比较鉴定、混系繁殖"。经典的三圃制技术操作规程相当繁杂,广大种子工作者根据实践对其技术环节进行了简化,主要是在"分系比较阶段"省略了分系测产,将与对照区比产定取舍,改为以田间目测决定汰留。具体方法如下。

【操作技术 2-2-1】单株(穗)选择

要注意以下 5 方面。

①材料来源。来源于本地或外地的原种圃、决选的株(穗)系圃、种子田,也可专门设置选择圃,进行稀条播种植,以供选择。

②单株(穗)选择的重点。单株(穗)选择的重点是生育期、株型、穗型、抗逆性等主要农艺性状,并具备原品种的典型性和丰产性。株选要分两个时期进行:一是抽穗到灌浆阶段根据株型、株高、抗病性和抽穗期等进行初选,并做好标记;二是成熟阶段对初选的单株再根据穗部性状、抗病性、抗逆性和成熟期等进行复选。如采用穗选,则在成熟阶段根据上述综合性状进行一次选择即可。

③选择数量。选择单株(穗)的数量应根据所建株行圃的面积而定。冬麦区一般每公顷需 4 500 个株行或 15 000 个单穗,春麦区的选择数量可适当增多。田间初选时应考虑到复选、决选和其他损失,适当留有余地。

④选择单株(穗)的收获。将入选单株连根拔起,每10株扎成一捆,如果是穗选,将中选的单穗摘下,穗下留15~20 cm的茎秆,每50穗扎成一捆。每捆系上2个标签,注明品种名称。

⑤室内决选。室内对入选的单株(穗)进行决选,重点考察穗型、芒型、护颖颜色和形状、粒型、粒色、粒质等项目,保留各性状均与原品种相符的典型单株(穗),分别脱粒、编号、装袋保存。

【操作技术 2-2-2】株(穗)行圃

要注意以下四方面。

①田间种植方法。将上年当选的单株(穗)按统一编号种植。株(穗)行圃一般采用顺序排列,单粒点播或稀条播。单株播4行区,单穗播1行区,行长2 m,行距20~30 cm,株距3~5 cm或5~10 cm,按行长划排,排间及四周留50~60 cm的田间走道。每隔9个或19个株(穗)行设一对照,周围设保护行和25 m以上的隔离区。对照和保护行均采用同一品种的原种。播前绘制好田间种植图,按图种植,编号插牌,严防错乱。

②田间鉴定选择。在整个生育期间要固定专人,按规定的标准统一做好田间鉴定和选择工作。生育期间在幼苗阶段、抽穗阶段、成熟阶段分别与对照进行鉴定选择,并做标记(表2-1)。

表 2-1　小麦株(穗)行鉴定时期和依据性状

幼苗阶段	抽穗阶段	成熟阶段
幼苗生长习性、叶色、生长势、整齐度、抗病性、耐寒性等	株型、叶形、抗病性、抽穗期、各株行的典型性和一致性	株高、穗部性状、芒长、整齐度、抗病性、抗倒伏性、落黄性和成熟期等。对不同的时期发生的病虫害、倒伏等要记明程度和原因

③田间收获。收获前综合评价,选符合原品种典型性的株(穗)行分别收获、打捆、挂牌,标明株行号。

④室内决选。室内进一步考察粒型、粒色、籽粒饱满度和粒质,符合原品种典型性的分别称重,作为决定取舍的参考,最终决选的株(穗)行分别装袋、保管,严防机械混杂。

【操作技术 2-2-3】株(穗)系圃

要注意以下三个方面。

①田间种植方法。上年当选的株(穗)行种子,按株(穗)行分别种植,建立株(穗)系圃。每个株(穗)行的种子播一小区,小区长宽比例以1:(3~5)为宜,面积和行数依种子量而定。播种方法采用等播量、等行距稀条播,每隔9区设一对照。其他要求同株(穗)行圃。

②田间鉴定方法。田间管理、观察记载、收获与株(穗)行圃相同,但应从严掌握。典型性状符合要求的株(穗)系,杂株率不超过0.1%时,拔除杂株后可以入选。当选的株(穗)系分区核产,产量不应低于邻近对照。

③收获。入选株(穗)系分别取样考种,考察项目同株(穗)行圃,最后当选株(穗)系可以混合脱粒。

【操作技术 2-2-4】原种圃

将上年混合脱粒的种子稀播种植,即为原种圃。一般行距20~25 cm,播量60~70 kg/hm²,以扩大繁殖系数。在抽穗阶段和成熟阶段分别进行纯度鉴定,并且进行2~3次去杂去劣工作,严格拔除杂株、劣株,并带出田外。同时,严防生物学混杂和机械混杂。原种圃当年收获的种子即为原种。

(2)二圃制　二圃制是把株(穗)行圃中当选的株(穗)行种子混合,进入原种圃生产原种。二圃制简单易行,节省时间,对于种源纯度较高的品种,可以采用二圃制生产原种。

(3)一圃制　即育种家种子直接生产原种。将育种家种子通过精量点播的方法播于原种圃,进行扩大繁殖。一圃制是快速生产原种的方法,其生产程序可以概括为单粒点播、分株鉴定、整株去杂、混合收获。具体措施是:选择土壤肥沃、地力均匀、排灌方便、栽培条件好的田块;精细整地,施足底肥,防治地下害虫;可使用点播机点播,播种量 60 kg/hm²;适时早播,足墒下种;加强田间水肥管理,单产可达 6 750 kg/hm²左右。在幼苗阶段、抽穗阶段和成熟阶段根据本品种的典型特征特性进行分株鉴定和整株去杂,最后混合收入的种子即为原种。

(4)株系循环法　株系循环法也称保种圃法。该方法的核心工作是建立保种圃之后可以一直保持原种的质量,并且不需要年年大量选单株和考种。具体步骤如下:

【操作技术 2-2-5】单株选择

以育种单位提供的原种作为单株选择的基础材料,建立单株选择圃。单株选择的方法与三圃制相同,选择单株的数量应根据保种圃的面积、株行鉴定淘汰的比率和保种圃中每个系的种植数量来确定。一般每个品种的决选株数应不少于 150 株,初选株数应是所需株数的 2 倍左右。

【操作技术 2-2-6】株行鉴定

田间种植方法和观察记载与三圃制相同。选择符合品种典型性、整齐一致的株行。一般淘汰 20%,保留约 120 个株行,在每个当选的株行中,选择 5～10 个典型单株混合脱粒,这样得到的群体比原来的株行大,比三圃制的株系小,所以也称为大株行或小株系。各系分别收获、编号和保存。

【操作技术 2-2-7】株系鉴定,建立保种圃

将上年当选的各系种子分别种植,即为保种圃。根据保种圃的面积确定每个系的种植株数。在生育期间进行多次观察记载,淘汰典型性不符合要求或杂株率较高的系,并对入选系进行严格的去杂去劣。从每个入选的系中选择 5～10 个典型单株分系混合脱粒,作为下年保种圃用种,其余植株混收混脱,得到的种子称为核心种子,作为下年基础种子田用种。保种圃建成以后照此循环,即可每年从中得到各系的种子和核心种子,不再需要进行单株选择和室内考种。

【操作技术 2-2-8】建立基础种子田

将上年的核心种子进行扩大繁殖,即为基础种子田。基础种子田应安排在保种圃的周围,四周种植同一品种的原种生产田。基础种子田应选择生产条件较好的地块集中种植,并采用高产栽培技术,在整个生育期间进行严格的去杂去劣,收获的种子即为基础种子。作为下年原种田用种。

【操作技术 2-2-9】建立原种田

将基础种子在隔离条件下集中连片种植,即为原种生产田。原种田的选择、栽培管理、去杂去劣与基础种子田相同,收获的种子即为原种。

2.小麦大田用种生产技术

上述方法生产出的小麦原种,一般数量都很有限,不能直接满足大田用种需要,必须进一步扩大繁殖,生产小麦大田用种,具体步骤如下。

【操作技术 2-2-10】种子田的选择和面积

种子田应选择土壤肥沃、地势平坦、土质良好、排灌方便、地力均匀的地块,并合理规划,同一品种尽量连片种植,忌施麦秸肥,避免造成混杂;种子田的面积应根据小麦种子的计划生产量来确定。

【操作技术 2-2-11】种子田的栽培管理

应注意以下几个方面。

①种子准备。搞好种子精选、晒种和药剂处理工作。

②严把播种关。精细整地,合理施肥,适时播种,确保苗全、苗齐、苗匀、苗壮。更换不同品种时要严格防止机械混杂。

③加强田间管理。根据小麦生长情况合理施用肥水,加强病虫害的防治。

④严格去杂去劣。在种子田,将非本品种或异型株去除称为去杂,将生长发育不正常或遭受病虫危害的植株去除称为去劣。在整个生育期间,应多次进行田间检查,严格进行去杂去劣,确保种子的纯度。

⑤严防机械混杂。小麦种子生产中最主要的问题就是机械混杂,因此从播种至收获、脱粒、运输、加工、贮藏的任何一个环节都需认真,严防机械混杂。

⑥安全贮藏。小麦种子贮藏时种子含水量应控制在13%以下,种温不应超过25℃。

你知道吗?

小麦在大田用种生产中为何不进行空间隔离来防止生物学混杂,而是严防机械混杂?

(三)小麦杂交种种子生产技术

1. 三系法

由于小麦是自花授粉作物,花器小,繁殖系数又低,人工去雄制得杂交种的成本太高,这种方法不适宜。

(1)分期播种法 西北农林科技大学研究成功一种小麦杂交种子生产技术。利用小麦雄性不育系和恢复系生产小麦杂交种子,一般采用不育系:恢复系＝24:12的比例相间种植,在气候条件较好、花期相遇良好的状况下,产量可达 $200\sim300$ kg/667 m² 杂交种子。由于小麦花粉量小,花粉质量较重而随风传播距离相对较近,在上述制种方式下,要进一步提高制种产量以提高制种效益和降低种子成本显得十分困难。此方法父母本分别播种,分别收获,对于小麦这样的大群体小株作物也不是十分简便。

(2)混合播种法 探索一种适合小麦生产特点的杂交小麦种子生产的简便方法,是杂交小麦大面积应用的又一关键。经多次试验研究,现已形成了一种简便的杂交小麦种子生产方法。其技术核心是:将不育系和恢复系种子按一定比例混合均匀,一次播种。在父本和母本株高差异不超过15 cm时,混合收获,作为生产种子。这种小麦杂交群体中,杂交种占了大多数,父本株高和杂交种株高差异不明显。群体外观整齐度无明显影响,强优势组合的父本一般有较高的生产力,对杂交小麦的优势降低轻微,却大大降低了生产成本。父母本株高差异大于15 cm时,则在授粉结束后,人工割除父本穗层,收获母本生产的杂交种子。本方法的积极作用是:其一,它缩短了父母本距离,提高了异交结实率,提高了制种产量。此方法可将父母本距离由

180 cm 减低至 15 cm,异交结实率提高 30％～40％。在割除父本的条件下,每 667 m² 产杂交小麦种子 350～400 kg。其二,它去除父母本分别播种收获作业,简便易行。其三,它操作简便,产量提高,杂交小麦种子的成本比一般方法下降 40％～50％,有利于市场推广。

2. 两系法

西北农业大学何蓓如教授从 20 世纪 70 年代就开始研究小麦杂交种子生产技术,为解决 T 型小麦雄性不育系的恢复源少、恢复度低、种子皱缩的缺陷,1981 年起研究 K 型不育系,1987 年完成"三系"配套。并且在"三系"配套基础上,不断扩大不育系资源,筛选出一批抗病不育系。并对 K 型不育系的细胞质效应、雄配子败育、育性恢复遗传等基本遗传问题进行了系统研究。近年来利用染色体工程方法选育非 1B/1R 类型的 K 型小麦不育系取得突破,可以使任意小麦品种改造成 K 型不育系,这对解决 K 型不育系、保持系资源渐少等问题有重要意义。近年来已成功创立小麦温敏不育系的选育方法,选育出的小麦温敏不育系经南繁北育后成为两系法小麦种子生产方法。

> **你知道吗?**
> 在小麦推广的新品种中,是常规品种多还是杂交种多呢? 为什么?

二、水稻种子生产技术

水稻种子生产技术主要包括水稻常规种子生产技术和水稻杂交种种子生产技术。

(一)水稻种子生产生物学特性

水稻生育期分为幼苗期、分蘖期、穗分化期、结实期。水稻植株由根、茎、叶、穗组成。

1. 根
水稻的根系由种子根(胚根)和不定根(节根、冠根)组成。种子根一条,垂直向下生长,胚轴上可生根,属不定根。

2. 茎
水稻的茎是中轴,根、分蘖、叶及穗着生在中轴上,茎分为节与节间。水稻的茎由节和节间组成,节间分伸长节间和未伸长节间,前者位于地上部,约占全部节间的 1/3,后者位于地面下,各节间集缩成约 2 cm 的地下茎,是分蘖发生的部位,称为蘖节。水稻分蘖适宜气温为 30～32℃,水温为 32～34℃。

3. 叶
水稻的叶分为三种,即胚芽鞘和分蘖鞘,又称前出叶,是叶的变形,无叶绿素;不完全叶,有叶绿素,无叶片,是第一真叶;完全叶,具叶片、叶鞘、叶耳、叶舌。

4. 穗
水稻的穗为复总状花序或圆锥花序(图 2-2),由穗轴(主梗)、一次(一级)枝梗、二次(二级)枝梗、小穗梗和小穗(颖花)组成。穗轴由穗节组成,穗茎节位于基部,一次枝梗着生在各穗节上。水稻的颖花实际上是小穗,从植物学上看,小穗有 3 朵小花,其中 2 朵退化,各留下外稃,即一般称的护颖(颖片),小穗基部的两个小突起是退化的颖片,称为副护颖,留下的花是可孕的,有外稃、内稃、6个雄蕊,1个雌蕊,2个浆片,这就是将来成为稻谷(种子)的颖花。籼稻开花最适宜温度为25~35℃,低于20℃或高于40℃结实率下降;粳稻开花最适宜温度为18~33℃,低于15℃或高于38℃结实率下降。开花适宜湿度为70%~80%。

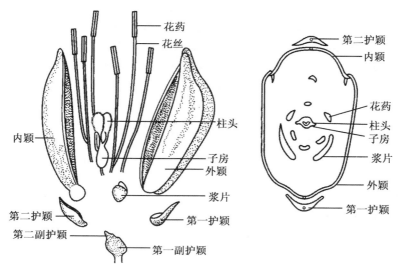

图 2-2　水稻花器构造示意图

水稻的种子(稻谷)是由小穗发育而来的,真正的种子是由受精子房发育成的具有繁殖力的果实(颖果),外面包被的部分为谷壳。

你知道吗?
水稻的开花授粉习性及花器构造适合杂交吗? 试加以说明。

(二)水稻常规种子生产技术

水稻常规种子生产技术主要包括水稻原种生产技术和水稻大田用种生产技术。

1.水稻原种生产技术

水稻是自花授粉植物,原种生产程序与小麦大致相同。根据我国水稻原种生产技术操作规程(GB/T 17316—2011)规定:水稻原种生产可采用三圃制、两圃制,或采用育种家种子直接繁殖原种。还可采用株系循环法生产原种。

(1)三圃制　是指株(穗)行圃、株(穗)系圃、原种圃。其具体的生产技术规程如下。

【操作技术 2-2-12】单株(穗)选择

①选择来源。在原种圃、种子田或大田设置的选择圃中进行,一般应以原种圃为主。

②选择时期与标准。在抽穗期进行初选,做好标记。成熟期逐株复选,当选单株的"三性""四型""五色""一期"必须符合原品种的特征特性。"三性"即典型性、一致性、丰产性;"四型"即株型、叶形、穗型、粒型;"五色"即叶色、叶鞘色、颖色、稃尖色、芒色;"一期"即生育期。根据

品种的特征特性,在典型性状表现最明显的时期进行单株(穗)选择。

③选择数量。选株的数量依据株行面积而定,田间初选数应比决选数增加一倍,以便室内进一步选择。一般每公顷株行圃需 4 500 个株行或 12 000 个穗行。

④入选单株的收获。将入选单株连根拔起,每 10 株扎成一捆,如果穗选,将中选单穗摘下,每 50 穗扎成一捆。每捆系上 2 个标签,注明品种名称。

⑤室内决选。田间当选的单株收获后,及时干燥挂藏,严防鼠、雀危害。根据原品种的穗部主要特征特性,在室内结合目测剔除不合格单株,再逐株考种。考种项目包括株高、穗粒数、结实率、千粒重、单株粒重,并计算株高和穗粒重的平均数,当选单株的株高应在平均数±1 cm 范围内,穗粒重不低于平均数,然后按单株粒重择优选留。当选单株分别编号、脱粒、装袋、复晒、收藏。

【操作技术 2-2-13】建立株(穗)行圃

将上一年当选的各单株种子,按编号分区种植,建立株行圃。但应注意以下四个方面。

①育秧。秧田采用当地育秧方式,一个单株播一个小区(对照种子用上年原种分区播种),各小区面积和播种量要求一致,所有单株种子(包括对照种子)的浸种、催芽、播种均须分别在同一天完成。播种时严防混杂,秧田的各项田间管理措施要一致,并在同一天完成。

②本田。移栽前先绘制本田田间种植图。拔秧移栽时,一个单株的秧苗扎一个标牌,随秧运到本田,按田间种植图栽插。每个单株插一个小区,单本栽插,按编号顺序排列,并插牌标记,各小区须在同一天栽插。小区长宽比以 3∶1 为好,各小区面积、栽插密度要一致,小区间应留走道,每隔 9 个株行设一对照区,株行圃四周要设不少于 3 行的保护行,并采取隔离措施。空间隔离距离不少于 20 m,时间隔离与扬花期要错开 15 d 以上。生长期间本田的各项田间管理措施要一致,并在同一天完成。

③田间鉴定与选择。在整个生育期间要固定专人,按规定的标准统一做好田间鉴定和选择工作。田间观察记载应固定专人负责,并定点、定株,做到及时准确。发现有变异单株和长势低劣的株行、单株,应随时做好淘汰标记。根据各期的观察记载资料,在收获前进行综合评定。当选株行必须具备原品种的典型性、株行间的一致性,综合丰产性较好,穗型整齐度高,穗粒数不低于对照。齐穗期、成熟期与对照相比在±1 d 范围内,株高与对照平均数相比在±1 cm 范围内。

④收获。当选株行确定后,将保护行、对照小区及淘汰株行区先行收割,然后,逐一对当选株行区复核。脱粒前,须将脱粒场地、机械、用具等清理干净,严防混杂。各行区种子要单脱、单晒、单藏,挂上标签,严防鼠、虫等危害及霉变。

【操作技术 2-2-14】建立株(穗)系圃

将上年当选的各株行的种子分区种植,建立株系圃。各株系区的面积、栽插密度均须一致,并采用单本栽插,每隔 9 个株系区设一个对照区,其他要求、田间观察记载项目和田间鉴定与选择同株行圃。当选株系须具备本品种的典型性、株系间的一致性,整齐度高,丰产性好。各当选株系混合收割、脱粒、收贮。

【操作技术 2-2-15】建立原种圃

上年入选株系的混合种子扩大繁殖,建立原种圃。原种圃要集中连片,隔离安全,土壤肥沃,采用先进的栽培管理措施,单粒稀植,充分发挥单株生产力,以提高繁殖系数。同时在各生育阶段进行观察,在苗期、花期、成熟期根据品种的典型性严格拔除杂、劣、病株,并要带出田外,成熟后及时收获,要单独收获、运输、晾晒、脱粒,严防机械混杂。原种圃收获的种子即为原种。

(2)两圃制　是把株行圃中当选的株行种子混合,进入原种圃生产原种。对于种源纯度较高的品种,可以采用两圃制来生产原种。

2.水稻大田用种生产技术

水稻大田用种生产技术的程序如下。

(1)种子田的选择和面积　用作水稻大田用种生产田的地块应具有良好的稻作自然条件和保证种子纯度的隔离条件。即种子田应具备土壤肥沃、耕作性能好、排灌方便、旱涝保收、光照充足、无检疫性水稻病虫害、不受畜禽危害的条件。其次大田用种生产田还需交通便利,群众文化素质高等。另外,每年在种子田中选择典型优良单株(穗),混合脱粒,作为下一年种子田用种,种子田经去杂去劣后,混合收获、脱粒做下一年生产田用种;种子田的面积由大田播种面积、每公顷播种量和种子田每公顷产种量3个因素确定。一般情况下,水稻种子田面积占大田播种面积的3%～5%,为保证供种数量,种子田应按估计数字再留有余地。

(2)种子田的管理　应注意以下几个方面。

①提高繁殖系数。播种要适时适量,单粒稀播,水稻适龄移栽,单本插植,适当放宽株行距,以提高繁殖系数。

②除杂去劣。每隔若干行留工作道,以便田间农事操作及除杂去劣。

③合理施肥。以农家肥为主,早施追肥,氮、磷、钾合理搭配,严防因施肥不当而引起倒伏和水稻病虫的大量发生。

④搞好田间管理。及时中耕除草,防治病虫害,水稻灌溉要掌握勤灌浅灌,后期保持湿润为度。

⑤适时收割。防止落粒或种子在植株上发芽。分收、分脱、分晒、分藏。

你知道吗?

水稻在大田用种生产中为何不进行空间隔离来防止生物学混杂,而是严防机械混杂?

(三)杂交稻种子生产技术

水稻是自花授粉作物,花器小而繁殖系数低,人工去雄配制杂种一代成本高而困难。我国自1973年实现籼型野败“三系”配套以后,各地对杂交水稻的种子生产进行了广泛而深入的研究。在30多年的研究与实践中,创造和积累了极其丰富的理论和经验,形成了一套较为完整的杂交水稻制种技术体系,制种产量逐步提高。由1973年杂交水稻制种产量仅90 kg/hm²,到2021年第三代杂交水稻单季亩产创新纪录超过1085.99 kg。制种产量的提高,保障了杂交水稻生产用种数量,促进了杂交水稻快速稳定发展。由于杂交水稻是利用杂交第一代(F_1)杂种优势生产,因此,必须年年制种才能保障大田生产用种。

1.“三系”杂交水稻制种技术

“三系”杂交水稻制种是以雄性不育系作母本,雄性不育系的恢复系作父本,按照一定的行比相间种植,使双亲花期相遇,不育系接受恢复系的花粉而受精结实,生产杂交种子。在整个生产过程中,技术性强,操作严格,一切技术措施都是为了提高母本的异交结实率。制种产量高低和种子质量的好坏,直接关系到杂交水稻的生产与发展。实践证明,杂交水稻制种要获得高产优质,必须抓好以下关键技术。

【操作技术 2-2-16】制种条件的选择

杂交水稻制种技术性强,投入高,风险性较大,在制种基地选择上应考虑其具有良好的稻作自然条件和保证种子纯度的隔离条件。

①自然条件。首先要求土壤肥沃,耕作性能好,排灌方便,旱涝保收,光照充足,田地较集中连片,无检疫性水稻病虫害。其次,耕作制度、交通条件、经济条件和群众的科技文化素质也应作为制种基地选择的条件。早、中熟组合的春季制种宜选择在双季稻区,迟熟组合的夏季制种宜选择在一季稻区。

②安全隔离。杂交水稻制种是靠异花授粉获得种子。因此,为获得高纯度的杂交种子,除了采用高纯度的亲本外,还要做到安全隔离,防止其他品种串粉。具体隔离方法如下。

a.空间隔离。一般山区、丘陵地区制种田隔离的距离要求在 50 m 以上,平原地区制种田要求至少在 100 m 以上。

b.时间隔离。利用时间隔离,与制种田四周其他水稻品种的抽穗扬花期错开时间应在 20 d 以上。

c.父本隔离。即将制种田四周隔离区范围内的田块都种植与制种田父本相同的品种,这样既起到隔离作用,又增加了父本花粉的来源。但用此法隔离,父本种子必须纯度高,以防父本田的杂株串粉。

d.屏障隔离。障碍物的高度应在 2 m 以上,距离不少于 30 m。

为了隔离的安全保险,生产上往往因地因时将几种方法综合运用,用得最多、效果最好的是空间、时间双隔离,即制种田四周 100 m 范围内不能种有与父母本同期抽穗扬花的其他水稻品种,两者头花、末花时间至少要错开 20 d 以上,方能避免串粉,保证安全。

③安全抽穗扬花期的确定。安全抽穗扬花期是指制种田抽穗开花期的气候条件有利于异交结实,同时也考虑隔离是否方便。抽穗扬花期的确定应该选择有利于异交结实的天气条件,使父本有更多的颖外散粉,花粉能顺利传播到母本柱头上,保证花粉与柱头具有较长时间的生活力,以及母本较高的午前花率等。

杂交水稻制种亲本安全抽穗扬花期的天气条件如下:

a.花期内无连续 3 d 以上的阴雨。

b.最高气温不超过 38℃,最低气温不低于 20℃,日平均气温 23～30℃,开花时穗部温度为 28～32℃,昼夜温差为 8～9℃。

c.田间相对湿度为 70%～90%。

d.阳光充足且吹微风,因此各地应根据不育系(母本)对温、光、湿等因素的要求,可通过对当地历年各制种季节内气象资料的分析,合理确定最佳的安全抽穗扬花期。

e.适宜抽穗扬花期。一般来说,在长江以南双季稻区适宜的抽穗扬花期为:春季制种 5 月中下旬至 6 月中下旬,夏季制种 7 月下旬至 8 月中旬,秋季制种 8 月下旬至 9 月上旬。在长江以北及四川盆地的稻麦区和北方粳稻区,只宜进行一年一季的夏、秋季制种,抽穗扬花期安排在 8 月中下旬。华南双季稻区春、秋两季均可安排制种,但要注意安排春季制种抽穗扬花期在 5 月下旬至 6 月上旬,以避过台风、雨季;秋季制种抽穗扬花期在 8 月下旬至 9 月上旬。海南岛南部以 3 月下旬至 4 月中旬为开花的良好季节。

【操作技术 2-2-17】确保父母本花期相遇

①花期相遇。当前,我国杂交水稻制种所用野败型不育系大多从我国长江中、下游的早稻品种中转育而成,生育期短,而所用的恢复系都是来自东南品种或由它们转育而来的品种,大多数生育期长,两者生育期相差较大。因此,只能通过调节父母本的播种时间,使生育期不同的父母本花期相遇,这是制种成败的关键。

在制种的实际操作过程中,花期相遇的程度常常以父母本始穗期的早迟来确定。通常分为 3 种类型,具体见表 2-2。

表 2-2　花期相遇程度与父母本始穗期

理想花期相遇	花期基本相遇	花期不遇
双亲"头花不空,盛花相逢,尾花不丢",其关键是盛花期完全相遇,制种产量高	父本或母本的始穗期比理想花期早或迟 3~5 d,父母本的盛花期只有部分相遇,制种产量受到影响	父本或母本的始穗期比理想花期早或迟 5 d 以上,父母本的盛花期完全不能相遇,花期不遇的制种产量极低甚至失败

②保证父母本花期相遇的措施。

a. 父母本播期差期的确定。由于父母本生育期差异,制种时父母本不能同时播种。两亲本播期的差异称为播差期。播差期根据两个亲本的生育期特性和理想花期相遇的标准确定。不同的组合由于亲本的差异,播差期不同。即使是同一组合在不同地域制种,播差期也有差异。要确定一个组合适宜的播差期,首先必须对该组合的亲本进行分期播种试验,了解亲本的生育期和生育特性的变化规律,在此基础上,可采用时差法(又叫生育期法)、叶(龄)差法、(积)温差法确定播差期。

时差法:亦称生育期法,是根据亲本历年分期播种或制种的生育期资料,推算出能达到理想花期父母本相遇的播种期。其计算公式:

$$播种差期 = 父本始穗天数 - 母本始穗天数$$

例如,配制汕优 63(珍汕 97A×明恢 63),父本明恢 63 始穗天数为 106 d,母本珍汕 97A 始穗天数为 65 d,则播种差期为 41 d,也就是说当明恢 63 播种后 41 d 左右再播珍汕 97A,父母本花期可能相遇。

生育期法比较简单,容易掌握,较适宜于气温变化小的地区和季节(如夏、秋制种)应用,不适用于气温变化大的季节和地域制种。如在春季制种中,年际气温变化大,早播的父本常受气温的影响,播种至始穗期稳定性较差,而母本播种较迟,正值气温变化较小,播种至始穗期较稳定,应用此方法常常出现花期不遇。

叶差法:亦称叶龄差法,是以双亲主茎总叶片数及其不同生育期的出叶速度为依据推算播差期的方法。在理想的花期相遇的前提下,母本播种时的父本主茎叶龄数,称为叶龄差。不育系和恢复系在较正常的气候条件与栽培管理下,其主茎叶片数比较稳定。主茎叶片数的多少依生育期的长短而异。部分不育系和恢复系的主茎叶片数见表 2-3。研究表明,父母本的总叶片数在不同地区的差数较小,而出叶速度因气温高低有所不同,造成叶龄差有所变化。如母本珍汕 97A 总叶片数为 13 叶左右,父本明恢 63 为 18 叶左右。而由于出叶速度不同,汕优 63

组合在南方播种的叶龄差为 9 叶左右,到长江流域为 10 叶左右,黄河以北地区则为 10.8 叶左右,才能达到理想的花期相遇。可见,虽地域跨度很大,但"叶龄差"相差不大。因此,该方法较适宜在春季气温变化较大的地区应用,其准确性也较好。

值得指出的是,父母本主茎叶片数差值并非制种的叶龄差,叶龄差必须通过田间分期播种实际观察和理论推算而获得。因此,采用叶龄差法,最重要的是要准确地观察记载父本(恢复系)的主茎叶龄。具体做法是:定点定株观察记载(10 株以上),从主茎第一片真叶开始记载,每 3 d 记载一次,以第一期父本为准,每次观察记载完毕,计算平均数,作为代表全田的叶龄。记载叶龄常采用简便的"三分法",其具体记载标准为:叶片现心叶未展开时记为 0.2 叶,叶片开展但未完全展开记为 0.5 叶,叶片全展未见下一叶时记为 0.8 叶。

表 2-3 部分不育系和恢复系的主茎叶片数

不育系	主茎叶片数	恢复系	主茎叶片数
Ⅱ-32A	16(16~17)	IR26	18(17~19)
珍汕 97A	13(13~14)	测 64-7	16(15~17)
V20A	12.5(12~13)	26 窄早	15(14~16)
优Ⅰ A	12.5(12~13)	R402	15(14~16)
金 23A	12(11~13)	明恢 63	17(16~18)
协青早 A	13(12~14)	密阳 46	16(15~17)
D 汕 A	13(13~14)	1025	16(15~17)

叶差法对同一组合在同一地域、同一季节基本相同的栽培条件下,不同年份制种较为准确。同一组合在不同地域、不同季节制种叶差值有差异。特别是感温性、感光性强的亲本更是如此。威优 46 制种,在广西南宁春季制种,叶差为 8.4 叶,但夏季制种为 6.6 叶,秋季制种为 6.2 叶;在广西博白秋季制种时叶差为 6.0 叶。因此,叶差法的应用要因时因地而异。

温差法(有效积温差法):将双亲从播种到始穗期的有效积温的差值作为父母本播期差期安排的方法叫温差法。生育期主要是受温度影响,亲本在不同年份、不同季节种植,尽管生育期有差异,但其播种到始穗期的有效积温值相对固定。

应用温差法,首先必须计算出双亲的有效积温值。有效积温是日平均温度减去生物学下限温度的度数之和。籼稻生物学下限温度为 12℃,粳稻为 10℃。从播种次日至始穗日的逐日有效温度的累加值为播种至始穗期的有效积温。计算公式是:

$$A = \sum_{i=1}^{n}(T_i - L)$$

式中:n——历经的天数;

A——某一生长阶段的有效积温(℃);

T_i——第 i 日平均气温(℃);

L——生物学下限温度(℃)。

有效积温差法查找或记载气象资料较麻烦,因此,此法不常使用。但在保持稳定一致的栽培技术或最适的营养状态及基本相似的气候条件下,温差法较可靠,尤其对新组合、新基地,更换季节制种更合适。

以上3种确定制种父母本播差期的方法,在实际生产中,常常在时间表现上具有不一致性。有时叶差已到,而时差不足;有时时差到了,而叶差又未到;温差够了,但时差、叶差未到等等。因此,在实际应用上,应综合考虑,以一个方法为主,相互参考,相互校正。在不同季节、地域制种,由于温度条件变化的不同,对3种方法的侧重也不同。在长江流域双季稻区的春季制种,播种期早,前期与中期气温变化大,确定播差期时应以叶差与温差为主,时差为参考;夏、秋季制种,生育期间气温变化小,可以时差为主,叶差为参考。

b.母本播种期的确定。杂交水稻制种母本播种期主要由父本的播种期和播差期决定,在父本播种期的基础上加上播差期的具体天数,即为母本的大致播种期。即如叶差与时差吻合好,则按时差播种;如果时差未到,则以叶差为准;若时差到叶差未到,则稍等叶差。如果母本是隔年的陈种,则应推迟播种2～3 d,当年新种则应提早2～3 d播种。如果父本秧苗素质好,应提早1～2 d播母本;若父本秧苗素质差,长势、长相较差,则可推迟1～2 d播母本,如果父本移栽时秧龄超长(35 d以上),母本播种期应推迟3～5 d。如果预计母本播种时或播种后有低温、阴雨天气,则应提早1～2 d播种。如果母本的用种量多,种子质量好,可推迟1～2 d播种。如果采用一期父本制种时,应比二期父本制种缩短叶差0.5叶,或时差2～3 d。

【操作技术2-2-18】创造父母本同壮的高产群体结构

杂交水稻制种产量由单位面积母本有效穗数、每穗粒数、粒重三要素构成。母本和父本的穗数是基础,基础打好了,才能进一步提高异交结实率和粒重。因此,要夺取制种高产,首先要做到"母本穗多,父本粉足",在此基础上,再力争提高异交结实率和粒重。主要措施有:

①培育适龄分蘖壮秧。

a.壮秧的标准。壮秧的标准一般是:生长健壮,叶片清秀,叶片厚实不披垂,基部扁薄,根白而粗,生长均匀一致,秧苗个体间差异小,秧龄适当,无病无虫。移栽时,母本秧苗达4～5叶,带2～3个分蘖;父本秧苗达到6～7叶,带3～5个分蘖。

b.培育壮秧的主要技术措施。确定适宜的播种量,做到稀播、匀播。一般父本采用一段育秧方式的,秧田父本播种量为120 kg/hm²左右,母本为150 kg/hm²左右;若父本采用两段育秧,苗床宜选在背风向阳的蔬菜地或板田,先旱育小苗,播种量为1.5 kg/m²,小苗2.5叶左右开始寄插,插前应施足底肥,寄插密度为10 cm×10 cm或13.3 cm×13.3 cm,每穴寄插双苗,每公顷制种田需寄插父本45 000～60 000穴。同时加强肥水管理,推广应用多效唑或壮秧剂,注意病虫害防治等。

②采用适宜行比、合理密植。

a.确定适宜行比和行向。父本恢复系与母本不育系在同一田块按照一定的比例相间种植,父本种植行数与母本种植行数之比,即为行比。杂交水稻制种产量高低与母本群体大小及母本有效穗数有关,因此,扩大行比是增加母本有效穗数的重要方法之一。确定行比的原则是在保证父本有足够花粉量的前提下最大限度地增加母本行数。行比的确定主要考虑3个方面:第一,单行父本栽插,行比为1:(8～14);父本小双行栽插,行比为2:(10～16);父本大双行栽插,行比为2:(14～18)。第二,父本花粉量大的组合制种,则宜选择大行比;反之,应选择小行比。第三,母本异交能力高的组合可适当扩大行比;反之,则缩小行比。

制种田的行向对异交结实有一定的影响。行向的设计应有利于授粉期借助自然风力授粉及有利于禾苗生长发育。通常以东西行向种植为好,有利于父母本建立丰产苗穗结构。

b.合理密植。由于制种田要求父本有较长的抽穗开花历期、充足的花粉量,母本抽穗开花期较短、穗粒数多。因而,栽插时对父母本的要求不同,母本要求密植,栽插密度为 10 cm×13.3 cm 或 13.3 cm×13.3 cm,每穴三本或双本,每公顷插基本苗 8 万~12 万株;父本插 2 行,株行距为(16~20)cm×13.3 cm,单本植,每公顷插基本苗 6 万~7.5 万株。早熟组合制种,母本每 667 m² 插基本苗 12 万~16 万株,父本 4 万~6 万株。

③加强田间定向培育技术。

a.母本的定向培育。在水肥管理上坚持"前促、中控、后稳"的原则。肥料的施用要求前底、中控、后补,适氮,高磷、钾。对生育期短、分蘖力一般的早籼型不育系,氮、磷肥作底肥,在移栽前一次性施入,钾肥作追肥,在中期施用。对生育期较长的籼型或粳型不育系,则应以 70%~80% 的氮肥和 100% 的磷、钾肥作底肥,留 20%~30% 的氮肥在栽后 7 d 左右追施,在幼穗分化后期看苗田适量补施氮、钾肥。在水分的管理上,要求前期(移栽后至分蘖盛期)浅水湿润促分蘖,中期晒田控制无效分蘖和叶片长度,后期深水孕穗养花、落干黄熟。同时做好病虫害防治工作,提高异交结实率和增加粒重。

b.父本的定向培育。由于父本(恢复系)本身的分蘖成穗特性、生育特性及穗数群体形成的特性决定了父本的需肥量比母本多。所以在保证父本和母本相同的底肥和追肥的基础上,父本必须在移栽后 3~5 d 单独施肥。肥料用量依父本的生育期长短和分蘖成穗特性而定。其他水分管理和病虫害防治技术与母本相同。

【操作技术 2-2-19】做好花期预测与调节

①花期预测方法。所谓花期预测,是通过对父母本长势、长相、叶龄、出叶速度、幼穗分化进度进行调查分析,推测父母本抽穗开花的时期。制种田亲本的始穗期除受遗传因素的影响外,往往还受气候、土壤、栽培等多种因素的影响,比预定的日期提早或推迟,影响父母本花期相遇。尤其是新组合、新基地的制种,播差期的安排与定向栽培技术对花期相遇的保障系数小,更易造成双亲花期不遇。因此,花期预测在杂交水稻制种中是非常重要的环节。制种时,必须算准播差期,及早采取相应的措施调节父母本的生育进程,确保花期相遇,提高制种产量。

花期预测的方法较多,不同的生育阶段可采用相应的方法。实践证明,比较适用而又可靠的方法有幼穗剥检法和叶龄余数法。

a.幼穗剥检法。幼穗剥检法就是在稻株进入幼穗分化期剥检主茎幼穗,对父母本幼穗分化进度对比分析,判断父母本能否同期始穗。这是最常用的花期预测方法,预测结果准确可靠。但是,预测时期较迟,只能在幼穗分化Ⅱ、Ⅲ期才能确定花期,一旦发现花期相遇不好,调节措施的效果有限。

具体做法是:制种田母本插秧后 25~30 d 起,以主茎苗为剥检对象,每隔 3 d 对不同组合、不同类型的田块选取有代表性的父本和母本各 10~20 株,剥开主茎,鉴别幼穗发育进度。父母本群体的幼穗分化阶段确定以 50%~60% 的苗达到某个分化时期为准。幼穗分化发育时期分八期,各期幼穗的形态特征为:Ⅰ期看不见,Ⅱ期苞毛现,Ⅲ期毛茸茸,Ⅳ期谷粒现,Ⅴ期颖壳分,Ⅵ期谷半长(或叶枕平、叶全展),Ⅶ期稻苞现,Ⅷ期穗将伸。根据剥检的父母本幼穗分化结果和幼穗分化各个时期的历程,比较父母本发育快慢,预测花期能否相遇(表 2-4)。一般情况下,母本多为早熟品种,幼穗分化历程短,父本多为中晚熟品种,幼穗分化历程长。所以,父母本花期相遇的标准为:Ⅰ期至Ⅲ期父早一,Ⅳ期至Ⅵ期父母齐,Ⅶ期至Ⅷ期母略早。

表 2-4　水稻不育系与恢复系幼穗分化历期 d

系　名		幼穗分化历期								播始历期	主茎叶片数
		I 第一节原基分化期	II 第一次枝梗原基分化期	III 第二次枝梗原基和小穗原基分化期	IV 雌雄蕊形成期	V 花粉母细胞形成期	VI 花粉母细胞减数分裂期	VII 花粉内容物充实期	VIII 花粉完熟期		
珍汕 97A 二九矮 1 号 A	分化期天数	2	3	4	5	3	2	9		60～75	12～14
	距始穗天数	28～27	26～24	24～20	19～15	14～12	11～10	—			
IR26 IR661 IR24	分化期天数	2	3	4	7	3	2	7	2	90～110	15～18
	距始穗天数	30～29	28～26	25～22	21～15	14～12	11～10	9～3	2～0		
明恢 63	分化期天数	2	3	4	7	3	2	8	2	85～110	15～17
	距始穗天数	31～30	29～27	26～23	22～16	15～13	12～11	10～3	2～0		

　　b. 叶龄余数法。叶龄余数是主茎总叶片数减去当时叶龄的差数。制种田中父母本最后几片叶的出叶速度,由于生长后期的气温比较稳定,因此,不论春夏制种或秋季制种,出叶速度都表现出相对的稳定性。同时,叶龄余数与幼穗分化进度的关系比较稳定,受栽培条件、技术及温度的影响较小。根据这一规律,可用叶龄余数来预测花期。该方法预测结果准确,是制种常使用的方法之一。

　　具体方法是:用主茎总叶片数减去已经出现的叶片数,求得叶龄余数。用公式表示为:

$$叶龄余数＝主茎总叶片数－伸出叶片数$$

　　从函数图像上找出对应叶龄余数的父母本幼穗分化期数(图 2-3)。

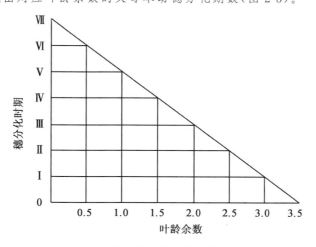

图 2-3　叶龄余数与穗分化时期的关系

使用叶龄余数法,首先应根据品种的总叶片数和已伸展叶片数判断新出叶是倒4叶还是倒3叶,然后确定叶龄余数;再根据叶龄余数判断父母本的幼穗分化进度,分析两者的对应关系,估计始穗时期。

②花期调节。花期调节是杂交水稻制种中特有的技术环节,是在花期预测的基础上,对花期不遇或者相遇程度差的制种田块,采取各种栽培管理措施或特殊的方法,促进或延缓父母本的生育进程,达到父母本花期相遇之目的。花期调节是花期相遇的补救措施,因此,不能把保证父母本花期相遇的希望寄托在花期调节上。至于父母本花期相差的程度如何,则由父母本理想花期相遇的始穗期标准决定。比父母本始穗期标准相差3 d以上的应进行花期调节。

花期调节的原则是:以促为主,促控结合;以父本为主,父母本相结合。调节花期宜早不宜迟,以幼穗分化Ⅲ期前采用措施效果较好,因为毕竟是辅助性微调。主要措施有农艺措施调节法、激素调节法、拔苞拔穗法。

a.农艺措施调节法。采取各种栽培措施调控亲本的始穗期和开花期。

肥料调节法:根据水稻幼穗分化初期偏施氮肥会贪青迟熟而施用磷、钾肥能促进幼穗发育的原理,对发育快的亲本偏施尿素,母本为$105\sim150$ kg/hm^2,父本为$30\sim45$ kg/hm^2,可推迟亲本始穗$3\sim4$ d;对发育快的亲本叶面喷施磷酸二氢钾肥$1.5\sim2.5$ kg/hm^2,兑水1 350 kg,连喷3次,可提早亲本始穗$1\sim2$ d。

水分调节法:根据父母本对水分的敏感性不同而采取的调节方法。籼型"三系"法生育期较长的恢复系,如IR24、IR26、明恢63等对水分反应敏感,不育系对水分反应不敏感,在中期晒田,可控制父本生长速度,延迟抽穗。

密度(基本苗)调节法:在不同的栽培密度下,抽穗期与花期表现有差异。密植和多本移栽增加单位面积的基本苗数,表现抽穗期提早,群体抽穗整齐,花期集中,花期缩短。稀植和栽单本,单位面积的基本苗数减少,抽穗期推迟,群体抽穗分散,花期延长。一般可调节$3\sim4$ d。

秧龄调节法:秧龄的长短对始穗期影响较大,其作用大小与亲本的生育期和秧苗素质有关。IR26秧龄25 d比40 d的始穗期可早7 d左右,秧龄30 d比40 d的始穗期早6 d左右。秧龄调节法对秧苗素质中等或较差的调节作用大,对秧苗素质好的调节效果较小。

中耕调节法:中耕并结合施用一定量的氮素肥料可以明显延迟始穗期和延长开花历期。对苗数多、早发的田块效果不明显,特别是对禾苗长势旺的田块中耕施肥效果不好,所以使用此法需看苗而定。在没能达到预期苗数、田间禾苗未封行时采用此法效果较好,对禾苗长势好的田块不宜采用。

b.激素调节法。用于花期调节的激素主要有赤霉素、多效唑以及一些复合型激素。激素调节必须把握好激素施用的时间和用量,才有好的调节效果,否则不但无益,反而会造成对父母本高产群体的破坏和异交能力的降低。

赤霉素调节:赤霉素是杂交水稻制种不可以缺少的植物激素,具有促进生长的作用,可用于父母本的花期调节。在孕穗前低剂量施用赤霉素(母本$15\sim30$ g/hm^2,父本25 g/hm^{2}左右),进行叶面喷施,可提早抽穗$2\sim3$ d。

多效唑调节:叶面喷施多效唑是幼穗分化中期调节花期效果较好的措施。在幼穗分化Ⅲ期末喷施多效唑能明显推迟抽穗,推迟的天数与用量有关。在幼穗Ⅲ至Ⅴ期喷施,用量为1 500~3 000 g/hm^2,可推迟$1\sim3$ d抽穗,且能矮化株型,缩短冠层叶片长度。但是,使用多效唑的制种田,在幼穗Ⅷ期要喷施 15 g/hm² 赤霉素来解除多效唑的抑制作用。在秧田期、分蘖期施用多效唑也具有推迟抽穗、延长生育期的作用,可延迟 1～2 d 抽穗。

其他复合型激素调节:该类物质大多数是用植物激素、营养元素、微量元素及其能量物质组成,主要有青鲜素、调花宝、花信灵等。在幼穗分化Ⅴ至Ⅶ期喷施,母本用 45 g/hm² 左右,兑水 600 kg,或父本用 15 g/hm²,兑水 300 kg,叶面喷施,能提早 2～3 d 见穗,且抽穗整齐,促进水稻花器的发育,使开花集中,花时提早,提高异交结实率。

c. 拔苞拔穗法。即花期预测发现父母本始穗期相差 5～10 d,可以在早亲本的幼穗分化Ⅶ期和见穗期采取拔苞穗的方法,促使早抽穗亲本的迟发分蘖成穗,从而推迟花期。拔苞(穗)应及时,以便使稻株的营养供应尽早地转移到迟发分蘖穗上,从而保证更多的迟发蘖成穗。被拔去的稻苞(穗)一般是比迟亲本的始穗期早 5 d 以上的稻苞(穗),主要是主茎穗与第一次分蘖穗。若采用拔苞拔穗措施,必须在幼穗分化前期重施肥料,培育出较多的迟发分蘖。

【操作技术 2-2-20】科学使用赤霉素

水稻雄性不育系在抽穗期植株体内的赤霉素含量水平明显低于雄性正常品种,穗颈节不能正常伸长,常出现抽穗卡颈现象。在抽穗前喷施赤霉素,提高植株体内赤霉素的含量,可以促进穗颈节伸长,从而减轻不育系包颈程度,加快抽穗速度,使父母本花期相对集中,提高异交结实率,还可增加种籽粒重。所以,赤霉素的施用已成为杂交水稻制种高产的最关键的技术。喷施赤霉素应掌握"适时、适量、适法"。具体技术要求如下:

①适时。赤霉素喷施的适宜时期在群体见穗 1～2 d 至见穗 50%,最佳喷施时期是见穗 5%～10%。一天中的最适喷施时间在上午 9:00 前或下午 4:00 后,中午阳光强烈时不宜喷施;遇阴雨天气,可在全天任何时间抢晴喷施,喷施后 3 h 内遇降水,应补喷或下次喷施时增加用量。此外,确定喷施时期还应考虑以下因素:

a. 父母本花期相遇程度。父母本花期相遇好,母本见穗 5%～10% 为最佳喷施时期;花期相遇不好,早抽穗的一方要等迟抽穗的一方达到起始喷施期(见穗前 2～3 d)后才可以喷施。

b. 群体稻穗整齐度。母本群体抽穗整齐的田块,可在见穗 5%～10% 开始喷施;抽穗欠整齐的田块,要推迟到群体中大多数的稻穗达到见穗 5%～10% 时才可喷施。

②适量。

a. 不同的不育系所需的赤霉素剂量不同。以染色体败育为主的粳型质核互作型不育系,抽穗几乎没有卡颈现象,喷施赤霉素为改良穗层结构,所需赤霉素的剂量较小,一般用 90～120 g/hm²,以典败与无花粉型花粉败育的籼型质核互作型不育系,抽穗卡颈程度严重,穗粒外露率在 70% 左右,所需赤霉素的剂量大。对赤霉素反应敏感的不育系,如金 23A、新香 A,用量为 150～180 g/hm²;对赤霉素反应不敏感的不育系,如 V20A、珍汕 97A 等,用量为 225～300 g/hm²。

最佳用量的确定还应考虑如下情况:提早喷施时剂量减少,推迟喷施时剂量增加;苗穗多的应增加用量,苗穗少的减少用量;遇低温天气应增加剂量。

b. 赤霉素的喷施次数一般分 2～3 次喷施,在 2～3 d 内连续喷。抽穗整齐的田块喷施次数少,有 2 次即可;抽穗不整齐的田块喷施次数多,需喷施 3～4 次。喷施时期提早的应增加次数,推迟的则减少次数。分次喷施赤霉素时,其剂量是不同的,原则是"前轻、中重、后少",要根据不育系群体的抽穗动态决定。如分 2 次喷施,每次的用量比为 2:8 或 3:7;分 3 次喷施,每次的用量比为 2:6:2 或 2:5:3。

③适法。喷施赤霉素最好选择晴朗无风天气进行,要求田间有 6 cm 左右的水层,喷雾器的喷头离穗层 30 cm 左右,雾点要细,喷洒均匀。用背负式喷雾器喷施,兑水量为 180～300 kg/hm²;用手持式电动喷雾器喷施,兑水量只需 22.5～30 kg/hm²。

【操作技术 2-2-21】人工辅助授粉

水稻是典型的自花授粉作物,在长期的进化过程中,形成了适合自交的花器和开花习性。恢复系有典型的自交特征,而不育系丧失了自交功能,只能靠异花授粉结实。当然,自然风可以起到授粉作用,但自然风的风力、风向往往不能与父母本开花授粉的需求吻合,依靠自然风力授粉不能保障制种产量,因而杂交水稻制种必须进行人工辅助授粉。

①人工辅助授粉的方法。目前主要使用以下 3 种人工辅助授粉方法。

a.绳索拉粉法。此法是用一长绳(绳索直径约 0.5 cm,表面光滑),由两人各持一端沿与行向垂直的方向拉绳奔跑,让绳索在父母本穗层上迅速滑过,振动穗层,使父本花粉向母本畦中飞散。该法的优点是速度快、效率高,能在父本散粉高峰时及时赶粉。但该法的缺点:一是对父本的振动力较小,不能使父本花粉充分散出,花粉的利用率较低;二是绳索在母本穗层上拉过,对母本花器有伤害作用。

b.单竿赶粉法。此法是一人手握一根长竿(3～4 m)的一端,置于父本穗层下部,向左右呈扇形扫动,振动父本的稻穗,使父本花粉飞向母本畦中。该法比绳索拉粉速度慢,但对父本的振动力较大,能使父本的花粉从花药中充分散出,传播的距离较远。但该法仍存在花粉单向传播、不均匀的缺点。适合单行、假双行、小双行父本栽插方式的制种田采用。

c.双竿推粉法。此法是一人双手各握一短竿(1.5～2.0 m),在父本行中间行走,两竿分别放置父本植株的中上部,用力向两边振动父本 2～3 次,使父本花粉从花中充分散出,并向两边的母本畦中传播。此法的动作要点是"轻压、重摇、慢放"。该法的优点是父本花粉更能充分散出,花药中花粉残留极少,且传播的距离较远,花粉散布均匀。但是赶粉速度慢,劳动强度大,难以保证在父本开花高峰时及时赶粉。此法只适宜在大双行父本栽插方式的制种田采用。

目前,在制种中,如果劳力充裕,应尽可能采用双竿推粉或单竿赶粉的授粉方法。除了上述 3 种人工赶粉方法外,湖北还研究了一种风机授粉法,可使花粉的利用率进一步提高,异交结实率可比双竿推粉法高 15.5% 左右。另外还需要注意授粉次数和时间。

②授粉的次数与时间。水稻不仅花期短,而且一天内开花时间也短,一天内只有 1.5～2 h 的开花时间,且主要在上午、中午。不同组合每天开花的时间有差别,但每天的人工授粉次数大体相同,一般为 3～4 次,原则是有粉赶、无粉止。每天赶粉时间的确定以父母本的花时为依据,通常在母本盛开期(始花后 4～5 d)前,每天第一次赶粉的时间要以母本花时为准,即看母不看父;在母本进入盛花期后,每天第一次赶粉的时间则以父本花时为准,即看父不看母,这样充分利用父本的开花高峰花粉量来提高田间花粉密度,促使母本外露柱头结实。赶完第一次后,父本第二次开花高峰时再赶粉,两次之间间隔 20～30 min,父本闭颖时赶最后一次。在父本盛花期的数天内,每次赶粉均能形成可见的花粉尘雾,田间花粉密度高,使母本当时正开颖和柱头外露的颖花都有获得较多花粉的机会。所以,赶粉不在次数多,而要赶准时机。

【操作技术 2-2-22】严格除杂去劣

为了保证生产的杂交种子能达到种用的质量标准,制种全过程中,在选用高纯度的亲本种子和采用严格的隔离措施基础上,还应做好田间的除杂去劣工作。要求在秧田期、分蘖期、始穗期和成熟期进行(表 2-5),根据"三系"的不同特征,把混在父母本中的变异株、杂株及病劣株全部拔除。特别是在抽穗期根据不育系与保持系有关性状的区别(表 2-6),将可能混在不育系中的保持系去除干净。

表 2-5　水稻制种除杂去劣时期和鉴别性状

秧田期	分蘖期	抽穗期	成熟期
叶鞘色、叶色、叶片的形状、苗的高矮,以叶鞘色为主识别性状	叶鞘色、叶色、叶片的形状、株高、分蘖力强弱,以叶鞘色为主识别性状	抽穗的早迟和卡颈与否、花药性状、稃尖颜色、开花习性、柱头特征、花药形态和叶片形状大小,以抽穗的早迟、卡颈与否、花药形态、稃尖颜色为主要识别性状	结实率、柱头外露率和稃尖颜色,以结实率为主结合柱头外露识别

表 2-6　水稻不育系、保持系与半不育株的主要区别

性状	不育系(A)	保持系(B)	半不育株(A′)
分蘖力	分蘖力较强,分蘖期长	分蘖力一般	介于不育系和保持系之间
抽穗	抽穗不畅,穗茎短,包茎重,比保持系抽穗迟 2～3 d,且分散,历时 3～6 d	抽穗畅快,而且集中,比不育系抽穗早 2～3 d,无包茎	抽穗不畅,穗茎较短,有包茎,抽穗基本与不育系同时,历时较长且分散
开花习性	开花分散,开颖时间长	开花集中,开颖时间短	基本类似不育系
花药形态	干瘪、瘦小、乳白色,开花后呈线状,残留花药呈淡白色	膨松饱满,金黄色,内有大量花粉,开花散粉后呈薄片状,残留花药呈褐色	比不育系略大、饱满些,呈淡黄色,花丝比不育系长,开花散粉后残留花药一部分呈淡褐色,一部分呈灰白色
花粉形态	绝大部分畸形无规则,对碘化钾溶液不染蓝色或浅着色,有的无花粉	圆球形,对碘化钾溶液呈蓝色反应	一部分圆形,一部分畸形无规则;对碘化钾溶液,一部分呈蓝色反应,一部分浅着色或不染色

【操作技术 2-2-23】加强黑粉病等病虫害的综合防治

制种田比大田生产早,禾苗长的青绿,病虫害较多。在制种过程中要加强病虫害、鼠害的预防和防治工作,做到勤检查,一旦有发现,及时采用针对性强的农药进行防治。近年来,各制种基地都不同程度地发生稻粒黑粉病危害,影响结实率和饱满度,给产量和质量带来极大的影响,各制种基地必须高度重视,及时进行防治。目前防治效果较好的农药有克黑净、灭黑 1 号、多菌灵、粉锈宁等。在始穗盛花和灌浆期的下午以后喷药为宜。

【操作技术 2-2-24】适时收割

杂交水稻制种由于使用激素较多,不育系尤其是博 A、枝 A 等种子颖壳闭合不紧,容易吸湿导致穗上芽,影响种子质量。因此,在授粉后 22～25 d,种子成熟时,应抓住有利时机及时收割,确保种子质量和产量,避免损失。收割时应先割父本及杂株,确定无杂株后再收割母本。在收、晒、运、贮过程中,要严格遵守操作规程,做到单收、单打、单晒、单藏;种子晒干后包装并写明标签,不同批或不同组合种子应分开存放。

2. 两系杂交水稻制种技术

"两系法"是指利用水稻光（温）敏核不育系与恢复系杂交配制杂交组合，以获得杂种优势的方法。推广应用两系杂交水稻，是我国水稻杂种优势利用技术的新发展。利用光（温）敏核不育系作母本，恢复系作父本，将它们按一定行比相间种植，使光（温）敏核不育系接受恢复系的花粉受精结实，生产杂种一代的过程，叫两系法杂交制种（简称两系制种）。光敏型核不育系是由光照的长短及温度的高低相互作用来控制育性转换；而温敏型核不育系主要由温度的高低来控制育性的转换，对光照的长短没有光敏型核不育系要求那么严格。

两系制种与"三系"制种最大差别在于不育系的差别。两系制种的不育系育性受一定的温、光条件控制，目前所用的光（温）敏核不育系，一般在大于 13.45 h 的长日照和日平均温度高于 24℃ 的条件下表现为雄性不育；当日照长度小于 13.45 h 和日平均温度低于 24℃ 时，不育系的育性发生变化，由不育转为可育，自交结实，不能制种，只能用于繁殖。光（温）敏核不育系因受光、温的严格限制，一般只能在气候适宜的季节制种，而不能像"三系"那样，春、夏、秋季都可以制种。但两系制种和"三系"制种母本都是靠异交结实，其制种原理是一样的，所以两系制种完全可以借用"三系"制种的技术和成功经验，在两系制种时，根据光（温）敏核不育的特点，抓好以下技术措施：

【操作技术 2-2-25】选用育性稳定的光（温）敏核不育系

两系制种时，首先要考虑不育系的育性稳定性，选用在长日照条件下不育的下限温度较低，短日照条件下可育的上限温度较高，光敏温度范围较宽的光（温）敏核不育系。如粳型光敏核不育系 N5088S、7001S、31111S 等，在长江中下游 29～32℃ 内陆平原和丘陵地区的长日照条件下，都有 30 d 左右的稳定不育期，在这段不育期制种，风险小，籼型温敏核不育系培矮64S，由于它的育性主要受温度的控制，对光照的长短要求没有光敏型核不育系那么严格，只要日平均温度稳定在 23.3℃ 以上，不论在南方或北方稻区制种，一般都能保证制种的种子纯度，但这类不育系在一般的气温条件下繁殖产量较低。

【操作技术 2-2-26】选择最佳的安全抽穗扬花期

由于两系制种的特殊性，对两系父母本的抽穗扬花期的安排要特别考虑，不仅要考虑开花天气的好坏，而且必须使母本处在稳定的不育期内抽穗扬花。

不同的母本稳定不育的时期不同，因此要先观察母本的育性转换时期，在稳定的不育期内选择最佳开花天气，即最佳抽穗扬花期，然后根据父母本播期到始抽穗期历时推算出父母本的播种期。

例如，母本播种到始抽穗期为 105 d，父本播种到始抽穗期为 113 d，父母本的抽穗扬花期定到 8 月 13 日左右，则父本播种期应为 4 月 25 日左右，母本播种期应为 5 月 3 日左右，父母本的播种期差 8 d 左右，叶差 1.5 片叶。

籼、粳两系制种播期差的参考依据有所不同。籼型两系制种以叶龄差为主，同时参考时差和有效积温差。粳型两系制种的播期差安排主要以时差为主，同时参考叶龄差和有效积温差。

【操作技术 2-2-27】强化父本栽培

就当前应用的几个两系杂交组合父母本的特性来看,强化父本栽培是必要的。一方面,强化父本增加父本颖花数量,增加花粉量,有利于受精结实;另一方面,两系制种中的父本有不利制种的特征。一般来说,两系制种的父母本的生育期相差不是太大,但往往发生有的杂交组合父本生育期短于母本生育期,即母本生育期长的情况。在生产管理中,容易形成母强父弱的情况,使父本颖花量少,母本异交结实率低。像这样的杂交组合制种更要注重父本的培育。强化父本栽培的具体方法有:

①强化父本壮秧苗的培育。父本壮秧苗的培育最有效的措施是采用两段育秧或旱育秧。两段育秧可根据各种制种组合的播种期来确定第一段育秧的时间,第一段育秧采取室内或室外场地育小苗。苗床按 $350\sim400$ g/m^2 的播种量均匀播种,用渣肥或草木灰覆盖种子,精心管理,在二叶一心期及时寄插,每穴插 $2\sim3$ 株秧苗,寄插密度根据秧龄的长短来定,秧龄短的可按 10 cm×10 cm 规格寄插,秧龄长的用 10 cm×13.3 cm 的规格寄插。加强秧田的肥水管理,争取每株秧苗带蘖 $2\sim3$ 个。

②对父本实行偏肥管理。移栽到大田后,对父本实行偏肥管理。父本移栽后 $4\sim6$ d,施尿素 $45\sim60$ kg/hm^2,7 d 后,分别用尿素 45 kg/hm^2、磷肥 $30\sim60$ kg/hm^2、钾肥 45 kg/hm^2 与细土 750 kg 一起混合做成球肥,分两次深施于父本田,促进早发稳长,达到穗大粒多、总颖花多和花粉量大的目的。在对父本实行偏肥管理的同时,也不能忽视母本的管理,做到父母本平衡生长。

【操作技术 2-2-28】去杂去劣,保证种子质量

两系制种比起"三系"制种来要更加注意种子防杂保纯,因为它除生物学混杂、机械混杂外,还有自身育性受光温变化、栽培不善、收割不及时等导致自交结实后的混杂,即同一株上产生杂交种和不育系种子。针对两系制种中易出现自身混杂,应采用下列防杂保纯措施。

①利用好稳定的不育性期。将光(温)敏核不育系的抽穗扬花期尽可能地安排在育性稳定的前期,以拓宽授粉时段,避免育性转换后同一株上产生两类种子。如果是光(温)敏核不育系的幼穗分化期,遇上了连续几天低于 23.5℃ 的低温时,应采用化学杀雄的辅助方法来控制由于低温引起的育性波动,达到防杂保纯的目的。

具体方法是:在光(温)敏核不育系抽穗前 8 d 左右,用 0.02% 的杀雄 2 号药液 750 kg/hm^2 均匀地喷施于母本,隔 2 d 后用 0.01% 的杀雄 2 号药液 750 kg/hm^2 再喷母本一次,确保杀雄彻底。喷药时应在上午露水干后开始,在下午 5:00 前结束,如果在喷药后 6 d 内遇雨应迅速补喷一次。

②高标准培育"早、匀、齐"的壮秧。通过培育壮秧,以期在大田分蘖、多分蘖、分蘖整齐,并且移栽后早管理、早晒田,促使抽穗整齐,避免抽穗不齐而造成的自身混杂。

③适时收割。一般来说,在母本齐穗 25 d 已完全具备了种子固有的发芽率和容量。因此,在母本齐穗 25 d 左右要抢晴收割,使不育系植株的地上节长出的分蘖苗不能正常灌浆结实,从而避免造成自身混杂。

你知道吗?

水稻在两系法杂交种子大田用种生产中,既要防止机械混杂和生物学混杂,还要注意光温变化和栽培管理等因素而导致的混杂吗?

3.水稻不育系繁殖技术

(1)水稻雄性不育系繁殖技术要点　用不育系作母本,保持系作父本,按一定行比相间种在同一块田里,依靠风力传粉,采用人工辅助授粉,使不育系接受保持系的花粉受精结实,生产出下一代不育系种子,就叫不育系繁殖。繁殖出的不育系种子除少部分用于继续繁殖不育系新种外,大部分用于杂交制种,它是杂交水稻制种基础。因此,不育系繁殖不仅要提高单位面积产量,而且要保证生产出的种子纯度达到99.8%以上。

不育系的繁殖技术与"三系"制种技术基本相同,均是母本依靠父本的花粉受精结实。其不同点在于:不育系和保持系属姊妹系,株高、生育期等都差别不大,而制种的父本恢复系比不育系繁殖的父本保持系植株高大、分蘖力强、成穗率高、穗大、花粉量充足、生育期长,因此,制种父本栽插的穴数宜少些,父母本的行比宜大些,母本栽插的穴数多些。其他技术措施则大同小异,可以通用。

【操作技术 2-2-29】适时分期播种,确保花期相遇

①适时播种。选择最佳的抽穗扬花期和确定最佳的播种季节。要注意避开幼穗分化期遇低温和抽穗扬花期遇梅雨或高温。不育系繁殖的播期差比制种的播期差小得多,而且父母本在播种顺序上正好相反,制种时是先播父本,而繁殖时是先播母本(不育系)。

②父本分期播种。不育系从播种到始穗的时间一般比保持系(父本)长 3 d 左右,而且不育系的花期分散,从始花到终花需要 9～12 d,而保持系的花期集中,只需要 5～7 d。因此,为了使父母本花期相遇,父本应分两期播种,第一期父本比母本迟播 3～4 d,叶差 0.8 叶,第二期父本比母本迟播 6～7 d,叶差为 1.5 叶。粳稻不育系和保持系生育期相近,抽穗期也相近,第一期不育系与保持系可同时播种,第二期保持系比第一期保持系迟 5～7 d 播种。不育系和保持系可同期抽穗。

【操作技术 2-2-30】适宜的行比与行向

在隔离区内,不育系和保持系以 4∶1 或 8∶2 行比种植。移栽时应预留父本空行,两期父本按一定的株数相间插栽,以利于散粉均匀。同时,为防止父本苗小受影响,父母本行间距离应保持 26 cm 左右。保持系和不育系种植的行向既要考虑行间光照充足,又要考虑风向。行向最好与风向垂直,或有一定的角度,以利风力传粉,提高母本结实率。

【操作技术 2-2-31】合理密植

为了保证不育系有足够的穗数,必须保证较高的密度,一般株行距为 10 cm×(13.2～16.5) cm。单本插植,便于除杂去劣。如果不育系生育期较长,繁殖田较肥沃,施肥水平较高,其株行距可采用(13.2～16.5) cm×(16.5～20) cm。

【操作技术 2-2-32】强化栽培措施

为了便于去杂,不育系和保持系往往需要单行种植,应该强化栽培管理,保证足够的营养条件,特别是要注意保持系的营养充分,因为不育系本身是杂交后代,具有杂种优势,而保持系同一般品种一样,普通栽培技术下往往长势不好,所以必须加强管理,使之均衡生长。若保持系生长不好,花粉不多,或植株矮于母本,就会影响母本的结实率。

【操作技术 2-2-33】去杂去劣

除注意严格隔离外,要多次进行去杂去劣,防止发生生物学混杂。特别是在抽穗开花期间,要反复检查,拔除父母本行内混入或分离的杂株。在收获前,再次逐行检查,拔除不育系行中的保持系植株。

【操作技术 2-2-34】收获

收获时通常先收保持系,再对不育系群体全面逐株检查,彻底清除变异株及漏网的杂株、保持系株,然后单收、单打、单晒、单藏。不育系种子收获时还要注意观察,去除夹在其中的保持系稻穗。

(2)水稻光(温)敏核不育系繁殖技术要点

【操作技术 2-2-35】合理安排"三期"

光(温)敏核不育系繁殖需要安排好"三期",即适时播期、育性转换安全敏感期、理想扬花期,其中育性转换安全敏感期是核心,决定繁殖的成败。目前生产上所利用的光(温)敏核不育系的育性转换临界温度为 24℃,低于育性转换临界温度则恢复育性。在繁殖光(温)敏核不育系种子时,应掌握育性转换安全敏感期的低温范围为 20～23℃,这样既达到低温恢复育性获得高产,又不因低温而造成冷害或生理不育。可见,适宜的播期不但决定育性转换安全敏感期,也决定理想扬花期,是工作的重点。因此,必须根据当地多年的实践经验和气象资料,确定合理的播种期。

【操作技术 2-2-36】掌握育性转换部位与时期

育性转换敏感性部位是植株幼穗生长点,育性转换敏感期是幼穗分化Ⅲ至Ⅵ期。在不育系繁殖时,必须掌握在整个育性转换敏感期,低温水(24℃以下)灌溉深度由 10 cm 逐步加深到 17 cm,使幼穗生长点在育性转换期自始至终都处于低温状态。

【操作技术 2-2-37】采用低温水均衡灌溉方法

由于气温和繁殖田的田间小气候对水温的影响,势必造成水温从进水口到出水口呈梯级上升的趋势,从而结实率也呈梯级下降。为克服这种现象,每块繁殖田都要建立专用灌排渠道,要尽量减少空气温度对灌渠冷水的影响,多口进水,多口出水,漏筛或串灌,使全田水温基本平衡,植株群体结实平衡。

【操作技术 2-2-38】运用综合措施,培育高产群体

采用两段育秧,合理密植,科学肥水管理,综合防治病虫害和有害生物,搭好丰产苗架,使主穗和分蘖生长发育进度尽可能保持一致,便于在育性转换敏感期进行低水温处理。

你知道吗?
我国生产销售的水稻大田用种种子中,常规品种多还是杂交品种多?为什么?

三、大豆种子生产技术

(一)大豆种子生产生物学特性

1.根

大豆的根由主根、支根、根毛组成。在大豆根生长过程中,土壤中原有的根瘤菌沿根毛或表皮细胞侵入,在被侵入的细胞内形成感染线。感染线逐渐伸长,直达内皮层,根瘤菌也随之进入内皮层中,在这里诱发细胞进行分裂,形成根瘤的原基。2周后,根瘤的周皮、厚壁组织层及维管束相继分化出来,此时,根瘤菌在根瘤中变成类菌体。根瘤内部呈现红色,开始具有固氮能力。

2.茎

大豆的茎包括主茎和分枝,按主茎生长形态,大豆可分为蔓生型、半直立型、直立型。栽培品种均为直立型。

3.叶

大豆的叶有子叶、单叶、复叶之分。出土时展开的两片叶为子叶,接着第二节上出现两片单叶,第三节上出现一片三出复叶。

4.花

大豆的花序着生在叶腋间和茎顶部,为总状花序(图2-4),一个花序上的花朵通常是簇生的,俗称花簇。每朵花由苞片、花萼、花冠、雄蕊、雌蕊构成。苞片2个,呈管形,苞片上有茸毛,有保护花芽的作用,花萼位于苞片上方,下部联合呈杯状,上部开裂为5片,色绿,着生茸毛。花冠为蝴蝶型,位于花萼内部,由5个花瓣组成。5个花瓣中上面一个大的叫旗瓣,旗瓣两侧有两个形状和大小相同的翼瓣,最下面的两瓣基部相连,弯曲,形似小舟,叫龙骨瓣。花的颜色有紫色、白色。大豆是自花授粉植物,花朵开放前即已完成授粉,天然杂交率不到1%。大豆花序的主轴称花轴,花轴的长短、花轴上花朵的多少因品种而异,同时也受气候和栽培条件的影响。

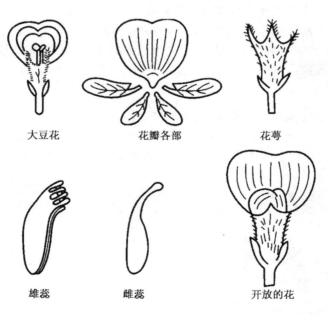

| 大豆花 | 花瓣各部 | 花萼 |

| 雄蕊 | 雌蕊 | 开放的花 |

图 2-4　大豆花器构造示意图

5. 种子

大豆的荚由子房发育而成。荚的表皮被茸毛,个别品种无茸毛。荚色有草黄、灰褐、褐、深褐及黑色。大豆种子形状分圆形、卵圆形、长卵圆形、扁圆形等。种皮色分为黄色、青色、褐色、黑色及双色 5 种。大豆的胚由两片子叶、胚芽、胚轴组成。子叶肥厚,富含蛋白质和油分,是幼苗生长初期的养分来源,胚芽具有一对已发育成的初生单叶,胚芽下部为胚轴,胚轴末端为胚根。

有的大豆品种种皮不健全,有裂缝,甚至裂成网状,致使种子部分外露。气候干燥或成熟后期遇雨也常常会造成种皮破裂。有的籽粒不易吸水膨胀,变成"硬粒",种皮栅栏组织外面的透明带含有蜡质或栅栏组织细胞壁硬化,土壤中钙质多,种子成熟期间天气干燥都会使"硬粒"增多。

你知道吗?
大豆的开花授粉习性及花器构造适合杂交吗?试说明。

(二)大豆原种种子生产技术

根据我国大豆原种生产技术操作规程(GB/T 17318—2011)规定:大豆原种生产可采用三圃制、两圃制,或用育种家种子直接繁殖。

1.三圃制

【操作技术 2-2-39】单株选择

①单株来源。单株在株行圃、株系圃或原种圃中选择,如无株行圃或原种圃时可建立单株选择圃,或在纯度较高的种子田中选择。

②选择时期和标准。根据品种的特征特性,在典型性状表现最明显的时期进行单株选择,选择分花期和成熟期两期进行。要根据本品种特征特性,选择典型性强、生长健壮、丰产性好的单株。花期根据花色、叶形、病害情况选单株,并给予标记;成熟期根据株高、成熟度、茸毛色、结荚习性、株型、荚型、荚熟色从花期入选的单株中选拔。

③选择数量。选择单株的数量应根据下年株行圃的面积而定。一般每公顷株行圃需决选单株 6 000～7 500 株。

④选择单株的收获。将入选单株连根拔起,单株分别编号,注明品种名称、日期。

⑤室内决选。入选单株首先要根据植株的全株荚数、粒数,选择典型性强的丰产单株,单株脱粒,然后根据籽粒大小、整齐度、光泽度、粒型、粒色、脐色、百粒重、感病情况等进行复选。复选的单株在剔除个别病虫粒后分别装袋编号保存。

【操作技术 2-2-40】建立株行圃

①播种。要适时将上年入选的每株种子播种成一行,密度应较大田稍稀,单粒点播,或 2～3 粒穴播留一苗,各株行的长度应一致,行长 5～10 m,每隔 19 行或 49 行设一对照行,对照应用同品种原种。

②田间鉴定、选择。田间鉴评分三期进行。苗期根据幼苗长相、幼茎颜色;花期根据叶形、叶色、茸毛色、花色、感病性等;成熟期根据株高、成熟度、株型、结荚习性、茸毛色、荚型、

荚熟色来鉴定品种的典型性和株行的整齐度。通过鉴评要淘汰不具备原品种典型性的、有杂株的、丰产性低的病虫害重的株行,并做明显标记和记载。对入选株行中的个别病劣株要及时拔除。

③收获。收获前要清除淘汰劣株行,对入选株行要按行单收、单晒、单脱粒、单装袋,袋内外放(拴)好标签。

④室内决选。在室内要根据各株行籽粒颜色、脐色、粒型、籽粒大小、整齐度、病粒轻重和光泽度进行决选,淘汰籽粒性状不典型、不整齐、病虫粒重的株行,决选株行种子单独装袋,放(拴)好标签,妥善保管。

【操作技术 2-2-41】建立株系圃

①播种。株系圃面积因上年株行圃入选种子量而定。各株系行数和行长应一致,每隔9区或19区设一对照区,对照应用同品种的原种。将上年保存的每一株行种子种一小区,单粒点播或2~3粒穴播留一苗,密度应较大田稍稀。

②鉴定、选择。田间鉴评各项与株行圃相同,但要求更严格,并分小区测产。若小区出现杂株时,全区应淘汰,同时要注意各株系间的一致性。

③收获。先将淘汰区清除后对入选区单收、单晒、单脱粒、单装袋、单称重,袋内外放(拴)好标签。

④室内决选。籽粒决选标准同株行圃,决选时还要将产量显著低于对照的株系淘汰。入选株系的种子混合装袋,袋内外放(拴)好标签,妥善保存。

【操作技术 2-2-42】建立原种圃

将上年株系圃决选的种子适度稀植于原种田中,播种时要将播种工具清理干净,严防机械混杂。在苗期、花期、成熟期要根据品种典型性严格拔除杂株、病株、劣株。成熟时及时收获,要单收、单运、单脱粒、专场晾晒,严防混杂。

2.两圃制

两圃制即把株行圃中当选的株行种子混合,进入原种圃生产原种。两圃制简单易行,节省时间,对于种源纯度较高的品种,可以采用两圃制生产原种。

你知道吗?
大豆常规品种的原种生产不需要空间隔离吗?试说明原因。

(三)大豆大田用种生产技术

上述方法生产出的大豆原种,一般数量都有限,不能直接满足大田用种需要,必须进一步扩大繁殖,生产大豆大田用种。具体操作步骤如下。

【操作技术 2-2-43】种子田的选择和面积

①种子田的选择。大田用种生产要选择地块平坦、交通便利、土壤肥沃、排灌方便的地块。

②种子田的面积。种子田面积由大田播种面积、每公顷播种量和种子田每公顷产量三个因素决定。

【操作技术 2-2-44】种子田的栽培管理

①种子准备。上一年生产的原种。

②严把播种关。适时播种,适当稀植。

③加强田间管理。精细管理,使大豆生长发育良好,提高繁殖系数。

④严格去杂去劣。在苗期、花期、成熟期去杂去劣,确保种子纯度。

⑤严把收获脱粒关。适期收获,单收、单打、单晒,严防机械混杂。

⑥安全贮藏。当种子达到标准水分时,挂好标签,及时入库。

(四)大豆杂交种子生产技术

大豆是自花授粉作物,繁殖系数低,花器柔弱,人工去雄配制杂交种成本太高。所以常常采用常规育种模式,但近些年杂交大豆取得了突破性进展。

1993 年,吉林省农科院孙寰等利用栽培大豆和野生大豆的远缘杂交,育成了质-核雄性不育系,并实现了"三系"配套。后来赵丽梅等又选育出了高异交率大豆雄性不育系,在一定的生态条件下,利用野生昆虫传粉,制种结实率和产量得到大幅度的提高,制种技术得到进一步的完善。

随着杂交大豆产业化进程的推进,亟须建立起科学的杂交大豆种子繁育程序,这对保持杂交种纯度和生活力、规范杂交种生产、提高制种产量和质量等方面都有重要意义。杂交大豆种子繁育程序按育种家种子(选单株、株行圃)、原原种繁殖、原种繁殖、杂交制种进行世代繁育。其中,育种家种子、株行圃和原原种繁殖应在网室隔离条件下完成。原种繁殖、杂交制种可在大田严格设置空间隔离的条件下完成。

【操作技术 2-2-45】育种家种子

由育种者人工单株杂交和进一步单株扩繁所获得的最具有品种稳定性、典型性及丰产性能的最原始的种子。通过回交转育的不育系,至少要回交 5 代方可以利用,由育种者对不育系逐株进行育性镜检,选不育率 99% 以上的不育系单株与保持系一对一人工杂交,对不育系和保持系种子成对单独收获。通过单株测交、单株扩繁获得恢复系种子。以上获得的"三系"种子称为一级育种家种子。

对于需要提纯复壮的"三系"种子,也应由育种者在开花期选择具有不育系和保持系典型特征特性的植株,进行成对杂交,不育系和保持系单株脱粒,获得不育系和保持系一级育种家种子,在成熟期选择具有恢复系特征特性的植株,单株脱粒,获得恢复系一级育种家种子。

将上一年一级育种家种子进行成对单株播种扩繁,每对不育系和保持系单株的种子种于一个网室内。生育期间要进行育性镜检,观察记载不育率、不育株率,鉴定保留符合不育系、保持系特征特性的植株,剔除杂株,淘汰不典型单株,借助苜蓿切叶蜂或蜜蜂完成传粉;单株收获的恢复系一级育种家种子,可以在网室内或隔离开放大田进行株行种植,鉴定是否符合恢复系的特征特性,及时拔除杂株和不典型植株。"三系"成熟后按网室和株行对那些具有典型性的植株分别收获予以保留,从而获得二级育种家种子。

一级育种家种子和二级育种家种子统称为育种家种子。育种家种子是从源头解决不育系、保持系及恢复系种子本身不纯和自然突变所产生的混杂问题,扩大"三系"种子数量。育种家种子不论是不育系、保持系还是恢复系,纯度应达到100%,净度达到100%,无任何病虫粒,发芽率保持在85%以上。

【操作技术 2-2-46】原原种繁殖

将上一年在株行圃收获保留的典型不育系和保持系转入更大的网室里扩繁,开花期间逐株育性镜检,拔除育性不稳定的植株,并通过观察品种的特征特性在苗期、花期、收获期严格剔除杂株。恢复系原原种的繁殖也要在隔离的条件下单独繁殖。原原种种子的纯度应达到100%,净度达到100%,发芽率保持在85%以上。原原种繁殖不仅是增加种子数量,更重要的是能够使典型特征特性的"三系"繁衍下来。

【操作技术 2-2-47】原种繁殖

为了进一步增加亲本种子的数量和降低种子生产成本,原原种应在大田严格设置空间隔离的条件下进行大面积扩繁,生产原种。不育系的繁殖是不育系和保持系按1:2或1:3的比例种植,为避免混杂,在开花授粉后割除保持系。保持系和恢复系原种繁殖是在严格隔离的情况下,单独繁殖。

在整个生育期间要进行严格的纯度检验,达到纯度标准后,才能进入下一年制种使用。制种期间未达到纯度标准的可以进行人工剔除杂株,但大面积制种人工剔除杂株只能作为一种补救措施,原因是技术复杂,时间要求严格,成本较高。由于剔除杂株人员掌握技术娴熟程度不同,剔除杂株的效果也各不相同。剔除杂株工作应在出苗期、苗期、花期和收获前完成。原种种子的纯度应达到99.8%,净度应达到99.5%,发芽率应保持在85%以上。

【操作技术 2-2-48】杂交制种

杂交制种是种子生产的最后一个环节。应在大田严格设置空间隔离的条件下进行。不育系和恢复系按1:2或1:3比例种植。在目前国家尚未制定杂交大豆种子分级标准的情况下,为了充分发挥杂交大豆的增产潜力,制种品种3级标准现暂定为纯度应达到94%以上,净度应达到98%以上,发芽率应保持在85%以上。

①隔离区设置。隔离区设置因不同的制种区域生态环境、传粉昆虫的种类和数量而不同。一般情况下原种繁殖田的水平隔离距离为2 500 m以上,杂交制种田的水平隔离距离为2 000 m以上。

②传粉媒介和人工放蜂辅助授粉。由于大豆是严格的自花授粉植物,特有的花器构造使异花授粉非常困难。所以,天然昆虫群体的状况是制种区选择的一个非常重要的条件。寻找天然传粉昆虫种类多、数量大的生态区可以提高不育系的结实率,大幅度提高制种产量。在这种生态环境下,即使不进行人工放蜂,也可以获得较高的制种产量。

对于蜜蜂来说,不论是芳香味道,还是蜜蜂采蜜的回报率,大豆都不是理想的蜜源植物。在有其他蜜源存在的情况下,蜜蜂不愿或很少光顾大豆生产田。吉林省农科院与吉林省养蜂科学研究所经过多年的研究,开发出蜂引诱剂,通过蜂引诱剂的训练,实现了人工驯化蜜蜂为杂交大豆制种传粉,提高结实率30%以上,大大降低了制种成本。因此,在有条件的地区,可以采用人工驯化蜜蜂辅助授粉。上述建立的杂交大豆四级种子生产程序仍需要继续完善和改进。

你知道吗?
大豆杂交种种子生产中,空间隔离距离是2 500 m以上,为什么?

(五)大豆种子生产主要管理措施

1.建立繁育体系

建立健全种子繁育体系是提高大豆种子质量的前提。

(1)建立好原原种生产基地 要建立稳定的科研试验基地,除了供给的原原种外,还要对自己选育出的新品种搞好提纯复壮,建好正规原种生产程序,严格检验,使原种真正达到纯度标准。同时保证原原种的数量。

(2)建好原种一代生产基地 利用国营原种场作为原种一代的生产基地。

(3)建立好原种二代生产基地 按区域建立稳定的多个大豆种子生产专业村,实行一村一个品种的生产原则,生产出大量的原种二代大豆,农户可以直接用原种二代大豆进行生产,既能使大豆种子提前使用一个世代,又能使农户种子的更新率加快,实现两年更新一次大田用种。保证了大豆种子质量,加快了大豆种子更新速度。

2.加强田间管理

加强大豆种子田间管理是提高大豆种子质量的关键。大豆种子田间管理除了播种、轮作、施肥等栽培措施外,主要抓住两个环节来保证种子质量。一是田间去杂去劣,在大豆出苗、开花、成熟前期去杂。苗期主要根据叶片形状、根茎颜色结合间苗进行;花期主要根据花色进行;收获前期主要根据荚色、荚毛色严格去杂。凡是与原品种标准表现不一致的单株一律拔除。

3.加强室内检验,严防机械混杂

大豆种子检验是种子检验工作薄弱环节,没有像玉米那样统一抽检、统一鉴定。脱粒、清选工作过程中机械混杂十分严重,往往甲品种中混入乙品种现象较多。各级种子管理部门应对大豆种子统一抽检,对纯度严重不合格的品种和扩繁单位予以曝光。

4.统一种源

原种纯度高低是保证种子质量的首要因素。应该坚持由公司统一提供原种,即由育种单位和省地种子部门调入原种,或自己用三圃制生产一部分原种,严把原种质量关。原种入库后,立即进行室内复验,鉴定其纯度是否达到标准要求。首先从粒色、粒型、脐色、光泽度上看是否典型一致,然后进行苗期鉴定,即通过叶形、茎色等特征鉴定其纯度,达到原种标准的方可使用,达不到原种标准的决不能用于繁种。

5.统一包衣

大豆病虫害严重影响大豆的质量和产量。大豆种子包衣是防治大豆种子田地下害虫和苗期病虫害的有效手段。但需要注意原种统一包衣,保证包衣质量,有效防治病虫,提高保苗率,从而提高种子质量和产量。

6.统一保管、统一地块

千家万户繁种,如果种子在播种之前发到农户,很容易造成混杂,也不安全,解决办法是原种包衣后,由繁种村统一拉回,由村统一保管,不下发到农户,有效地解决机械混杂问题。再者制种地要统一固定,因为农户的种子生产技术比较娴熟,质量高,但必须做好与玉米、马铃薯、甜菜等作物合理换茬,减少重迎茬带来的病虫猖獗,保证大豆种子质量和产量的提升。

你知道吗?

大豆与玉米作物种子生产中,品种混杂退化的原因与防止方法是否相同呢?

【本项目小结】

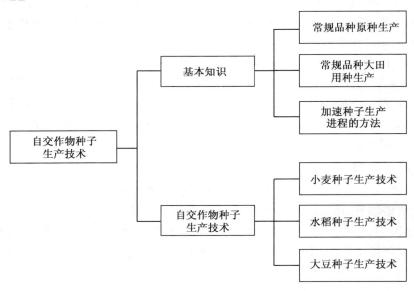

【复习题】

一、名词解释

原种　原原种　大田用种　常规品种　重复繁殖程序　循环选择程序　三圃制原种生产　两圃制原种生产　株系循环法　育种家种子　一圃制原种生产　播差期　幼穗剥检法　叶龄余数法

二、填空题

1. 种子级别实质上是指种子_____的级别,我国目前主要粮食作物种子分类级别为_____、_____、_____。

2. 作物种子的生产包括_____和_____。

3. 常规品种包括品种_____和经过_____选育出的纯合的定型优良品种。

4. 常规品种原种生产程序目前主要有两种,即_____和_____。

5. 重复繁殖程序又叫保纯繁殖程序,即由_____、_____、_____、_____组成的四级种子生产程序,或由_____、_____、_____组成的三级种子生产程序。

6. 循环选择程序包括两种,即_____和_____。

7. 三圃制原种生产程序包括三个圃,即_____、_____、_____。

8. 两圃制原种生产程序包括三步,即_____、_____、_____。

9. 大豆种子繁育程序包括_____、_____、_____、_____四级杂交种子繁育程序。

10. 小麦杂交种子生产包括两种方法,即_____和_____。

11. 一圃制原种生产程序是用_____直接生产原种。

12. 水稻种子生产包括_____和_____两种。

13.水稻原种生产可采用_____制、_____制、_____制,还可采用株系法生产原种。大豆、小麦也一样。

14.水稻杂交种子生产包括两种方法,即_____和_____。

15.水稻花期预测方法有两种,即_____和_____。

16.播差期可采用三种方法来确定,即_____、_____、_____。

17.水稻花期预测方法有两种,即_____和_____。

18.水稻花期调节措施主要有三种方法,即_____、_____、_____。

19.杂交水稻人工辅助授粉方法有三种,即_____、_____、_____。

20.水稻大田用种生产或杂一代种子生产空间隔离距离最少为_____(在平原地区)。

21."三系"法制种的"三系"是指_____、_____、_____。

22.水稻光(温)敏核不育系繁殖需要安排好"三期","三期"是指_____、_____、_____。

23.水稻光(温)敏核不育系育性转换敏感部位是_____,育性转换敏感期是_____。

三、判断题(正确的打"√"错误的打"×")

1.农业生产中的种子与植物学上的种子是不同的。( )

2.大田用种生产不超过3代。( )

3.任何作物种子生产都要考虑其繁殖方式和开花授粉习性及花器构造。( )

4.小麦原种生产主要通过三圃制和两圃制进行。( )

5.小麦大田用种生产中要严防机械混杂和严格去杂去劣。( )

6.小麦和水稻原种生产时空间隔离距离都比较小。( )

7.利用水稻光(温)敏核不育系配制杂交种可在任何地域、任何季节进行。( )

8.大豆常规品种的生产和杂交种子的生产都不需要空间隔离。( )

四、简答题

1.加速种子生产进程的方法有哪些?

2.试区别三圃制、两圃制、一圃制原种生产程序。

3.水稻的"三性""四型""五色""一期"是指什么?

4.小麦原种生产空间隔离距离25 m,水稻原种生产空间隔离距离是20 m,你认为原种生产时隔离距离与什么有关?

5.小麦、水稻在大田用种种子生产中主要是防止机械混杂,为什么?

6.试简述"三系"杂交水稻制种技术。

7.试简述两系法杂交水稻制种技术。

思政园地

1.你的家乡常用哪些自交作物种子。

2.如果你是种业公司经理,你能掌握自交种子的生产技术吗?

项目三

异交或常异交作物种子生产技术

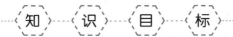

- 理解异交或常异交作物种子生产的基础知识；
- 掌握杂交种子生产一般原理和方法；
- 掌握玉米、油菜、高粱、棉花、向日葵种子生产的基本技术；
- 掌握玉米自交系、高粱和向日葵的防杂保纯技术。

- 能够对各类作物杂交后代作出正确的处理；
- 会进行异交和常异交作物的人工杂交操作；
- 熟练掌握常见的异交和常异交作物的杂交种子生产技术。

【项目导入】

钟章美 1959 年从梅州农校毕业后分配到汕头专区海丰县农科所，成为科研组的组长。有一年他看着开花的竹子，突发奇想：竹子有耐旱、耐寒、抗虫、抗倒伏、根系发达及再生力强等特性，如果能够利用杂交，将竹子的这些特性引入水稻中来，必定能帮助水稻大幅增产。然而竹子与水稻仅同为禾本科植物但不同属更不同种，是超远缘关系的植物，亲和性非常差，要进行杂交可以说尚无先例，是一个世界性科研难题，他一个学植保专业的农校毕业生如何能够做到？他这一异想天开的想法遭到了育种科研人员等的嘲笑。

20 世纪六七十年代，国家粮食紧张，面对这一状况，三十出头的青年农艺师钟章美油然而生了一种作为农业科技工作者的强烈责任感，他心中常常怀着要培育出一种高产的水稻品种来，让天下粮满仓、百姓不再挨饿的愿望。在理想的驱动下，他认准了自己今后的人生目标：要挑战竹子与水稻杂交这一"不可能的任务"，为水稻育种创制新的优良种质资源。从 1966 年开始,钟章美迎着别人不理解的目光,利用业余时间独自开始了竹子与水稻杂交的试验与研究。他暗下决心,一定要搞出成果,造福天下人民。

赤脚专家5年辛苦育出3粒种子

为了准确掌握竹子、水稻的开花时间以及花药的活力保持时间等问题,解决两者花期不遇、授粉受精难等难题,他常常要夜里一个人去山上和地里,守着竹子和水稻,打着手电筒观察它们的开花特性。在那个物质极其匮乏的年代,他买不起鞋,一年到头只能光着脚上山下田,因此成了所里有名的"赤脚大仙",甚至至今他仍保留赤脚的习惯;买不起电池,他就捡别人丢弃的旧电池,几节连接起来再用。

解决了授粉难题后,在5年多时间里,他使用了国内外几百个稻种与竹子进行配对试验,结果均一无所获。但他并没有气馁。他创新思维,先用"饶平矮"籼稻与"科情3号"粳稻进行远缘杂交,再用第四代杂交后代做亲本与青皮竹配对。苍天不负苦心人,1971年钟章美终于在秋季得到了3粒梦寐以求的竹稻杂交种子。

忍受寂寞和歧视数十年坚持研究

5年辛苦得到的3粒宝贵的种子,播下后只成活了1株独苗。钟章美像守护命根子似的小心呵护着这株似稻又似竹的植物,在中国农林科学院院长金善宝指导下,又经过736个日夜,在1973年17支分蘖才抽出一枝主穗,结出了162粒种子。这意味着钟章美的"竹子与水稻杂交"研究已经取得了关键性的突破,他成功地实现了水稻与竹子杂交,培育出了后代有繁育能力的新植物"竹稻"。然而要在生产上实现应用,漫长的路才开始。这些种子再播下后,成活了92株,出现了严重的分离现象,株型参差不齐,高度60~180 cm的都有,更让人哭笑不得的是,坚硬的稻秆连镰刀都难割动。

1976年,钟章美带着他宝贝的竹稻材料回到蕉岭县农科所,继续在业余时间进行研究。为解决分离严重的问题,钟章美经金善宝和中国农林科学院水稻遗传所专家陈善葆等专家指导,采用回交、复交等方法进行育种,使优良性状逐步稳定。

自从醉心竹稻研究以来,钟章美把微薄的财力和全部的业余时间都用在了上面,对个人生活的要求极其简单,但求填饱肚子有衣穿足矣。秉性正直的他由于不谙世事,在单位工作并不顺心;而旁人看他日夜摆弄奇怪的"水稻",却几十年出不了科研成果,也都对他这个"科学怪人"冷嘲热讽。但想到自己的理想,想到竹稻的重要意义,数十年来,这些歧视和嘲讽他都忍受了下来。钟章美淡淡地说:能让全社会吃饱,是善莫大焉的事,自己受点委屈算不了什么。他以超越常人的毅力,默默无闻地坚持40多年进行竹稻研究。1994年,病逝前妻子嘱咐他"一定要把竹稻研究进行下去"。

"竹稻尚未育成,决心加倍努力!"

为了专心研究竹稻,1993年底他申请提前退休。本该以技术干部身份退休的他却被当作普通工人推到社保局退休,每月仅领到200多元。退休时,他写下"竹稻尚未育成,决心加倍努力!"自勉。退休后回到矮岭村,他省吃俭用,靠着微薄的退休金,再加上子女们打工赚来的钱支持,租来丢荒的山坑田继续进行竹稻试验,终于在1996年和1998年先后选育出了"竹稻966"和"竹稻989"两个水稻新品系,经鉴定,取得了亩产超600 kg的成绩。

2003年,钟章美的研究得到母校梅州农业学校的高度重视和支持,学校成立了竹稻研究课题组,把"竹子与水稻远缘杂交"品种试种列入重点科研项目,继续深入研究。2007年,钟章美等著"竹子与水稻远缘杂交研究"获梅州市科技进步一等奖,这是梅州市农业类的首个科技进步一等奖;"竹子与水稻远缘杂交育种研究"也获梅州市自然科学优秀学术论文一等奖。专家认为,竹稻的贡献在于丰富了水稻基因库,为培育水稻新品种提供了新的种质资源。

你知道吗?

你还知道有哪些远缘杂交成功的例子?为什么在多种作物育种和种子生产上,人们都努力去尝试进行"三系"配套育种和种子生产?你还知道哪些种子生产上的关键性技术?

模块一 基本知识

一、杂交种亲本原种生产

(一)杂交种亲本原种的概念

作物杂交种亲本原种(简称原种)是指用来繁殖生产上栽培用种的父母双亲的原始材料。它是由育种者育成的某一品种的原始种子直接繁育而成的种子,或这一品种在生产上使用以后由其优良典型单株繁育而成的种子。

1.原原种生产

原原种是由育种者直接生产和控制的质量最高的繁殖用种,又称超级原种。前面所述的原始种子也就是原原种。它是经过试验鉴定的新品种(或其亲本材料)的原始种子,故也称"育种家的原种"。原原种具有该品种最高的遗传纯度,因而其生产过程必须在育种者本身的控制之下,以进行最有效的选择,使原品种纯度得到最好的保持。原原种生产必须在绝对隔离的条件下进行,并注意控制在一定的世代以内,以达到最好的保纯效果。因此,较宜采用一次繁殖,多年贮存使用的方法。

2.原种生产

原种是由原原种繁殖得到的,质量仅次于原原种的繁殖用种。原种的繁殖应由各级原种场和授权的原种基地负责,其生产方法及注意事项与原原种基本相同。原种的生产规模较原原种大,但比生产用种小。

3.大田用种生产

大田用种是由原种种子繁殖获得的直接用于生产上栽培种植的种子。大田用种的生产应由专门化的单位或农户负责承担,其质量标准略低于原种,但仍必须符合规定的大田用种种子质量标准。在采种上生产用种的要求与原种有所不同。如为了鉴定品种的抗病性,原种生产一般在病害流行的地区进行,有时还要人工接种病原,但大田用种的繁殖则一般在无病区进行,并辅之以良好的肥水管理条件,以获得较高的种子产量和播种品质。

(二)杂交种亲本原种的一般标准及原种更换

①主要特征特性符合原品种的典型性状,株间整齐一致,纯度高。

②与原品种比较,其植株生长势、抗逆性和产量水平等不降低。

③种子质量好。

用原种更换生产上已使用多年(一般 3～4 年)、有一定程度混杂退化的种子,有利于保持原品种的种性,延长该品种的使用年限。特别是自花、常异花作物的品种和生产杂交种子的亲本,这一工作更为重要。因为任何品种在使用过程都难免发生由各种原因引起的混杂退化,引起种性下降,单靠其他的防杂保纯措施是不够的,必须注重选优提纯,生产良种。

一般作物原种都比生产上使用多年的同一品种有较大幅度的增产,如小麦可达 5%～10%;用提纯的玉米自交系配制的杂交种比使用多年的自交系配制的杂交种增产 10%～20%。

(三)原种生产的一般程序和方法

【操作技术 3-1-1】基本材料的确定和选择

基本材料是生产原种的关键。用于生产原种的基本材料必须是在生产上有利用前途的品种,同时还必须在良好的条件下种植。基本材料要选择典型优良单株(或单穗)。其标准包括:具有本品种特征、植株健壮、抗逆能力强,经济性状良好。

选择要严格,数量要大,一般要几百个单株(或单穗)。

【操作技术 3-1-2】株行(穗行)比较

基本材料按株、穗分别种植。采用高产栽培方法,田间管理完全一致。在生长期间进行观察比较,收获前决选,严格淘汰杂、劣株行,保留若干优良株行或穗行,即株系。

【操作技术 3-1-3】株系比较

将上年入选的株系进行进一步比较试验,确定其典型性、丰产性、适应性等,严格选择出若干优良株系,混合脱粒。

【操作技术 3-1-4】混系繁殖

将上年所得混系种子在安全隔离和良好的栽培条件下繁殖。所得种子即为原种。

由混系繁殖的种子为原种一代,种植后为原种二代、三代。在生产上使用的一般是原种 3～6 代。

以上是原种生产的一般程序,称为三级提纯法(图 3-1)。异花和常异花授粉作物多数采用三级提纯法进行原种生产。

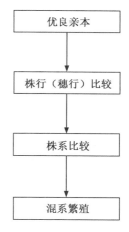

图 3-1 原种生产一般程序"三级提纯法"

二、杂交种种子生产

杂交种,即经过亲本的纯化、选择、选配、配合力测定等一系列试验而选育的优良杂交组合,亦称 F_1 杂种。杂种品种群体内各个体的基因型是高度杂合的,因而不能代代相传,只能连年制种。杂交种种子生产实际上包括两方面的工作:一是亲本的繁殖与保纯;二是一代杂种种子的生产。亲本繁殖除雄性不育系需有保持系配套外,其他均与定型品种采种法基本相同,只是隔离要求更加严格。一代杂种种子生产的原则是杂种种子的杂交率要尽可能地高;制种成本要尽可能地低。

杂交种种子生产的任务,一是迅速而大量地生产优质种子,实现品种的以优代劣的更换,满足广大种植者生产的需求,满足经销商国内外销售的需求;二是防止推广品种混杂退化,保持良种的特性,延长良种的使用年限。

一代杂种种子生产的原则是杂种种子的杂交率要尽可能地高;制种成本要尽可能地低。生产一代杂种种子的方法很多,归纳起来大致有以下几种。

1.人工去雄制种法

即用人工去掉母本的雄蕊、雄花或雄株,再任其与父本自然授粉或人工辅助授粉从而配制杂交种种子的方法。从原则上讲,人工去雄法适用于所有有性繁殖作物,而实际则要受到制种成本和作物繁殖特性等的限制。如茄果类和瓜类蔬菜,由于其花器大,容易进行去雄和授粉操作,费工相对较少;加之繁殖系数大,每果(瓜)种子可达 100~200 粒,因而成本低,故适于采用此法。另外,玉米、烟草也适于采用此法。而那些花器较小或繁殖系数较低的作物则不宜采用此法。

人工去雄制种的具体方法是:将所要配制的 F_1 组合的父、母本在隔离区内相间种植,父、母本的比例可视作物种类和繁殖效率的高低而定,一般母本种植比例应高于父本,以提高单位面积上杂交种种子的产量。亲本生长的过程中要严格地去杂去劣;开花时对母本实施严格的人工去雄。然后,在隔离区内自由授粉或加以辅助授粉,母本植株上所结种子即为所需一代杂种种子。

2.利用苗期标记性状制种法

即选用作物有苗期隐性性状的系统作母本,隔离区内与具有相对显性性状的父本系统杂交以配制一代杂种种子的方法。此法不用去雄,在苗期利用苗期隐性性状及时排除假杂种。这种方法虽然制种程序简单,但间苗、定苗等工作都较复杂。此外,对那些尚未找出明确的苗期标记性状或性状虽明显但遗传性不太稳定的作物,此法也不能应用。此法目前仅在番茄、大白菜、萝卜等作物上有少量应用。

3.利用自交不亲和系(self-incompatibility line)制种法

即利用遗传性稳定的自交不亲和系作亲本(母本或双亲),在隔离区内任父母本自由授粉而配制一代杂种的方法。此法不用人工去雄,经济简便,只需将父母本系统在隔离区内隔行种植任其自由授粉即可获得一代杂种种子。此法在存在自交不亲和性的十字花科作物如结球甘蓝、大白菜、油菜等中广泛地采用。

利用自交不亲和系制种的关键是要育成优良的自交不亲和系。优良自交不亲和系除了须具备农艺性状优良、配合力高等条件外,还要求花期自交亲和指数要尽可能地低(最高不得超过 1)。

利用自交不亲和系配制杂交种的具体方法是:在隔离条件下将亲本自交系间行种植,任其自由授粉。若双亲都为自交不亲和系而正反交性状差异又不大,则父、母本所结种子可混收;若正反交性状有明显差异,则父、母本所结种子需分开采种,分别加以利用;若双亲中一个亲本的亲和指数较高而另一个较低,则应按 1∶2 或 1∶3 的比例多栽亲和指数较低的系统。若双亲中有一个亲本(父本)为自交系,制种时,不亲和系与亲和系的栽植比例一般为 4∶1 左右,且只能从不亲和母本系上采收一代杂种。

4.利用雄性不育系(male-sterile line)制种法

即利用遗传性稳定的雄性不育系统作母本,在隔离区内与父本系统按一定比例相间种植,任其自由授粉而配制一代杂种种子的方法。此法不用人工去雄,简便易行,且生产的杂种种子的真杂种率可达 100%,因而是极具潜力的一代杂种制种方法。目前生产上利用雄性不育系配制一代杂种的作物有水稻、洋葱、大白菜、萝卜等;正在研究但尚未大面积应用的有番茄、辣椒、芥菜、胡萝卜、韭菜、大葱等。利用雄性不育系制种必须有一个前提:首先解决"不育系(A系)""保持系(B系)"的配套问题;对那些产品器官为果实或种子的作物,还须育成"恢复系(R系)"而解决"三系配套"。

所谓"雄性不育系",是指利用雄性不育的植株,经过一定的选育程序而育成的雄性不育性稳定的系统;所谓"保持系",则指农艺性状与不育系基本一致,自身能育,但与不育系交配后能使其子代仍然保持不育性的系统;而"恢复系"则指与不育系交配后,能使杂种一代的育性恢复正常的能育系统。

在植物界,雄性不育性可根据其遗传方式的不同而分成:细胞核雄性不育型或核不育型(nuclear male-sterile,NMS);细胞核细胞质互作不育型(cytoplasmatic male-sterile,CMS)。

(1)利用 NMS 生产 F_1 种子 NMS 是指雄性不育性由细胞核基因控制,而与细胞质基因无关。不育株的基因型为 msms,可育株的基因型为 MsMs 或 Msms。利用 NMS 生产 F_1 种子主要采用两用系,即一个既是不育系又是保持系的系统,简称 AB 系。AB 系内的可育株与不育株之比为 1∶1,它们的基因型分别为 Msms 和 msms,故两用系的繁殖,只要将两用系播于隔离区内,并在不育株上采收种子即可。

近年来,我国独创的"两系法"杂交稻技术基本成熟,其实质就是利用光敏核不育系制种。该不育性状受一对隐性主效核基因控制。具体例子参见水稻杂交育种相关内容。

(2)利用 CMS 生产 F_1 种子 CMS 是由细胞核和细胞质基因交互作用而产生的。根据 CMS 的遗传方式,不育株的基因型为 S(msms),可育株的基因型有 5 种:N(msms)、N(MsMs)、N(Msms)、S(MsMs)和 S(Msms),其中 N(msms)是保持系的基因型(括号内表示核基因)。CMS 的选育通常采用测交筛选的方法,而且 CMS 的选育,实际上就是保持系的选育,因为没有保持系,就不能保证不育系的代代相传。利用 CMS 制种时,通常设立 3 个隔离区:不育系和保持系繁殖区,F_1 制种区和父本系繁殖区。具体制种方法可参见水稻杂交育种相关内容。

5.用化学去雄制种法

即利用化学药剂处理母本植株,使之雄配子形成受阻或雄配子失去正常功能,而后与父本系自由杂交以配制杂种种子的方法。迄今在蔬菜方面报道的去雄剂有二氯乙酸、二氯丙酸钠、三氯丙酸、二氯异丁酸钠(FW450)、三碘苯甲酸(TIBA)、2-氯乙基磷酸(乙烯利)、顺丁烯二酸联氨(MH)、二氯苯氧乙酸(2,4-D)、萘乙酸(NAA)、赤霉素等(谭其猛,1982),并在番茄、茄子、瓜类、洋葱等作物上进行了广泛的研究。但到目前为止,实际只有乙烯利应用于瓜类(主要是黄瓜)制种上。但应注意必须在隔离区内留种,并实行人工辅助去雄和人工辅助授粉,以保证杂种种子的质量和产量。父母本原种生产宜另设隔离区。

6.利用雌性系制种法

即选用雌性系作母本,在隔离区内与父本相间种植,任其自由授粉以配制一代杂种种子的方法。雌性系是指包括全部为纯雌株的纯雌系和全部或大部分为强雌株,小部分为纯雌株的强雌株系。纯雌株指植株上只长雌花不生雄花。强雌株是指植株上除雌花外还有少数雄花。利用雌性系制种,一般采用 3∶1 的行比种植雌性系和父本系,在雌性系开花前拔去雌性较弱的植株,强雌株上若发现雄花及时摘除,以后自雌性系上收获的种子即为一代杂种。此法通常在瓜类蔬菜上采用。目前在黄瓜、南瓜、甜瓜等作物中都已发现雌性系,但实际只有在黄瓜杂种种子生产上得到广泛应用。雌性系的保存可以采用化学诱雄法。

7.利用雌株系制种法

即在雌雄异株的作物中,利用其雌二性株或纯雌株育成的雌二性株系或雌性系作母本,在隔离区与另一父本系杂交以配制一代杂种种子的方法。此法主要在菠菜等作物中采用。具体做法:将雌株系和父本系按 4∶1 左右的行比种植于隔离区内,任其自然授粉,以后在雌株系上收获的种子即是所需的一代杂种。

> **你知道吗?**
> 你知道杂交种种子的生产方法有几种吗?

模块二 异交或常异交作物种子生产技术

一、玉米种子生产技术

(一)玉米种子生产的生物学特性

玉米是雌雄同株异花植物。雌雄穗着生在不同部位,雄花着生在植株顶端,雌花由叶腋的腋芽发育而成。玉米天然异交率一般在 50% 以上。

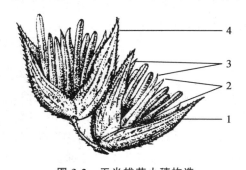

图 3-2 玉米雄花小穗构造
1.第一颖 2.第一花 3.第二花 4.第二颖

1.雄花序

(1)雄花和雄花序 玉米的雄花通常称雄穗,为圆锥花序,由主轴和分枝构成。主轴顶部和分枝着生许多对小穗,有柄小穗位于上方,无柄小穗位于下方。每个小穗由 2 片护颖和 2 朵小花组成。两朵小花位于两片护颖之间。每朵小花有内外颖各 1 片,3 枚雄蕊和 1 片退化了的雄蕊。雄蕊的花丝很短,花药 2 室(图 3-2)。玉米雄穗一般在露出顶叶后 2~5 d 开始开花。雄穗的开花顺序是从主轴中上部开始,然后向上和向下同时进行,分枝上的小花开放顺序与主轴相同。开花的分枝顺序则是上中部的分枝先开放,然后向上和向下部的分枝开放。发育正常的雄穗可产生大量的花粉,一个花药内约有 2 000 个花粉粒,一个雄穗则可产生 1 500 万~3 000 万个花粉粒。雄穗开始开花后,一般第二至第五天为盛花期,全穗开花完毕一般需 7~10 d,长的可达 11~13 d。

(2)雄花开花习性　玉米雄穗的开花与温度、湿度有密切关系,一般以 20~28℃时开花最多,当温度低于 18℃或高于 38℃时雄花不开放。开花时最适宜的相对湿度是 70%~90%。在温度和湿度均适宜的条件下,玉米雄穗全天都有花朵开放,一般以上午 7:00—9:00 开花最多,下午将逐渐减少,夜间更少。

2.雌花序

(1)雌花和雌花序　雌花又称雌穗,为肉穗状花序,由穗柄、苞叶、穗轴和雌小穗组成。穗轴上着生许多纵行排列的成对无柄雌小穗。每个小穗有 2 朵花,其中一朵已退化。正常的花由内颖、外颖、雌蕊组成。雌蕊由子房、花柱和柱头组成,通常将花柱和柱头总称为花丝。顶端二裂称为柱头,上着生有茸毛,并能分泌黏液,粘住花粉。花丝每个部位均有接受花粉的能力(图 3-3)。

图 3-3　玉米雌花构造

1.第一颖　2.退化花的外颖　3.结实花的内颖
4.退化花的内颖　5.花柱　6.子房
7.结实花的外颖　8.第二颖

果穗中心有轴,其粗细和颜色因品种而不同。穗轴上的无柄小穗成对排列成行,所以,果穗上的籽粒行数为偶数,一般为 12~18 行。每小穗内有 2 朵小花,上花结实,下花退化。结实小花中包括内外稃和一个雌蕊及退化的雌蕊。

(2)雌花开花习性　雌蕊一般比同一株雄穗的抽出时间稍晚,最多晚 5~8 d。雌蕊花丝开始抽出苞叶为雌穗开花(俗称吐丝),一般比同株雄穗开始开花晚 2~3 d,也有雌雄穗同时开花的,这取决于品种特性和肥、水、密植程度等条件。在干旱、缺肥或过密遮光的条件下,雌穗发育减慢,而雄穗受影响较小。

雌穗吐丝顺序是中下部的花丝先伸出,依次是下部和上部。一个果穗开始吐丝至结束需 5~7 d。花丝从露出苞叶开始至第 10 天均有受精能力,但以第 2~4 天受精力最强。

玉米花丝的生活力,一般是植株健壮、生长势强的品种比植株矮小、生长势弱的品种强;杂交种花丝的生活力比自交系强;高温干燥的气候条件比阴凉湿润的气候条件容易因为花丝枯萎而提早失去生活力。在适宜的温、湿度条件下,花丝授粉结实率一般以抽出苞叶后 1~7 d 内最高,14 d 后完全失去生活力。

3.授粉与受精

(1)授粉　玉米花粉借助风力传到雌蕊花丝上,这一过程叫作授粉。在温度为 25~30℃,相对湿度为 85%以上的情况下,玉米花粉落在花丝上 10 min 后就开始发芽,30 min 左右大量发芽,花粉细胞内壁通过外壁上的萌发孔向外突出并继续伸展,形成一个细长的花粉管。在授粉后约 1 h,花粉管刺入花丝。花粉管在花丝内继续伸长,通过维管束鞘进入子房,经珠孔进入珠心,最后进入胚囊。

(2)受精　玉米为双受精植物,花粉管进入胚囊的 2 个精子,一个精子与卵细胞结合成合

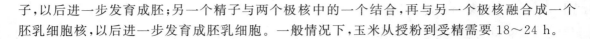

子,以后进一步发育成胚;另一个精子与两个极核中的一个结合,再与另一个极核融合成一个胚乳细胞核,以后进一步发育成胚乳细胞。一般情况下,玉米从授粉到受精需要 18～24 h。

你知道吗?
你能说出玉米雌性花与雄性花的开花习性与授粉受精的过程吗?

(二)玉米亲本种子生产技术

1.玉米自交系的概念

玉米自交系是指一个玉米单株经连续多代自交,结合选择而产生的性状整齐一致、遗传性相对稳定的自交后代系统。

2.培育玉米自交系的意义

玉米杂种优势利用的首要工作是培育基因型高度纯合的优良自交系,再由自交系杂交来获得适合生产需要的玉米杂交种。因为玉米属于异花授粉作物,雌雄同株异花异位。要获得杂交种子,只要将母本的雄穗去掉或母本本身不能产生正常花粉,这样才可接受父本花粉受精结实而产生杂交种子,实现异交结实较为容易。但因为玉米是异花授粉作物,任何一个未经控制授粉的玉米品种都是一个杂合体,基因杂合的亲本进行组合杂交后都难以产生强大的杂交优势。只有用基因型高度纯合的自交系来进行杂交才能产生具有强大杂种优势的后代。

3.自交系的基本特性

(1)自交导致基因纯合,使玉米植株由一个杂合体变为一个纯合体。

(2)由于连续自交,其生活力衰退。

(3)来源不同的自交系杂交后,其杂种一代可能表现出强大的杂种优势。

4.优良玉米自交系必须具备的条件

(1)综合农艺性状好 包括植株性状、穗部性状、抗病虫和其他抗逆能力等。

(2)一般配合力高 一般配合力是指一个自交系与其他多个自交系(或品种)产生的杂交后代的产量表现以及相关性状指标。只有将一般配合力较高的自交系合理组配,才有可能产生强优势组合。

(3)自交系本身产量高 有利于减少繁殖和制种面积,降低种子生产成本。

(4)品种纯度高 没有太多的混杂。

5.选育玉米自交系的程序

(1)确定基本材料。包括地方品种、各种类型的杂交种、综合种和改良群体。

(2)连续套袋自交并结合严格选择,一般经 5～7 代自交(一年一代或一年多代)和选择,就可以获得基因型纯合、性状稳定一致的自交系。

(3)对自交系进行配合力测定,选出配合力高的自交系。

6.玉米自交系的提纯

玉米是异花授粉作物,很容易退化,纯度降低。用纯度低的自交系配制的杂交种,其优势明显降低,一般自交系用 3～5 年后,就不宜继续使用,必须提纯。其方法有:

(1)选优提纯 适用于混杂较轻的自交系。即选典型优良单株 100～150 株套袋自交,收获时选穗,入选的果穗混合脱粒。第二年隔离繁殖,再进行选择,选出几十个优良单株混脱,即为提纯的原种。

(2)穗行提纯法　用于混杂程度较高的自交系。即选优良单株100~150株套袋自交,收获后选穗数十个,第二年分果穗隔离种植成穗行,选择鉴定,选出优良穗行,从优良穗行中选出优良果穗混脱,即为原种。

7.玉米自交系的繁殖

①选肥力条件好、管理方便的地块,增施优质农家肥料。

②调整播期,使自交系开花期错过不良气候条件。

③适当增大密度和保持良好的肥水条件。

④精心管理和搞好人工授粉,提高结实率。

⑤实行严格的安全隔离和更严格地去杂去劣。

你知道吗?

一个优良的玉米自交系都有什么特征?玉米自交系的选育为什么很重要?

(三)玉米杂交种子生产技术

1.人工去雄法生产玉米杂交种

由于玉米是雌雄同株异花,雌雄穗着生在不同的部位,而且雄穗的抽出时间比雌穗早几天,再加之雄穗较大,便于进行人工去雄,所以玉米是适宜于采用人工去雄的方法进行杂交,并生产杂交种的作物。玉米人工去雄生产杂交种需要抓好以下几方面技术措施:

【操作技术 3-2-1】隔离

玉米花粉量极大,粉质轻,易于传播,而且传播距离远,玉米是容易发生自然杂交的作物。隔离是保证种子质量的基本环节之一。玉米杂种生产要设多个隔离区,每一个自交系要有一个隔离区,杂交制种田也要单独隔离。如单交种,甲自交系一个,乙自交系一个,制种区一个。三交种或双交种则更多。

生产上为了减少设隔离带来的麻烦,现在多采用统一规划联合制种的方法,实行不同父本分片制,一父多母合并制种,或一年繁殖亲本多年使用。

隔离方法主要有:空间隔离,一般制种区200~400 m。自交系繁殖区不少于400 m。平原或干燥地区要600~700 m。同时避免在离蜂场较近的地区制种;时间隔离,在春玉米区采用夏、秋播制种,在夏秋玉米区采用春播制种;屏障隔离,就是利用果园、林带,山岭等自然环境条件作为隔离物障,当然也可以人工栽植高秆作物以达到隔离的目的。

【操作技术 3-2-2】父母本行比

在保证有足够的父本花粉的情况下,尽量多植母本行,以最大限度地提高杂交种产量。一般父母本比为1:(4~6)。

【操作技术 3-2-3】父、母本播差期的确定

父母本花期相遇是玉米制种成败的关键。但玉米一般花粉量较大,雌穗花的生活力时间长,播期调节要简单一些。

若双亲的播种到抽穗时间相同或母本比父本略短(2～3 d内)父母本可同期播种。

双亲的播种到抽穗时间相差 5 d 以上就需要调节播种期,即先播花期较晚的亲本再播较早的亲本。

调节播差期的原则是"宁可母等父,不可父等母",最好是母本的吐丝期比父本的散粉期早1～2 d。这是由于花丝的生活力一般可持续 6～7 d,而父本散粉盛期持续时间仅 1～2 d,并且花粉在田间条件下仅存活几小时。

玉米亲本播差期调节方法主要是经验法,即父母本播差期的天数为父母本播期相差天数的 2 倍。如父母本播期相差 6～7 d,播种期要错开 12～14 d。

在分期播种的时间差安排上,母本最好是一次播种完毕,目的是保证开花期的一致性,去雄时也能做到一次性干净彻底地去除。父本需要分期播种时,通常采用间株分期播种的方式进行。即按照分期播种的比例(如分二期播种,一期 60%,二期 40%)采用相同的穴比进行播种(一期播种两穴空一穴,二期补种一期预留的空穴)。

【操作技术 3-2-4】去杂去劣

①常见的杂株、劣株。优势株,表现为生长优势强,植株高大,粗壮,很易识别;混杂株,虽与亲本自交系长势相近,但不具备亲本自交系的形态特征,也易识别;劣势株,常见的有白化苗、黄化苗、花苗、矮缩苗和其他畸形苗。

②去杂去劣一般要进行 3 次。第一次在定苗时,结合间苗、定苗进行;第二次在拔节期,进一步去杂去劣;第三次在抽雄散粉前,按照自交系的典型性状进行去杂去劣。整个田间去杂工作必须在雄花散粉之前完成,以免杂株散粉,影响种子纯度。

【操作技术 3-2-5】母本去雄

在玉米种子生产中,通过对母本去雄,让母本接受父本的花粉完成受精,才能在母本植株上得到杂交种子。去雄是屏蔽自交得到杂交种的一个关键技术。

①去雄的要求。一是要及时,即在母本的雄穗散粉之前必须去掉,通常是在母本雄穗刚露出顶叶而尚未散粉前就及时拔除,做到一株不漏;二是要彻底,即母本雄穗抽出一株就去掉一株,直到整个地块母本雄穗全部拔除为止;三是要干净,即去雄时要将整个雄穗全部拔掉,不留分枝,同时对已拔除的雄穗及时移到制种田外,妥善处理,避免散粉。

②去雄的方法。主要有摸苞去雄法和带顶叶去雄法。摸苞去雄法,是在母本雄穗还没有发育成熟时就将雄穗苞拔掉;带顶叶去雄法是在顶叶包着雄穗包,雄穗还没有成型时就提前连顶叶一起去除掉,带顶叶去雄法因伤及顶叶,对产量有一定的影响。

③去雄时间的把握很重要。在抽雄的初期,可以隔天进行一次去雄,在盛花期和抽雄后期,必须天天去雄。在抽雄末期,全控制区最后 5% 未去雄株,应一次性全部拔掉,完成去雄工作,以免剩余雄花导致串粉。

【操作技术 3-2-6】人工辅助授粉

通过人工辅助自然授粉,可以提高结实率,以生产出更多的杂交种。一般是在盛花期每天上午 8:00—11:00 进行,连续进行 2～3 d 反复授粉。当父母本未能很好地在花期相遇时,利用人工辅助授粉,可以较好地帮助母本接受花粉完成受精而结实。授粉结束以后,要清除父本行,以便于制种田充分地通风、透光,提高制种产量。

【操作技术 3-2-7】花期不遇的处理

①剪断母本雌穗苞叶。如果母本开花晚于父本,剪去母本雌穗苞叶顶端 3 cm 左右,可使母本提前 2～3 d 吐丝。提早去雄也有促进雌穗提早吐丝的作用。

②剪母本花丝。若父本开花晚于母本,花丝伸出较长,影响花丝下端接受花粉,应剪短母本花丝,保留 1.5 cm 左右,可以延长母本的授粉时间,便于授粉。否则将导致雌穗半边不实,使得杂种产量降低。

③从预设采粉区采粉。在制种田边单设一块采粉区,将父本分期播种,供采粉用,以保证母本花期有足够的花粉参与授粉。

④变正交为反交。若父本散粉过早(达 5～7 d),将父、母本互换,达到正常授粉。但由于互换后母本行数减少,制种产量会降低。

【操作技术 3-2-8】分收分藏

先收父本行,将父本行果穗全部收获并检查无误后,再收母本行。母本行收获的种子就是杂交种子。父本行收获的种子不可作为下年制种的亲本。

父、母本必须严格分收、分运、分晒、分藏,避免机械混杂。北方应在结冻前,对果穗进行自然风干和人工干燥处理,以避免因种子含水量过高而产生种子冻害。人工干燥以烘果穗较好,一般不要进行籽粒烘干。脱粒后入库前需进行种子筛选,去除破粒、瘪粒等劣质种子,装袋时要在袋内外都保留标签,同时登记建档保存。并定期检查种子的纯度和净度,以及含水量变化情况,确保种子安全储藏。

2. 玉米"三系"配套生产玉米杂交种

玉米"三系"是指玉米雄性不育系、雄性不育保持系和雄性不育恢复系,"三系"配套生产玉米杂交种,在生产上早已得到广泛使用。美国在 20 世纪 50 年代利用 T 型质核互作雄性不育系实现了"三系"配套,并生产出杂交种。"三系"配套中的雄性不育系就是指质核互作型雄性不育系。

(1)"三系"配套与杂交种子生产 "三系"配套生产玉米杂交种,需要建立两个隔离区,一个区进行杂交种生产,根据不育系和恢复系品种特点,按一定行比种植不育系和恢复系,花期用不育系作母本,接受恢复系的部分花粉,在不育系上收获杂交种子,即是生产上使用的杂交种。恢复系自交得到的种子仍然是恢复系种子。另一个区用于繁殖不育系,种植不育系和保持系,不育系作母本,接受保持系的部分花粉,在不育系上收获的种子就是不育系,用于下年制种。

(2)"三系"杂交种高产措施 首先需要筛选不育系和恢复系的配合力,"三系"制种亲本的配合力没有人工去雄亲本配合力高,杂种优势受到一定影响而降低。通过人为筛选高配合力的不育系和恢复系,能有效提高杂交种的杂种产量和杂种优势;同时可以通过提高制种区的栽培技术、人工控制杂草、病虫害、提高肥水管理水平等栽培措施来提高"三系"杂交种产量。

(3)不育系的保留与持续保纯技术 不育系通过在不育系繁殖区的繁殖,得以保留下来,以备来年继续供制种使用。不育系的生产面积和不育系的产量,取决于第二年制种规模。通过加大不育系的行比,配以适当的肥水管理和人工授粉提高结实率等,可以较大地提高不育系的产量,同时要严格地去杂去劣,确保不育系能连年保纯和连续多年反复使用。

你知道吗？
制种过程中如果父母本花期不遇，会有什么严重后果？

二、油菜种子生产技术

(一)油菜种子生产的生物学特性

油菜遗传基础比较复杂。油菜是十字花科(Cruci ferae)芸薹属(*Brassica*)中一些油用植物的总称。迄今,在世界上和我国各地广泛栽培的主要油菜品种,按其农艺性状和分类学特点可以概括为白菜型(*Brassica campestris* L.)、芥菜型(*B. juncea* Coss.)、甘蓝型(*B. napus* L.)三大类型。根据国内外学者的研究,白菜型油菜为基本种(染色体数 $2n = 20$,染色体组型为AA),其余二者为复合体。

1.花器构造

油菜为雌雄同花的总状花序。每朵花由花萼、花冠、雌蕊、雄蕊和蜜腺 5 个部分组成。花萼 4 片,外形狭长,在花的最外面。花冠黄色,在花萼里面一层,由 4 片花瓣组成,基部狭小,匙形,开花时 4 片花瓣相交呈"十"字形(图 3-4)。

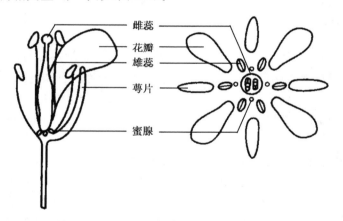

图 3-4　油菜花花器构造

花冠内有雄蕊 6 枚,四长两短,称为四强雄蕊,雄蕊的花药 2 室,成熟时纵裂。雌蕊位于花朵的中央,由子房、花柱和柱头 3 个部分组成。柱头呈半圆球形,上有多数小突起,成熟时表面分泌黏液,花柱圆柱形;子房膨大呈圆筒形,由假隔膜分成两室,内有胚珠。蜜腺位于花朵基部,有 4 枚,呈粒状,绿色,可分泌蜜汁供昆虫采蜜传粉。

2.开花习性

油菜从抽薹至开花需 10～20 d。油菜的开花顺序是:主轴先开,然后第一分枝开放到第二分枝,第三分枝依次开放,而主轴及分枝的开花顺序是由下而上依次开放。每天开花时间一般从上午 7:00 到下午 5:00,以上午 9:00—10:00 开花最多。每朵花由花萼开裂到花瓣全展相交呈"十"字形需 24～30 h,从始花至花瓣、雄蕊枯萎脱落需 3～5 d,授粉后 45 min 花粉粒发芽,18～24 h 即可受精。油菜花粉的受精力可保持 5～7 d,雌蕊去雄后 3～4 d 受精力最强,5 d 后减弱,7～9 d 丧失受精能力。

你知道吗?
你能说出油菜雌性花与雄性花的开花习性吗?

(二)油菜杂交种子生产技术

目前油菜杂交种生产主要有 3 种途径:利用细胞质雄性不育系实行"三系"配套制种;利用雄性核不育系配制杂交种;利用自交不亲和系配制杂交种。

1. 利用细胞质雄性不育系配制杂交种

即利用雄性不育系,雄性不育保持系和雄性不育恢复系进行"三系"配套产生杂交种,是目前国内外的研究重点之一。如陕西的秦油 2 号和四川的蓉油系列、蜀杂 10 号等都是由"三系"配套产生的杂交种。

利用胞质雄性不育系生产油菜杂交种可分为三大部分工作:

【操作技术 3-2-9】"三系"亲本的繁殖

①油菜雄性不育系。雄性不育系简称不育系(A 系)。所谓雄性不育,是指雌雄同株,雄性器官退化,不能形成花粉或仅能形成无生活力的败育花粉,因而不能自交结实。在开花前雄性不育植株与普通油菜没有多大区别;开花后,不育系的雌蕊发育正常,能接受其他品种的花粉而受精结实;但其雄蕊发育不正常,表现为雄花败育短小,花药退化,花丝不伸长,雄蕊干瘪无花粉,套袋自交不结实。这种自交不结实,而异交能够结实,且能代代遗传的稳定品系称为雄性不育系。

②油菜雄性不育保持系。雄性不育保持系简称保持系(B 系)。能使不育系的不育性保持代代相传的父本品种称为保持系。用其花粉给不育系授粉,所结种子长出的植株仍然是不育系。保持系和不育系是同型的,它们之间有许多性状相似,所不同的是保持系的雄蕊发育正常,能自交结实。要求保持系花药发达,花粉量多,散粉较好,以利于给不育系授粉,提高繁殖不育系的种子产量。

③油菜雄性不育恢复系。雄性不育恢复系简称恢复系(C 系)。恢复系是一个雌雄蕊发育均正常的品种,其花粉授在不育系的柱头上,可使不育系受精结实,产生杂种第一代(F_1)。F_1的育性恢复正常,自交可以正常结实。这种使不育系恢复可育,并使杂种产生明显优势的品种,即为该雄性不育系的恢复系。一个优良的恢复系,要具有稳定的遗传基础,较强的恢复力和配合力,花药要发达,花粉量要多,吐粉要畅,生育期尤其是花期要与不育系相近,以利于提高杂交种的产量。

④杂交油菜"三系"的关系。雄性不育系、保持系和恢复系,简称油菜的"三系"。"三系"相辅相成,缺一不可。不育系是"三系"的基础,没有雄性不育系,就没有培育保持系和恢复系的必要。没有保持系,不育系就难以传种接代。不育系的雄性不育特性,能够一代一代传下去,就是通过保持系与不育系杂交或多次回交来实现的,其中细胞质是不育系本身提供的,而细胞核则是不育系和保持系共同提供的,两者的细胞核基本一致,因而不育系

和保持系的核质关系没有改变,不育性仍然存在。杂种优势的强弱与不育系的性状优劣有直接关系,而不育系的性状又与保持系的优劣密切相关。所以,要选育好的不育系,关键是要选择优良的保持系,才能使不育系的不育性稳定,农艺性状整齐一致,丰产性好,抗性强。

同样,没有恢复系,也达不到杂种优势利用的目的。只有通过利用性状优良、配合力强的恢复系与不育系杂交,才能使不育系恢复可育,产生杂种优势,生产出杂交种子。保持系和恢复系的自交种子仍可作下一季的保持系和恢复系。油菜"三系"的关系如图 3-5 所示。

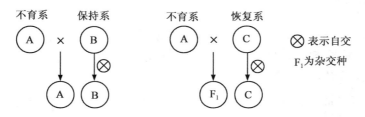

图 3-5　油菜"三系"的关系

【操作技术 3-2-10】油菜"三系"的提纯和混杂退化的防治

①油菜"三系"混杂退化的原因。目前,生产上大面积使用的杂交油菜主要是甘蓝型。生产上造成杂交油菜亲本"三系"及其配制的杂交种混杂退化的原因,主要有以下几个方面:

a.机械混杂。雄性不育"三系"中,质核互作不育的繁殖和杂交制种,都需要两个品种(系)的共生栽培,在播种、移栽、收割、脱粒、翻晒、贮藏和运输等各个环节上,稍有不慎,都有可能造成机械混杂,尤其是不育系和保持系的核遗传组成相同,较难从植株形态和熟期等性状上加以区别,因而人工去杂往往不彻底。机械混杂是"三系"混杂和杂交种混杂的最主要原因之一。

b.生物学混杂。甘蓝型杂交油菜亲本属常异交作物,是典型的虫媒花,其繁殖、制种隔离难,容易引起外来油菜品种花粉和十字花科作物花粉的飞花串粉,造成生物学混杂。同时,机械混杂的植株在亲本繁殖和杂交制种中可散布大量花粉,从而造成繁殖制种田的生物学混杂。

c.自然变异及亲本自身的分离。在自然界中,任何作物品种都不同程度地存在着变异,尤其是环境条件对品种的变异有较大影响。据华中农业大学余凤群、傅廷栋研究认为,陕 2A 属无花粉囊型不育,花药发育受阻于孢原细胞分化期,当花药发育早期遇到高温或低温时,其角隅处细胞发育,或与稳定不育的相同,或与保持系相同,从而育性得到部分恢复,故有时会出现微量花粉,这是造成"秦油 2 号"混杂的重要原因之一。"三系"是一个互相联系、互相依存的整体,其中的任何一系发生变异,必然引起下一代发生相应的变异,从而影响杂交种的产量和质量。

②油菜"三系"混杂退化的防治措施。甘蓝型杂交油菜属常异花授粉作物,虫媒花。繁殖亲本"三系"和配制杂交种时,隔离措施多以空间隔离为主,而空间隔离也不可能绝对安全。同时,"三系"亲本的遗传基因也不可能达到绝对纯合,昆虫媒介亦可能将一些隔离区以外的其他油菜品种花粉、其他十字花科作物花粉带进来,所以杂交一代种子总会有一定的不育株和混杂变异株产生。用此种纯度的种子进行大田生产,即使不会显著地降低产量,也会有一定的影

响。因此,在杂交种用于大田生产时,主要是降低不育株率和提高恢复率。主要有以下几方面:

a.苗床去劣。杂交油菜种子发芽势比一般油菜品种(系)强,出土早,而且出苗后生长旺盛,在苗床期一般要比不育株或其他混杂苗多长1片左右的叶子。可见,苗床期,当油菜苗长到1~3片真叶时,结合间苗,严格去除小苗、弱苗、病苗以及畸形苗等,是降低不育株率乃至混杂株率的一项简便有效的措施。

b.苗期去杂去劣。油菜苗期,一般在越冬前结合田间管理,根据杂交组合的典型特征,从株型、直立匍匐程度、叶片、叶缘、茎秆颜色、叶片蜡粉多少、叶片是否起皱、缺刻深浅等方面综合检查,发现不符合本品种典型性状的苗,立即拔掉,力求将混杂其中的不育株、变异株等杂株彻底拔除。

c.初花期摘除主花序。就某些组合而言,不育株的分枝比主轴较易授粉,结实率通常要高5%左右。因此,在初花期摘掉不育株的主花序(俗称摘顶),以集中养分供应分枝,促进分枝生长。同时,摘掉主花序还可降低不育株的高度,便于授粉,可有效地提高不育株的结实率和单株产量。具体做法是,当主花序和上部1~2个分枝花蕾明显抽出,并便于摘除时进行,一般在初花前1~2 d摘除为宜。

d.利用蜜蜂传粉。蜜蜂是理想的天然传粉昆虫,在杂交油菜生产田中,利用蜜蜂传粉,能有效地提高恢复率,从而提高产量。蜂群数量可按每公顷配置3~4箱,于盛花期安排到位。为了引导蜜蜂采粉,可于初花期在杂交油菜田中采摘100~200个油菜花朵,捣碎后,在1:1糖浆(即白糖1 kg溶于1 kg水中充分溶解或煮沸)中浸泡,并充分混合,密闭1~2 h,于早晨工蜂出巢采蜜之前,给每群蜂饲喂100~150 g,这种浸制的花香糖浆连续喂2~3次,就能达到引导蜜蜂定向采粉的目的,从而提高授粉效果。

【操作技术 9-2-11】杂交制种工作

杂交油菜制种,指以不育系为母本,恢复系为父本,按照一定的比例相间种植,使不育系接受恢复系的花粉,受精结实,生产出杂交种子。杂交油菜是利用杂种 F_1 的杂种优势,需要每年配制杂交种,制种产量高低和质量优劣直接关系到杂交油菜的生产和品种推广。

油菜的杂交制种受组合特性、气候因素、栽培条件等的影响,不同组合、不同地区的制种技术也不尽相同。现以"华杂4号"为例,介绍一般的杂交油菜高产制种技术。"华杂4号"系华中农业大学育成,母本为1141A,父本为恢5900。1998年和2001年,分别通过湖北省和国家农作物品种审定委员会审定。在湖北省利川市,"华杂4号"的主要制种技术(陈洪波,王朝友,2000)如下:

①去杂除劣,确保种子纯度。

a.选地隔离。选择符合隔离条件,土壤肥沃疏松,地势平坦,肥力均匀,水源条件较好的田块作为制种田。

b.去杂去劣。去杂去劣,环环紧扣,反复多次,贯穿于油菜制种田的全生育过程,有利于确保种子纯度。油菜生长的全生育期共去杂5次,主要去除徒长株、优势株、劣势株、异品种株和变异株。一是苗床去杂。二是苗期去杂两次,移栽后20 d左右(10月下旬)去杂一次,去杂后应及时补苗,以保全苗,次年2月下旬再去杂一次。三是花期去杂,在田间逐行逐株观察去杂,力求完全彻底。四是成熟期去杂,5月上中旬剔除母本行内萝卜、白菜,拔掉翻花植株。五是隔离区去杂,主要是在开花前将隔离区周围1 000 m左右的萝卜、白菜、青菜、苞菜和自生油菜等十字花科作物全部清除干净,避免因异花授粉导致生物学混杂。

②壮株稀植,提高制种产量。及时开沟排水,防除渍害,减轻病虫害是提高油菜制种产量的外在条件,早播培育矮壮苗,稀植培育壮株是实现制种高产的关键。壮株稀植栽培的核心是在苗期创造一个有利于个体发育的环境条件,增加前期积累,为后期稀植壮株打好基础。

a.苗床耕整与施肥。播前1周选择通风向阳的肥沃壤土耕整2~3次,要求土壤细碎疏松,表土平整,无残茬、石块、草皮,干湿适度,并结合整地施好苗床肥,每667 m² 施磷肥8 kg、钾肥2 kg,稀水粪适量。

b.早播、稀播、培育矮壮苗。9月上旬播种育苗,苗床面积按苗床与大田1∶5设置,一般父、母本同期播种。播种量为667 m² 大田定植6 000株计。在三叶期,每667 m² 大田苗床用多效唑10 g,兑水10 kg喷洒,培育矮壮苗。

c.早栽、稀植,促进个体健壮生长。早栽、稀植,有利于培育冬前壮苗,加大油菜的营养体,越冬苗绿叶数13~15片,促进低位分枝,提高有效分枝数和角果数,增加千粒重;促进花芽分化,实现个体生长健壮、高产的目的。要求移栽时,先栽完一个亲本,再栽另一个亲本,同时去除杂株,父母本按先栽大苗后栽小苗的原则分批、分级移栽,移栽30 d龄苗,在10月上旬移栽完毕。一般667 m² 母本植苗4 500株,单株移栽,父本植苗1 500株,双株移栽,父、母本比例以1~3为宜,早栽壮苗,容易返青成活,可确保一次全苗。同时,可在父本行头种植标志作物。

d.施足底肥,早施苗肥,必施硼肥。在施足底肥(农家肥、氮肥、磷肥和硼肥)基础上,要增施、早施苗肥,于10月中旬每667 m²,用1 500 kg水粪加碳铵15 kg追施,以充分利用10月下旬的较高气温,快长快发;年前施腊肥(碳铵10 kg/667 m²),同时要注意父本的生长状况,若偏弱,则应偏施氮肥,促进父本生长。甘蓝型双低油菜对硼特别敏感,缺硼往往会造成"花而不实"而减产,因此在底肥施硼肥基础上,在抽薹期,当薹高30 cm左右时,每667 m² 喷施0.2%的硼砂溶液50 kg。

e.调节花期。确保制种田父母本花期相遇是提高油菜制种产量和保证种子质量的关键。杂交油菜华杂4号组合,父、母本花期相近,可不分期播种,但生产上往往父本开花较早(一般比母本早3~6 d),谢花也较早,为保证后期能满足母本对花粉的要求,可隔株或隔行摘除父本上部花蕾,以拉开父本开花时间,保证母本的花粉供应。

f.辅助授粉,增加结实。当完成去杂工作后,盛花期可采取人工辅助授粉的方法,以提高授粉效果,增加制种产量。人工辅助授粉,可在晴天上午10:00至下午2:00进行,用竹竿平行行向在田间来回缓慢拨动,达到赶粉、授粉的目的。

g.病虫害防治。油菜的产量与品质、品质与抗逆性均存在着相互制约的矛盾,一般双低油菜抗病性较差,因此应加强病虫害综合防治,制种地苗期应注意防治蚜虫、跳甲、菜青虫,蕾薹期应注意防治霜霉病,开花期应注意防治蚜虫、菌核病等。

③分级细打,提高种子质量,砍除父本。当父本完成授粉而进入终花期后,要及时砍除父本。砍完父本后,可改善母本的通风透光和水肥供应条件。这样,既可增加母本千粒重和产量,又可防止收获时的机械混杂,从而保证种子质量。

2.利用雄性核不育系配制杂交种

如川油15、绵油11号等都是利用雄性核不育系配制的杂交种。

(1)雄性核不育系的特性及利用途径　雄性核不育系的不育性受核基因控制。在这类不育系的后代群体中,可同时分离出半数的完全雄性不育株和半数的雄性可育株;不育株接受可育兄妹株的花粉后,产生的后代又表现为半数可育和半数不育。可育的兄妹株充当了不育株的"保持系",而不育株与另一恢复系杂交又可以产生杂交种子。核雄性不育可分为显性核不育和隐性核不育两种形式。

(2)杂交种子生产技术

①核雄性不育系的繁殖。在严格隔离条件下,将从上代不育株上收获的种子种植,开花时标记不育株,让不育株接受兄妹可育株的花粉。成熟时收获不育株上的种子。

②利用核雄性不育系杂交制种。在隔离区内,种植核不育系(母本)和恢复系(父本自交系),父母本行比一般为1:(3～4)。播种时,在母本行头种植标记植物。进入初花期时,在母本行根据花蕾特征仔细鉴定各植株育性。将不育株摘心标记,同时尽快拔除全部可育植株。然后让不育株和恢复系自由授粉。同时做好父本的去杂工作。成熟后,将母本种子收获,即为杂交种子。恢复系在隔离条件下自交留种。

3.利用自交不亲和系配制杂交种

(1)油菜自交不亲和系的特性　自交不亲和系是一种特殊的自交系。这种自交系雌雄发育均正常,但自交或系内株间授粉,不能结实或结实很少,但异系杂交授粉结实正常。因此可用自交不亲和系作母本,用其他自交系作父本来配制杂交种,即两系法制种;也可选育自交不亲和系的保持系和恢复系,实行"三系"配套。

(2)自交不亲和系生产杂交种子的技术环节(两系法)

①自交不亲和系的繁殖。自交不亲和系的繁殖方法是剥蕾自交授粉。因为自交不亲和系自交不亲和的原因是,当花朵开放时,其柱头表面会形成一个特殊的隔离层,阻止自花授粉。但这个隔离层在开花前2～4 d的幼蕾上尚未形成,因此可采用人工剥蕾方法,在临近开花时剥开花蕾,将同一植株或系内植株已开放花朵的花粉授在剥开的花蕾上,就可自交结实,使自交不亲和系传宗接代。

②父本繁殖。在父本自交系区内,选择部分典型植株套袋自交或系内植株授粉,收获的种子作为下年父本繁殖区的原种;其余植株去杂去劣后,作为下年制种区的父本种子。

③杂交制种。制种区,父母本按1:1或1:2的行比种植,在母本行上收获的种子即为生产上使用的杂交种。

你知道吗?

利用油菜的"三系"制种,为什么防杂保纯非常重要?一株父母本的混杂和后代种子的混杂有什么样的数量关系?

(三)油菜常规品种种子生产技术

【操作技术 3-2-12】建立良种生产基地

①油菜良种基地条件。油菜良种生产基地必须具有良好的隔离条件,特别要防止生物学混杂。因此,在繁育油菜良种时,油菜品种间及甘蓝型和白菜型两大类型间均不能相互靠近种植,以免"串花"发生混杂退化。同时,也不能与小白菜、大白菜、红油菜、瓢儿菜等类十字花科蔬菜靠近种植,但与芥菜型油菜和结球甘蓝、球茎甘蓝、萝卜无须严加隔离,一般不致发生天然

杂交。

②油菜良种基地要求。油菜基地还要求土层深厚、土壤肥沃、地势向阳、背风、灌排方便，以利生长发育，充分发挥优良性状，提高产量和种子品质。特别是要合理安排繁殖基地的轮作，凡在近2~3年内种植过非本繁殖品种的油菜田，或种植过易与之发生杂交的其他十字花科作物的田地，都不宜作为繁殖基地及育苗地，以防止残留于土壤中的种子出苗，长成自生油菜，混入繁殖品种中，造成混杂和发生天然杂交。

③油菜良种基地面积。生产基地的面积则应随供种面积大小、播种量多少及基地的生产水平而定，即

$$生产基地面积(hm^2) = \frac{供种面积(hm^2) \times 每公顷播种量(kg)}{生产基地预计每公顷产量(kg)}$$

【操作技术 3-2-13】隔离保纯

油菜良种繁殖，必须采取有效的隔离措施。隔离保纯方法大致可分为自然的和人工的两大类。

①自然隔离。包括空间隔离和时间隔离。这种方法简便易行，效果良好，繁殖规模大，获得种子数量多。

a.空间隔离。油菜自然杂交率高低与相隔距离远近呈负相关。油菜品种群体的芥酸含量高低与相隔距离远近呈负相关。

油菜良种繁殖隔离的远近，随繁殖的品种类型、隔离对象和当地的生态条件而定。繁殖甘蓝型油菜时，与其他品种相隔600 m，与白菜型油菜相隔300 m，即可基本上达到防杂保纯的目的，而与异种、异属的芥菜型油菜、萝卜、球茎甘蓝和结球甘蓝等，一般不会发生天然杂交，无须隔离。如果在有山坡、森林、河滩、江湖等地作物作屏障时，则相隔距离还可较短。

b.时间隔离。这是一种调节播期，错开花期而达到保纯目的的隔离方法。我国主要油菜品种和其他十字花科作物，一般都是在3月底至4月上中旬开花。若将油菜移在早春季节播种，即可推迟到4月中旬以后开花，错过秋播油菜的花期。据四川省农业科学院作物栽培育种研究所(1980)在成都观察，甘蓝型油菜中晚熟品种、中熟品种、早熟品种和白菜型油菜品种，于2月中旬左右播种，均能在4月中下旬开花，5月底至6月初成熟。这种方法不仅能达到防杂保纯的目的，而且也能获得较高的产量。据中国农业科学院油料作物研究所试验，在2月中旬播种的油菜，每公顷种子产量可达1 125~1 500 kg。如果辅之以前后期摘除花蕾，时间调节性更大。

②人工隔离。这种方法的人为控制性强，但规模小。一般有以下3种隔离方式。

a.纸袋隔离。一般采用30~50 cm长，15~17 cm宽的方形硫酸纸(或半透明纸)袋，在初花时套在主花序和上部2~3个一次分枝花序上，以后每隔2~3 d将袋向上提一次，以免顶破纸袋。直至花序顶部仅余少量花蕾未开放时取去纸袋。套袋前，需摘去已开的花朵。取袋时摘去正开的花朵和花蕾，并挂牌做标记。单株套袋隔离只适用于自交亲和率较高的甘蓝型和芥菜型油菜。白菜型油菜由于自交结实困难，应将相邻2~3个植株的部分花序拉拢聚集起来，套入同一袋中，并进行人工辅助授粉，以获得群体互交的种子。

套纸袋自交留种，由于控制严密，可以收到良好的保纯效果。据四川省农业科学院作物栽

培育种研究所(1983—1985 年)对低芥酸油菜的保纯试验结果,套袋自交留种的芥酸含量为0.13%。比同等条件下,放任授粉的芥酸含量低7.51%。但因其繁殖种子的数量有限,一般只适用于育种材料(系)的保纯和繁殖。

b.罩、帐隔离。此种隔离是在油菜开花时套罩或挂帐,直至终花期取去。套罩、挂帐前应全部摘除正在开放的花和已结的果,以及取罩、帐时尚未凋谢的花和剩余的花蕾。罩、帐的大小随隔繁区的面积或植株多少而定,一般罩、帐高2 m左右,宽约1.7 m。此法能繁殖一定数量的种子,适用于油菜育种的品系保纯和繁殖原种。

罩、帐隔离的保纯效果与使用的罩、帐情况有着密切的关系。据日本(1943)测定结果,25.4 mm内有20个孔眼的网罩,油菜杂交率为7.5%,25.4 mm内有40个孔眼的网罩,杂交率则下降为3.4%。杂交率随网罩孔的缩小而减小。又据四川省农业科学院作物栽培育种研究所(1983—1984 年)对不同隔离用具与油菜芥酸保纯关系的试验结果,在一定范围内,尼龙网的目数对油菜品种芥酸保纯作用的大小呈负相关,即尼龙网的目数愈多,芥酸含量愈低,50~60目的尼龙网与棉纱布的保纯作用相接近,比未隔离种子的芥酸含量明显减少。

各地应当使用何种类型的网罩、帐,应视当地具体情况而定。例如,在油菜花期气候温和、少雨、空气较干燥的地区,以用棉纱布罩、帐隔离较好;而在高温、多雨、空气湿度大的地区,则以采用尼龙网罩、帐较为适当。

c.网室隔离。一般以活动网室为宜,初花时安装在需要隔离的油菜地上,终花后拆除存放室内。网室的大小随需要的种子数量而定,可以小至数平方米,大至数百、数千平方米。这种方法隔离的油菜生长正常,又便于去杂去劣,且可以获得较大数量的合格种子,但种子的生产成本较高。

你知道吗?
你能说出油菜常规品种种子生产程序有哪些技术吗?

三、高粱种子生产技术

(一)高粱种子生产的生物学特性

1.高粱的花和花序

高粱的花序属于圆锥花序。着生于花序的小穗分为有柄小穗和无柄小穗两种。无柄小穗外有2枚颖片,内有2朵小花,其中一朵退化,另一朵为可育两性花,有一外稃和内稃,稃内有一雌蕊柱头分成二羽毛状,3枚雄蕊。有柄小穗位于无柄小穗一侧,比较狭长。有柄小穗亦有2枚颖片,内含2朵花,一朵完全退化,另一朵只有3枚雄蕊发育的单性雄花(图3-6)。

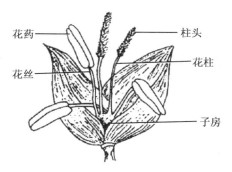

图3-6　高粱花器构造

2.开花习性

高粱圆锥花序的开花顺序是自上而下,整个花序开花7 d左右,以开花后2~3 d为盛花期。多在午夜和清晨开花,开花最适宜温度为 20～22℃,湿度在 70%～90%。开花速度很快,稃片张开后,先是羽毛状的柱头迅速突出露于稃外,随即花丝伸长将花药送出稃外,花药立即开裂,散出花粉。每个花药可产生 5 000 粒左右的花粉粒。开花完毕,稃片闭合,柱头和雄蕊均留在稃外,一般品种每朵花开放时间 20～60 min。由于稃外授粉,雌蕊多接受本花的花粉,也可接受外来花粉,天然异交率较高,一般为 5%以上,最高可达 50%。

3. 授粉和受精

从花药散出的成熟花粉粒,在田间条件下 2 h 后花粉萌发率显著下降,4 h 后花粉就渐渐丧失生活力。有人观察高粱开花后 6 d 仍有 52%的柱头具有结实能力,开花后 14 d 则降到 4.5%,17 d 以后则全部丧失活力。花粉落到柱头上 2 h 后卵细胞就可受精。

(二)高粱杂交种子生产技术

高粱花粉量大,稃外授粉,雌蕊柱头生活力维持时间长,这些特点对搞好杂交高粱制种是很有利的。这也是"三系"商品化利用的基础。

【操作技术 3-2-14】隔离区设置

由于高粱植株较高,花粉量大且飞扬距离较远,为了防止外来花粉造成生物学混杂,雄性不育系繁殖田要求空间隔离 500 m 以上,杂交制种田要求 300～400 m。如有障碍物可适当缩小 50 m。

【操作技术 3-2-15】父母本行比

在恢复系株高超过不育系的情况下,父母本行比可采用 2∶8、2∶10、2∶20。

高粱雄性不育系常有不同程度小花败育问题,即雌性器官也失常,丧失接受花粉的受精能力。雄性不育系处于被遮阳的条件下,会加重小花败育的发生。因此,加大父母本的行比,可减少父本的遮阳行数,从而可减轻小花败育发生,也有利提高产量。

【操作技术 3-2-16】花期调控

①不育系繁殖田。根据高粱的开花习性,在雄性不育系繁殖田里,母本花期应略早于父本,要先播母本,待母本出苗后,再播父本保持系,这样就可以达到母本穗已到盛花期,父本刚开花。这主要是因为雄性不育系是一种病态,不育系一般较其保持系发育迟缓。

②制种田播种期确定。在杂交制种田里,调节好父母本播期和做好花期预测是很必要的。因为目前我国高粱杂交种组合,父母本常属不同生态类型,如母本为外国高粱 3197A、622A、黑龙 A 等,父本恢复系为中国高粱类型或接近中国高粱。而母本为中国高粱类型如矬巴子 A、黑壳棒 A、2731A 等,父本恢复系为外国高粱类型或接近外国高粱类型。由于杂交亲本基因型的差异较大,杂种优势较高。但是,对同一外界环境条件反应不同,特别是高粱为喜温作物,对温度十分敏感。为了确保花期相遇良好,并使母本生长发育处于最佳状态,在调节亲本播期时,要首先确定母本的最适播期,并且一次播完,然后根据父母本播种后到达开花期的日数,来调节父本播期,并且常将父本分为两期播种,当一期父本开花达盛花期,二期父本刚开花,这样延长了父本花期,会使母本充分授粉结实。

③花期调节。如果遇到干旱或低温等气候异常的年份,虽按规定播期也会出现花期相遇不好。在这种情况下,为了及时掌握花期相遇动态,进行花期预测是必要的,特别是对新杂交组合进行制种时,花期预测就更为必要了。最常用的方法是计数叶片和观察幼穗。母本应较

父本发育进程早 1～2 片叶。

观察幼穗法:主要是比较父母本生长锥的大小和发育时期来预测花期,一般以母本的幼穗比父本大 1/3～1/2 的程度,花期相遇较好。

经预测,发现有花期不遇的危险时,应采取调节措施。早期发现可对落后亲本采取偏水偏肥和中耕管理等措施加以促进。后期发现以采取喷施赤霉素或根外喷施尿素、过磷酸钙为好,可加快其发育速度。

【操作技术 3-2-17】去杂去劣

去除杂株包括在雄性不育系繁殖田中去杂和在杂交制种田中去杂。为保证母本行中植株 100% 是雄性不育株,一定要在开花前把雄性不育系繁殖田和杂交制种田母本行中混入的保持系植株除尽。混入的保持系株,可根据保持系与不育系的区别进行鉴别和拔除,一般保持系穗子颜色常较不育系浓些。开花时保持系花药鲜黄色,摇动穗子便有大量花粉散出,而不育系花粉为白色,不散粉。保持系颖壳上黏带的花药残壳大而呈棕黄色,不育系残留花药呈白色,形似短针。

父母本行都要严格去杂去劣,分 3 期进行。苗期根据叶鞘颜色、叶色及分蘖能力等主要特征,将不符合原亲本性状的植株全部拔掉;拔节后根据株高、叶形、叶色、叶脉颜色以及有无蜡质等主要性状,将杂、劣、病株和可疑株连根拔除,以防再生;开花前根据株型、叶脉颜色、穗型、颖色等主要性状去杂,特别要注意及时拔除混进不育系行里的矮杂株。对可疑株可采用挤出花药的方法,观察其颜色和饱满度加以判断。

【操作技术 3-2-18】辅助授粉

进行人工辅助授粉,不仅可提高结实率,还可提高制种产量。授粉次数应根据花期相遇的程度决定,不得少于 3 次。花期相遇的情况愈差,辅助授粉的次数愈多。对花期不遇的制种田,可从其他同一父本田里采集花粉,随采随授,授粉应在上午露水刚干时立即进行,一般在上午 8:00—10:00。

【操作技术 3-2-19】及时收获

要适时收获,应在霜前收完。父母本先后分收、分运、分晒、分打。

另外,在细胞和组织培养上,运用单倍体和细胞变异体等培养技术,我国已经先后选育出一批高粱优良品系。

你知道吗?
你能说出高粱杂交种子生产技术操作规程有哪些吗?

(三)高粱杂交亲本防杂保纯技术

1.退化的原因

我国目前种植的高粱多是杂交高粱,杂交高粱是最先采用"三系"制种的作物。

高粱杂交亲本在长期的繁殖和制种过程中,由于隔离区不安全造成生物学上的混杂,或是由于在种、收、脱、运、藏等工作中不细致,造成机械混杂,或是由于生态条件和栽培方法的影响,造成种性的变异等,使杂交亲本逐年混杂退化。表现为穗头变小,穗码变稀,籽粒变小,性状不一,生长不整齐等,从而严重影响了杂交种子质量,杂交种的增产效果显著下降。

2."三系"提纯技术

不育系、保持系、恢复系的种子纯度决定高粱杂交种能否获得显著增产效果。高粱"三系"提纯方法较多,一般常用的有"测交法""穗行法"提纯,这里重点介绍"穗行法"提纯。

(1)不育系和保持系的提纯

第1年:抽穗时,在不育系繁殖田中选择具有典型性的不育系(A)和保持系(B)各30穗左右套袋,A和B分别编号。开花时,按顺序将A和B配对授粉,即A_1和B_1配对,A_2和B_2配对等。授粉后,再套上袋,并分别挂上标签,注明品系名和序号。成熟时,淘汰不典型的配对,入选优良的典型"配对",按单穗收获,脱粒装袋,编号。A和B种子按编号配对方式保存。

第2年:上年配对的A和B种子在隔离区内,按序号相邻种成株行,抽穗开花和成熟前分2次去杂去劣。生育期间仔细观察,鉴定各对的典型性和整齐度。凡是达到原品系标准性状要求的各对的A和B,可按A和A,B和B混合收获,脱粒,所收种子即是不育系和保持系的原种,供进一步繁殖用。

(2)恢复系的提纯

第1年:在制种田中,抽穗时选择生长健壮、具有典型性状的单穗20穗,进行套袋自交,分单穗收获、脱粒及保存。

第2年:将上年入选的单穗在隔离区内分别种成穗行。在生育期间仔细观察、鉴定,选留具有原品系典型性而又生长整齐一致的穗行。收获时将入选穗行进行混合脱粒即成为恢复系原种种子,供下年繁殖用。

你知道吗?
你能简单总结高粱种子生产的一般技术措施吗?和其他作物比较有什么特点?

四、棉花种子生产技术

(一)棉花种子的生物学特性

1.花器构造

棉花的花为单生、雌雄同花。雄蕊由花药和花丝组成,花丝基部联合成管状,称为雄蕊管,套在雌蕊花柱较下部的外面。雄蕊管上着生花丝,花丝上端生有花药,花药4室。

花药成熟后,将邻近开裂时,中间的分隔往往被酶解破坏,大致形成了一室。每一花药内,含有几十至100多个花粉粒。花粉粒呈圆粒球状,表面有许多刺突,使花粉易于被昆虫携带和附着在柱头上。雌蕊由柱头、花柱和子房等部分组成。柱头多是露出雄蕊管之外,柱头的表面中央覆盖一层厚的、长形而略尖的单细胞毛,柱头上不分泌黏液,是一种干柱头。花柱下部为子房,子房发育成棉铃,子房3～5室,每室中有7～11个胚珠,受精后,胚珠发育成种子。从棉花的花器构造及花粉和柱头的特点可以看出,棉花是以自花授粉为主,经常发生异花授粉,具有较高的天然异交率,一般可达20%,是典型的自花授粉作物和异花授粉作物的中间型(图3-7)。

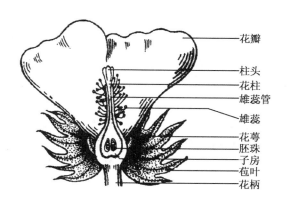

花瓣
柱头
花柱
雄蕊管
雄蕊
花萼
胚珠
子房
苞叶
花柄

图3-7 棉花花器构造

2.开花习性

棉花开花有一定顺序,由下而上,由内而外,沿着果枝呈螺旋形进行。一般情况下,相邻的果枝,同位置的果节,开花时间相隔2~4 d;同一果枝相邻的果节,开花时间相隔5~8 d。这种纵向和横向各自开花间隔日数的多少,与温度、养分和植株的长势有关。温度高、养分足、长势强,间隔的日数就少些;反之,间隔的日数就多些。

就一朵花来说,从花冠开始露出苞叶至开放经12~14 h,一般情况下,花冠张开时,雌雄两性配子已发育成熟,花药即同时开裂散粉。

3.受精过程

成熟的花粉在柱头上,经1 h左右即开始萌发,生出花粉管,沿着花柱向下生长,这时营养核和生殖核移向花粉管的前端,同时生殖核又分裂成为2个雄核。其中一个雄核与卵核融合,成为合子;另一个雄核与2个极核融合,产生胚乳原细胞。这个过程就是双受精。棉花从授粉到受精结束,一般需要30 h,而花粉管到达花柱基部只需要8 h左右,进入胚珠需24 h左右。

(二)棉花原种种子生产技术

原种生产是防杂保纯以及提纯的重要措施,是保证棉花种子生产质量的基本环节。三年三圃制是棉花原种生产的基本方法。根据选择和鉴定方式可分为两种方法:

1.自由授粉法

在适当隔离的情况下,让选择田的棉花自由授粉,进行单株选择和株行(系)鉴定。方法是:

【操作技术3-2-20】单株选择

①棉田选择。单株选择是原种生产的基础,它的质量好坏直接影响原种生产的整个过程。因此,选择单株应在地力均匀、栽培管理适时、生育正常、生长整齐、纯度高、无黄枯萎病的棉田进行。

②田间选择时期。分两次进行,第一次是花铃期,根据株型、铃型、叶形,在入选棉株上用布条或标牌做标记。选株时应首先看铃型,如铃型明显改变,其他性状也会相应改变,这是重要的形态性状。其次是看株型、株式和叶形,如枝节间长短和叶片缺刻深浅及皱褶大小等。最

后看主茎上部茸毛和苞叶等特点。在典型性符合要求的基础上,选铃大、铃多、结铃分布均匀、内围铃多、早熟不早衰的无病健壮株。第二次复选是在吐絮后收花前进行。在第一次初选的基础上,用"手扯法"粗略检查纤维长度,用"手握法"检查衣分高低,同时观察成熟早晚和吐絮情况,以决定取舍。淘汰的单株将初选的记号去掉,当选的挂牌。当全株大部分棉铃已经开裂时,即可收获。先收当选株的花,再收大田花。收后及时晒干,待室内考种决定取舍。

③室内考种项目有籽棉重量和绒长。每一单株随机取出完全籽棉5瓣,每瓣中取中部籽棉1粒,用分梳法进行梳绒,用切剖法测出纤维长度,平均后求出该株纤维长度,以毫米表示。再数100粒籽棉称重轧成皮棉,称出皮棉重量,100粒籽棉上的皮棉重(g)称为衣指,百粒籽棉重量减去衣指剩下来的籽重称为籽指。最后再将袋中剩下的籽棉轧成皮棉,得出这1株花的衣分,并计算出纤维整齐度及异型籽的百分率。根据考种结果,结合本品种典型的特征特性标准进行决选。当选单株的种子要妥善保管,以备下年播种用。

④当选单株的数量要根据下年株行圃的面积而定,一般667 m² 株行圃约需当选5铃以上的单株120个。

【操作技术 3-2-21】建立株行圃

株行圃是在相对一致的培育条件下,鉴定上年当选单株遗传性的优劣,从中选出优良株行。因此,应选用肥力均匀、土质较好、地势平坦、排灌良好的地块。把上年当选的单株,每株点播1行,每隔9行点播1行对照(本品种原种),行长10 m,行距60~70 cm,株距30~40 cm,间苗后留单株。

整个生育期都要认真进行田间观察,重点是3个时期。苗期观察出苗早晚、整齐度、生长势。花铃期观察株型、叶形、铃型、生长势、整齐度。典型性差、生长势差、整齐度不如对照或1行中有1株是杂株的行均应淘汰。吐絮期着重看丰产性,如铃的多少、大小、分布等,并注意对铃型、叶形、株型的复查。在吐絮后期,本着典型性与丰产性相结合的原则,做出田间总评。

凡是不符合原品种典型性、有杂株的株行以及不如对照的株行一律淘汰,并在行端做好标记。收花前先收取中部20~30个棉铃籽棉作室内考种材料用,并及时收摘当选株行,1行1袋,号码要相符。

收花完毕进行测产和室内考种,以丰产性、铃重、绒长、衣分等为主,参考籽指和纤维整齐度等决选出入选株行,分扎留种。株行圃的淘汰率一般在30%~40%。

【操作技术 3-2-22】建立株系圃

将上年当选的株行种子,分别种成一小区,每小区2~4行,即成为株系。行长15~20 m,单株行距一般60 cm,株距30 cm单株。生育期的调查同株行圃。凡是不符合原品种典型性及杂株率在10%以上的株系应予以淘汰。对田间入选的株系,经室内考种(同株行圃)后进行决选。入选的株系混合轧花、留种。株系入选率一般为70%。

【操作技术 3-2-23】建立原种圃

将上年当选的株系的混合种子播种在原种圃,由原种圃繁殖的种子即为原种。

为扩大繁殖系数,可采用稀植点播或育苗移栽技术,加强田间管理。要注意对苗期、花期和铃期的观察,发现杂株立即拔除。然后将霜前正常花混收,专厂、专机轧花,确保种子质量。

另外,也可根据当地的实际情况,采用二圃制生产原种,其方法是略去三圃制中的株系圃一环节,将最后决选的株行种子混合播于原种圃即可。

2.自交法

一个新育成的品种常常有较多的剩余变异,再加之有较高的天然异交率,很容易发生变异而出现异型株。如采用自交的方法选单株生产原种,可得到更好的选择效果。

【操作技术 3-2-24】选择圃

首先用育种单位提供的新品种原原种来建立单株选择圃,作为生产原种的基础材料,进行单株选择和自交。选择方法同自由授粉法,所不同的是,所选单株要强制自交,每个单株自交15~20 朵花,并做标记。吐絮后选择优良的自交单株,每株必须保证有 5 个以上正常吐絮的自交铃。然后分株采收自交铃,装袋,注明株号及收获铃数。室内考种项目仍然是铃重、绒长、绒长整齐度、衣分、籽指等,最后决选。

【操作技术 3-2-25】株行圃

将上年入选的自交种子,按顺序分别种成株行圃,每个株行应不少于 25 株。其周围以该品种的原种作保护区。在生育期间,继续按品种典型性、丰产性、纤维品质和抗病性等进行鉴定,去杂去劣。与开花期在生长正常,整齐一致的株行中,继续选株自交,每个株行应自交30个花朵以上。吐絮后,分株行采收正常吐絮的自交铃,并注明株行号及收获铃数。经室内考种决选入选株行。

【操作技术 3-2-26】株系圃

上年入选的优良株行的自交种子,按编号分别种成株系。其周围仍用本品种的原种作保护区。在生育期间继续去杂去劣,并在每一株系内选一定数目单株进行自交。吐絮后,先收各系内的自交铃,分别装袋,注明系号。室内考种后决选,混合轧花留种繁殖,用这部分种子建成保种圃。另一部分自然授粉的棉株(铃),分系混收,经室内考种淘汰不良株系后,将入选株系混合轧花留种,即为核心种,供下一年基础种子田用种。保种圃建成后即可连年不断地供应核心种种植基础种子田。

【操作技术 3-2-27】基础种子田

选择生产条件好的地块,集中建立基础种子田,其周围应为该品种的保种圃或原种田。用上年入选株系自然授粉棉铃的混合种子播种。在蕾期和开花期去杂去劣,吐絮后,混收轧花保种即为基础种,作为下一年原种生产用种。

【操作技术 3-2-28】原种生产田

在适当隔离条件下,用上年基础种子田生产的种子播种,加强栽培管理水平,努力扩大繁殖系数,去杂去劣,收获后轧花留种即为原种。下年继续扩大繁殖后供给大田用种。

此法通过多代自交和选择,较容易获得纯合一致的群体,生产的原种质量高,生产程序也较简单。虽然人工自交费劳力,但不需要每年选大量单株分系比较,而且繁殖系数较高。

无论采用什么方法生产原种,首先取决于所选单株的质量,而选好单株的关键又在于能否十分熟悉品种的典型性和对正常棉株及混杂退化棉株的识别能力。

你知道吗?

棉花原种生产有什么技术要求?和其他作物原种生产比较有哪些特殊性?

(三)棉花杂交种子生产技术

棉花杂种优势利用,可以使得杂交一代增产 10％～30％,同时对于改进棉纤维品质,提高抗逆性有明显作用。因此,通过生产棉花杂交种利用杂种优势是提高棉花产量、质量的新途径。

棉花杂交种生产,主要是利用"两用系"生产杂交种和人工去雄的方法生产杂交种。

1.利用雄性不育系生产棉花杂交种

与正常可育株相比,棉花雄性不育株的花蕾较小,花冠小,花冠顶部尖而空,开花不正常,花丝短而小,柱头露出较长,花药空瘪,或饱满而不开裂,或很少开裂,花粉畸形无生活力。

美国从 1948 年开始选育细胞质雄性不育系和"三系"配套工作,1973 年获得了具有哈克尼亚棉细胞质的雄性不育系和恢复系。目前在利用棉花"三系"配制杂交种方面尚存在一些具体问题,如恢复系的育性能力低、得到的杂交种种子少、不易找到高优势的组合、传粉媒介不易解决等问题。因此棉花"三系"配套制种还未能在生产上大面积推广应用。

2."两用系"杂交种子生产技术

是指利用棉花隐性核不育基因进行杂交种的生产。1972 年,四川省仪陇县原种场从种植的洞庭 1 号棉花品种群体中发现了一株自然突变的雄性不育株,经四川省棉花杂种优势利用研究协作组鉴定,表现整株不育且不育性稳定。确定是受一对隐性核不育基因控制,被命名为"洞 A"。这种不育基因的育性恢复基因广泛,与其血缘相近的品种都能恢复其育性,而且 F_1 表现为完全可育。这种杂交种子生产技术在生产上已经具有一定规模的应用。

(1)两用系的繁殖 两用系的繁殖就是根据核不育基因的遗传特点,用杂合显性可育株与纯合隐性不育株杂交,后代可分离出各为 50％的杂合显性可育株和纯合隐性不育株。这种兄妹杂交产生的后代中的可育株可充当保持系,而不育株仍充当不育系,故称之为"两用系"或"一系两用"。繁殖制种时,"两用系"混合播种,标记不育株,利用兄妹交(要辅助人工授粉),将不育株上产生的籽棉混合收摘、轧花、留种,这样的种子仍为基因型杂合的。纯合隐性不育株,可用于配制杂交种。

(2)杂交种的配制 隔离区的选择 通过设置隔离区或隔离带,可以避免其他品种花粉的传入,并保证杂交种的纯度。棉花的异交率与传粉昆虫(如蜜蜂类、蝴蝶类和蓟马等)的群体密度成正比,与不同品种相隔距离的平方成反比。因此,要根据地形、蜜源作物以及传粉昆虫的多少等因素来确定隔离区的距离。一般来说,隔离距离应大于 100 m。如果隔离区内有蜜源作物,要适当加大隔离距离。若能利用山丘、河流、树林、村镇或高大建筑物等自然屏障作隔离,效果更好。

①父母本种植方式。由于在开花前要拔除母本行中 50％左右的可育株,因此就中等肥力水平而言,母本的留苗密度应控制在每公顷 75 000 株左右。父本的留苗密度为每公顷37 500～45 000 株。父母本可以 1：5 或 1：8 的行比进行顺序间种。开花前全部拔除母本行中的雄性可育株。为了人工辅助授粉工作操作方便,可采用宽窄行种植方式。宽行行距90 cm 或 100 cm,窄行行距 70 cm 或 65 cm。父、母本的种植行向最好是南北向,制种产量高。

②育性鉴别和拔除可育株。可育株和不育株可以通过花器加以识别。不育株的花一般表现为花药干瘪不开裂,内无花粉或花粉很少,花丝短,柱头明显高出花粉管和花药。而可育株

则表现为花器正常。拔除的是花器正常株。人工授粉棉花绝大部分花在上午开放。晴朗的天气,上午8:00左右即可开放。当露水退后,即可在父本行中采集花粉或摘花,给不育株的花授粉。采集花粉,可用毛笔蘸取花粉涂抹在不育植株的柱头上。如果摘下父本的花,可直接在不育株花的柱头上涂抹。一般1朵父本花可给8~9朵不育株的花授粉,不宜过多。授粉时要注意使柱头授粉均匀,以免出现歪铃。为了保证杂交种饱满度,在通常情况下8月中旬应结束授粉工作。

③种子收获保存。为确保杂交种的饱满度和遗传纯度,待棉铃正常吐絮并充分脱水后才能采收。采摘时应先收父本行,然后采摘母本行,做到按级收花,分晒、分轧和分藏。由专人负责各项工作,严防发生机械混杂。

④亲本的提纯。杂种优势利用的一个重要前提就是要求杂交亲本的遗传纯度高,亲本的纯度越高,杂种优势越强。所以不断对亲本进行提纯是一项重要工作。首先是父本提纯。在隔离条件下,采用三年三圃制或二年二圃制方法繁育父本品种,以保持原品种的种性和遗传纯度。其次是"两用系"提纯技术。种植方式可采用混合种植法或分行种植法。分行种植法操作方便,它是人为地确定以拔除可育株的行作为母本行,以拔除不育株的行作为父本行。在整个生育期间,要做好去杂去劣工作。选择农艺性状和育性典型的不育株和可育株授粉,以单株为单位对入选的不育株分别收花,分别考种,分别轧花。决选的单株下一年种成株行,将其中农艺性状和育性典型的株行分别进行株行内可育株和不育株的兄妹交,然后按株行收获不育株,考种后将全部入选株行不育株的种子混合在一起,供繁殖"两用系"用。

无论是父本品种的繁殖田,还是"两用系"的繁殖田,都要设置隔离区,以防生物学混杂。

3.人工去雄杂交种生产技术

由于棉花花器较小,雌雄同花,而且单株花数多,人工去雄以及杂交操作,容易导致花药和花丝受损,严重的甚至导致花器脱落。所以棉花人工去雄配制杂交种在实际生产中是有一定的难度的。只是与"两用系"杂交生产种子相比,人工去雄生产杂交种可以尽早地利用杂种优势,更能发挥杂交种的增产作用。

人工去雄杂交种生产,同样也需要进行隔离,以避免串粉和混杂,隔离方法和要求同以上所述。杂交时一朵父本花可以给母本6~8朵花授粉。因此,父本行不宜过多,以利于单位面积生产较多的杂交种。为了去雄、授粉方便,可采用宽窄行种植方式,宽行100 cm,窄行67 cm,或宽行90 cm,窄行70 cm。父、母本相邻行采用宽行,以便于授粉和避免收花时父母本行混收。

首先,开花前要根据父、母本品种的特征特性和典型性,进行一次或多次的去杂去劣工作,以确保亲本的遗传纯度。以后随时发现异株要随时拔除。开花期间,每天下午在母本行进行人工去雄。当花冠露出苞叶时即可去雄。去雄时拇指和食指捏住花蕾,撕下花冠和雄蕊管,注意不要损伤柱头和子房。去掉的蓓蕾带到田外以免第二次散粉。将去雄后的蓓蕾做标记,以便于次日容易发现进行授粉。每天上午8:00前后花蕾陆续开放,这时从父本行中采集花粉给去雄母本花粉授粉。

授粉时花粉要均匀地涂抹在柱头上。为了保证杂交种的饱满度和播种品质,正常年份应在8月15日前结束授粉工作,并将母本行中剩余的蓓蕾全部摘除。

其次,收获前要对母本行进行一次去杂去劣工作,以保证杂交种的遗传纯度。收获时,先收父本行,然后采收母本行,以防父本行的棉花混入母本行。要按级收花,分晒、分轧、分藏,由专人保管,以免发生机械混杂。

去雄亲本的繁殖,可以采取三年三圃制或二年二圃制方法生产亲本种子,同时采用必要的隔离措施,以保持亲本品种的农艺性状、生物学和经济性状的典型性及其遗传纯度,利于下季杂交种子的生产。

你知道吗?
你能简单总结棉花杂交种子生产的一般技术措施吗? 和其他作物比较有什么特点?

五、向日葵种子生产技术

(一)向日葵种子生产的生物学特性

向日葵(*Helianthus annus* L.)亦称葵花,菊科向日葵属。从染色体数目上可将它们分为二倍体种($2n=34$)、四倍体种($2n=68$)和六倍体种($2n=102$)。从生长期上可分为一年生和多年生种,一般栽培向日葵都属于一年生二倍体种。在栽培向日葵中,按生育期可分为极早熟种(100 d以下)、早熟种(100~110 d)、中熟种(110~130 d)和晚熟种(130 d以上)。按种子含油率及用途可分为食用型、油用型和中间型。

食用型品种种子含油率20%~39%,油用型种子含油率40%以上,脂肪酸组成中含亚油酸60%以上,有的品种高达70%,仅次于红花油。

我国向日葵杂交育种和杂种优势利用研究始于20世纪70年代,已经育成40多个杂交向日葵品种,目前在东北三省、内蒙古、山西、河北和新疆等地得到大规模种植。向日葵属于短日照作物。但一般品种对日照反应不敏感,特别是早熟品种更不敏感。只有在高纬度地区才有较明显的光周期反应。

向日葵(sunflower)的花密集着生于头状花序上,头状花序上的花轴极度缩短成扁盘状。花盘的形状因品种不同有凸起、凹下和平展3种类型。花盘直径一般可达15~30 cm。在花盘(花托)周边密生3~5层总苞叶,总苞叶内侧着生1~3圈舌状花瓣(花冠),称为舌状花或边花。花冠向外反卷,长约6 cm,宽约2 cm,尖顶全缘或三齿裂,多为黄色或橙黄色。无雄蕊,雌蕊柱头退化,只有子房,属无性花,不结实,但其鲜艳的花冠具有吸引昆虫传粉的作用。

在花盘正面布满许多蜂窝状的"小巢",每个小巢由1个三齿裂苞片形成,其内着生1朵管状花。管状花为两性花,由子房、退化了的萼片、花冠和5枚雄蕊、1枚雌蕊组成。子房位于花的底部,子房上端花基处有2片退化的萼片,夹着筒形的花冠,花冠先端五齿裂,内侧藏有蜜腺。雄蕊的5个离生花丝贴生于花冠管内基部,上部聚合为聚药雄蕊。一般1个花药内有 6 000~12 000个花粉粒。雌蕊由2个心皮组成,雌蕊花柱由花药管中伸出,柱头羽状二裂,其上密生茸毛(图3-8)。每个花盘上管状花的数量因品种和栽培水平不同而异,为1 000~1 800朵。

当向日葵长出8~10片真叶时,花盘开始分化,此时若气温适宜,水肥供应充足,分化的花原基数量就较多,花盘就会大些。一般向日葵出苗后30~45 d开始形成花盘,花盘形成后20~30 d开始开花。在日均气温20~25℃、大气相对湿度不超过80%时,开花授粉良好。管状花开花的顺序是由外向内逐层开放,每日开放2~4轮,第3~6 d的开花量最多,单株花盘

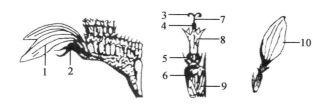

图 3-8　向日葵花器构造
1.舌状花　2.苞叶　3.柱头　4.雄蕊　5.萼片　6.子房
7.花柱　8.花冠　9.托片　10.舌状花瓣

的开花时间可以持续 8~12 d。

管状花开花授粉全过程约需 24 h。通常午夜后 1:00—3:00 花蕾长高(主要是子房大幅度伸长),花冠开裂,3:00—6:00 雄蕊伸出花冠之外,8 时以后开始散粉,散粉时间一直延续到下午 1:00—2:00 时,而以上午 9:00—11:00 散粉量最多。柱头在雄蕊散粉高峰期伸至花药管口滞留一段时间,于午后 6:00—7:00 花柱恢复生长,柱头半露,入夜 10:00—12:00 裂片展开达到成熟,直到翌日上午开始接受花粉受精。一般向日葵柱头的生活力可持续 6~10 d,在第 2~4 天生活力最强,受精结实率可达 85% 以上。花粉粒的生活力在适宜的条件下可持续约 10 d,但散出的花粉在 2~3 d 内授粉结实率较高,以后授粉结实率显著下降。

向日葵开花授粉 30~40 d 后进入成熟期,成熟的主要形态特征是:花盘背面呈黄色而边缘微绿;舌状花冠凋萎或部分花冠脱落,苞叶黄褐;叶片黄绿或枯萎下垂;种皮呈现该品种固有的色泽;子仁含水量显著减少。向日葵食用种的安全贮存含水量要求降到 12% 以下,油用种要求降到 7%。

向日葵是典型的异花授粉作物,雄蕊伸出花冠 12 h 以后雌蕊柱头才伸出,即雄蕊先熟,雌蕊后熟,同时生理上存在自交不亲和。

你知道吗?
向日葵花器和其他作物比较有什么特点?

(二)向日葵种子生产技术

1."三系"育种家种子生产方法
(1)不育系和保持系的育种家种子生产方法

【操作技术 3-2-29】选株套袋自交
将上年从育种家种子生产田中选留的保持系,按株行播种,群体不少于 1 000 株,开花前选择 100 株套袋并人工自交,收获时单收单藏。

【操作技术 3-2-30】自交套袋繁殖
将上一年当选的保持系种子,按不育系与保持系 1:1 比例种植,生育期间选择典型株套袋,用人工使不育系与保持系成对授粉。所得种子成对保存。

【操作技术 3-2-31】套袋隔离混繁

将上年成对保存的不育系种子与保持系种子按 2∶1 行比种植,将不育系与保持系之间性状典型一致、不育性稳定的株系入选,并从中选株套袋隔离,人工授粉。收获时将中选的保持系和不育系分别混合脱粒留种。

【操作技术 3-2-32】隔离区繁殖

将上年选留的种子在隔离区繁殖。隔离距离要达到 6 000 m。不育系与保持系采用 4∶2 或 6∶2 行比。开花前严格去杂去劣,并检查不育系是否有散粉株,如有,要立即割掉。开花期实行蜜蜂和人工辅助授粉。人工收获,不育系与保持系分别晾晒和贮藏。所得种子即为亲本不育系和保持系的育种家种子。

(2)恢复系的育种家种子生产方法

【操作技术 3-2-33】选株套袋自交

播种从恢复系育种家种子繁殖田选留的种子,群体不应少于 1 000 株,生育期间选择符合该品种典型特征的 100～200 个植株套袋,人工授粉自交,收获前淘汰病劣盘,然后单盘单收、单藏。

【操作技术 3-2-34】育性株系鉴定

将上年收获的恢复系按株系播种,每系恢复系与不育系按 2∶1 行比播种。开花前选株分组,每组 3 株,1 株为不育系,另 2 株为恢复系,将其中 1 株(恢复系)去雄,即为去雄中性株,3 株花盘全部罩上纱布袋,以防止昆虫串粉。开花时用套袋不去雄的恢复系分别给不育系和去雄中性株授粉,收获时按组对应编号,单盘收获,单盘脱粒,然后从每组的恢复系自交种子中取出一部分种子,用于品质分析。

【操作技术 3-2-35】测验杂交种比较

将上一年入选的种子,即不育系与恢复系的测交种、去雄中性株与恢复系的测交种和恢复系自交种子,按组设区,各播种 1 行,生育期间进行恢复系纯度和恢复性鉴定。如果去雄中性株与恢复系的测交种行生育表现与恢复系相同,说明该恢复系是纯系,该小区的恢复系可套袋人工混合授粉留种。反之,若表现出明显的杂种优势,则说明该小区恢复系不纯,不能留种。开花期间观察不育系与恢复系的测交种行恢复率是否达到标准,如果经鉴定小区恢复性良好,优势显著,则该区恢复系可套袋人工混合授粉留种。反之,不能留种。最后根据品质分析、纯度及恢复性鉴定结果,把品质好、恢复性强的纯系选出,其套袋授粉种子全部留种。

【操作技术 3-2-36】混系繁殖

将上年选留的种子在隔离区繁殖,隔离距离要达到 5 000 m 以上,所得种子即为恢复系的育种家种子。

2.原种种子生产方法

(1)品种和恢复系的原种生产　原种是原原种种子直接繁殖出来的种子。原种生产田要选择地势平坦,土层深厚,土壤肥沃,排灌方便,稳产保收的地块,而且必须有严格的隔离措施,空间隔离距离要在 5 000 m 以上。采用时间隔离时,制种田与其他向日葵生产大田花期相错时间要保证在 30 d 以上。生育期间严格去杂去劣,采用蜜蜂授粉并辅之以人工混合授粉。收获时人工脱粒,所产种子为原种。

(2)亲本不育系的原种生产 在隔离区内不育系与保持系按适宜的行比播种,具体比例应根据亲本不育系种子生产技术规程,并结合当地的种子生产实践经验确定。对父本(保持系)行进行标记。生育期间严格去杂去劣,开花时重点检查母本行中的散粉株,发现已经散粉或花药较大,用手扒开内有花粉尚未散出者要立即掰下花盘,使其盘面向下扣于垄上,以免花粉污染。收获时先收父本行,然后收母本行,分别脱粒、分别贮藏,母本行上收获的种子即为不育系的原种。父本行上收获的种子即为保持系的原种。

3.杂交种种子的生产技术

向日葵杂交制种具有较强的技术性,为了保证杂交种种子的质量,在杂交制种过程中必须注意以下几个环节:

【操作技术 3-2-37】安排好隔离区

为防止串花混杂,一般要求制种田周围3 000 m以内不能种植其他向日葵品种。制种田宜选择地势平坦,土层深厚,肥力中上,排灌方便,便于管理,且不易遭受人、畜危害的地块。制种田必须轮作,轮作周期4年以上。

【操作技术 3-2-38】规格播种

①按比例播种父母本。行比应根据父本的花期长短、花粉量多少、母本结实性能、传粉昆虫的数量和当地气候条件等来确定。一般制种区父、母本的行比以1∶4或1∶6较为适宜。

②调节播期。父、母本花期能否相遇是制种成败的关键。若父、母本生育期差异较大,要通过调节播种期使父、母本花期相遇,而且以母本的花期比父本早2~3 d,父本的终花期比母本晚2~3 d较为理想。也可以采用母本正常播种,父本分期播种以延长授粉期。

【操作技术 3-2-39】花期预测和调节

调节父、母本播期是保证花期相遇的一种手段,但往往由于双亲对气候变化、土壤条件以及栽培措施等的反应不同,造成父、母本发育速度不协调,从而有可能出现花期不遇。为此,还须在错期播种的基础上,掌握双亲的生育动态,进行花期预测,并采取相应措施,最终达到花期相遇的目的。

①根据叶片推算花期。不同品种间向日葵的遗传基础不同,所以不同品种的总叶片数是有差异的。受栽培、气候等条件影响略有变化,但变化不大。一般从出苗到现蕾平均每日生长0.7片叶,品种间叶片数的差异主要是现蕾前生长速度不同造成的。结合父、母本的总叶片数,在生育期间通过观察叶片出现的速度来预测父、母本的花期是有效的。

②根据蕾期推算花期。向日葵从出苗到现蕾需要的日数,与品种特性和环境条件密切相关,一般为35~45 d。现蕾至开花约20 d。蕾期相遇,花期就可能相遇,所以根据蕾期来预测父、母本的花期也是有效的方法。

通过花期预测如发现花期不遇现象,就应采取补救措施。例如,对发育缓慢的亲本采取增肥增水、根外喷磷等措施促进发育。对发育偏早的亲本采取不施肥或少施肥、不灌水、深中耕等措施抑制发育。

【操作技术 3-2-40】严格去杂去劣

为了提高杂交种纯度和质量,要指定专人负责做好杂种区的去杂去劣工作。要做到及时、干净、彻底。可分别在苗期、蕾期和开花期分3次进行。在开花前及时拔除母本行中的可育株，以及父、母本行中的变异株和优势株。父本终花后，应及时砍除父本。砍除的父本可作为青贮饲料。

【操作技术 3-2-41】辅助授粉

蜜蜂是杂交制种生产田的主要传粉昆虫，在开花期放养蜜蜂，蜂箱放置位置和数量要适宜，一般3箱/hm^{2}强盛蜂群为宜，蜂群在母本开花前的2~3 d转入制种田，安放在制种田内侧300~500 m处，在父本终花期后转出。若开花期遇到高温多雨季节或蜂群数量不足，受精不良的情况下，应每天上午露水散尽后进行人工辅助授粉，每隔2~3 d进行一次，整个花期进行3~4次。可采用"粉扑子"授粉法，即用直径10 cm左右的硬纸板或木板，铺一层棉花，上面蒙上纱布或绒布，做成同花盘大小相仿的"粉扑子"。授粉时一手握住向日葵的花盘颈，另一手用"粉扑子"的正面（有棉花的面）轻轻接触父本花盘，使花粉粘在"粉扑子"上，这样连续接触2~3次，然后再拿粘满花粉的"粉扑子"接触母本花盘2~3次。也可采用花盘接触法，即将父母本花盘面对面碰撞。人工辅助授粉操作时注意不能用力过大而损伤雌蕊柱头，造成人为秕粒。

【操作技术 3-2-42】适时收获

当母本花盘背面呈黄褐色，茎秆及中上部叶片褪绿变黄、脱落时，即可收获。父、母本严格分开收获，先收父本，在确保无父本的情况下再收母本。母本种子收获后，经过盘选可以混合脱粒，充分干燥，精选分级，然后装袋入库贮藏。

你知道吗？

向日葵种子生产有什么技术特点？向日葵在文学和绘画作品中有什么象征意义吗？

(三)向日葵品种防杂保纯

由于向日葵是异花授粉植物，以昆虫传粉为主，极易发生生物学混杂，所以在种子生产过程中要十分注意防杂去杂和保纯。向日葵的防杂保纯必须做好以下技术工作：

【操作技术 3-2-43】安全隔离防杂

向日葵是虫媒花，主要由昆虫特别是蜜蜂传粉。因此，向日葵隔离区的隔离距离都必须在蜜蜂飞翔的半径距离以上，如蜜蜂中的工蜂，通常在半径2 000 m以内活动，有时可飞出4 000 m，有效的飞行距离约为5 000 m，超过5 000 m即不能返回原巢。所以杂交制种田要求隔离距离为3 000~5 000 m，原种和亲本繁殖田隔离距离要达到5 000~8 000 m。在向日葵产区，若空间隔离有困难，也可采用时间隔离方法以弥补空间隔离的不足。为保证安全授粉，错期播种天数要保证种子生产田与其他向日葵田块花期相隔时间在30 d以上。

【操作技术 3-2-44】坚持多次严格去杂

根据所繁殖良种或亲本的特性及在植株各个生育阶段的形态特征，在田间准确识别杂株。去杂应坚持分期多次去杂。

①苗期去杂。当幼苗出现1~3对真叶时，根据幼苗下胚轴色，并结合间苗、定苗，去掉异

色苗、特大苗和特小苗。

②蕾期去杂。在4对真叶至开花前期是向日葵田间去杂的关键时期。在这一时期,植株形态特征表现明显,易于鉴别和去杂。可根据株高、株型、叶部性状(形状、色泽、皱褶、叶刻以及叶柄长短、角度等)等形态特征,分几次进行严格去杂。

③花期去杂。在蕾期严格去杂的基础上,再根据株高、花盘性状(总苞叶大小和形状,舌状花冠大小、形状和颜色等)和花盘倾斜度等形态特征的表现拔除杂株。但要在舌状花刚开,管状花尚未开放之时把杂株花盘摘掉,并使盘面向下扣于地上(因割下的花盘上的小花还能继续散粉),以免造成花粉污染。

④收获去杂。收获前根据花盘形状、倾斜度、籽粒的颜色、粒型等形态特征淘汰杂盘、病劣株盘。

【操作技术3-2-45】向日葵品种的提纯

在做好向日葵品种的防杂保纯工作后,仍有轻度混杂时,可通过提纯法生产向日葵品种或杂交种亲本的原种。

①混合选择提纯。在用来生产原种的品种或亲本恢复系的隔离繁殖田中,于生育期间进行严格的去杂去劣。苗期结合间苗、定苗将与亲本幼茎颜色不同的异色苗和突出健壮苗及弱小苗拔除。开花前根据株高、叶片形状和株型等拔除杂株。在开花期根据花盘颜色及形状等的不同,去掉杂盘。收获前在田间选择具有本品种典型性状、抗病的植株,选择数量根据来年原种田面积而定,要适当多选些,单头收获。脱粒时再根据花盘形状、籽粒颜色和大小,做进一步选择,淘汰杂劣盘,入选单头混合脱粒,供下一年繁殖原种之用。混合选择提纯法在品种混杂不严重时可采用。

②套袋自交混合提纯。如果品种混杂较重,混合选择提纯法已达不到提纯的效果,这时可采用人工套袋提纯法。在隔离条件下的原种繁殖田中,在要提纯品种的舌状花刚要伸展时,选择具有本品种典型特征的健壮、抗病单株套袋,在开花期间进行2~3次人工强迫自交。自交头数依下一年原种繁殖面积大小而定,尽量多套些。在收获时选择典型单株,单头收获。脱粒时再根据籽粒大小、颜色,淘汰不良单头,入选的单头混合脱粒。第2年用混合种子在隔离条件下繁殖原种。在生育期间还要严格去杂去劣,开花前仍选一定数量典型株套袋自交,收获时混合脱粒,种子即为原种。隔离区的其余植株收获后混合脱粒,用作生产用种或大面积繁殖一次后用作生产用种。

③套袋自交进行提纯。当向日葵品种混杂严重时可采用此法。第1年在开花前选典型健壮、抗病的单株套袋自交,收获时将入选的优良自交单株(头)分别收获、脱粒、保存。第2年进行株行比较鉴定。将上一年的单株自交种子在隔离条件下按株(头)行种植,开花前去掉杂行的花盘,对典型株行也要去杂去劣。然后任其自由授粉,混合收获脱粒。第3年在隔离条件下繁殖原种。在生育期间,还要严格去杂去劣,收获种子即为原种。

【本项目小结】

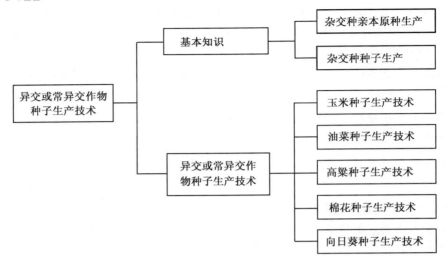

【复习题】

一、名词解释

作物原种　提纯复壮　一般配合力　玉米自交系　单籽传法　棉花衣指　棉花籽指　棉花两用系

二、简答题

1.简述玉米的主要生物学特性以及生物类型。

2.简述玉米杂交种亲本种子的繁殖与提纯技术。

3.简述玉米杂交制种技术。

4.简述提高玉米杂交种产量和质量的措施。

5.简述油菜"三系"混杂退化的原因和防治措施。

6.简述油菜杂交制种技术。

7.简述高粱的杂交制种技术。

8.简述棉花的原种生产技术。

9.简述棉花自交混繁法程序。

10.棉花杂交制种技术中去杂去劣的要点是什么？

11.简述向日葵"三系"生产技术。

12.简述向日葵杂交制种技术。

13.简述向日葵的品种防杂保纯技术。

思政园地

1.你的家乡常用哪些异交、常异交作物种子？

2.为什么说种业公司常常以玉米种子为主要经营项目？

项目四

无性系品种种子生产技术

- 理解无性繁殖材料类型及种子生产的特点；
- 掌握马铃薯脱毒种苗生产方法；
- 掌握甘薯品种退化的原因及防杂保纯技术。

- 熟练掌握马铃薯脱毒种苗生产技术；
- 熟练掌握甘薯脱毒方法及快繁技术。

【项目导入】

中国是当今世界马铃薯生产的头号大国,不但产量高,对马铃薯的叫法也多,广东叫"薯仔",山西叫"山药蛋",江浙称"洋(阳)山芋",福建谓"荷兰薯"……北京方言的"土豆"最终成为马铃薯的俗称正名,这个颇中国式的名称,几乎让人忘记了"土豆"并不"土生土长",相反是个渡海而来的"外来户"。

土豆的原产地在安第斯山脉海拔 3 800 m 之上的"的的咔咔"(音译)湖附近,该湖是世界上海拔最高的湖之一,位于秘鲁和玻利维亚的交界处。马铃薯的丰歉直接影响着当地印第安人的生活,因此印第安人将马铃薯尊奉为"丰收之神"。如果某年的马铃薯严重减产,就被认为是人们"怠慢"了马铃薯神,必须举行一次盛大而残酷的祭祀仪式,杀死牲畜和童男童女为祭品,祈求马铃薯神保佑丰收。

随着西班牙殖民者对安第斯山区的征服,马铃薯也被贪婪的殖民者作为"战利品"带回了欧洲,后来,作为粮食作物传遍了全欧洲。明末清初,随着地理大发现时代的到来,原产美洲的大批农作物也被欧洲殖民者通过海路带到了东方。素来秉承"民以食为天"的中国人,很容易接受任何可以填饱肚子的农作物,从不去考虑这种作物在先哲的著作里是否有所提及——马铃薯也正是在这个时期登陆了中国。正如光绪年间的《奉节县志》所记:"包谷(玉米)、洋芋(马铃薯)、红薯三种古书不载。乾嘉以来,渐产此物……农民之食,全恃此矣"。随着玉米的栽培推广,长江流域以南的山丘荒野地带和不宜种植水稻的旱地,被迅速开发利用,而在黄河以北地区,玉米则逐步取代了原有的低产作物,成为主要的旱地农作物。甘薯的推广,则使大量滨海沙地和山区的贫瘠丘陵得到开发利用。相比于玉米、甘薯,引入中土较晚的马铃薯更胜一筹,它更易种、耐寒、耐瘠,那些土壤贫瘠、气温较低、连玉米都养不活的高寒山区,只能种植耐"地气苦寒"的马铃薯,所谓"其深山苦寒之地,稻麦不生,即玉黍(玉米)亦不植者,则以洋芋代饭"。

在马铃薯得到广泛种植的乾隆中期以后,中国人口从乾隆六年(1741年)的1.4亿,几乎是直线上升到道光三十年(1850年)前所未有的顶峰4.3亿,短短100年多一点的时间里,人口增加了2倍,但同期中国耕地面积却只增加了不足26%。要是没有马铃薯(与玉米、甘薯)帮忙,无论大清皇帝们如何天纵圣明,只怕也是难为无米之炊的。马铃薯不但易种,而且高产,亩产高达两三千斤,而且"三月种,五月熟;取子再种,七月又熟;又种,九月又熟",可以达到"一岁三熟",是理想的抗灾备荒作物。对于在饥饿中挣扎的古代山区老百姓来说,不啻"天降嘉谷";"近则遍植洋芋,穷民赖以为生"。无怪乎山西的农谚说:"五谷不收也无患,还有咱的二亩山药蛋",而甘肃的俗谚更把马铃薯视为"甘肃三宝"(洋芋、砂锅、大皮袄)之一了。不起眼的土豆,助推了古代中国的最后一个人口"盛世"。

这就是马铃薯,印第安人对全人类的馈赠。因为养活了更多的人而改变了整个世界,作为食物传遍了世界,一个在历史进程中产生巨大作用的小东西。

你知道吗?
马铃薯除可以做薯条外,还可加工成哪些马铃薯食品?你家周边地区有种植马铃薯的吗?

模块一 基本知识

常见的无性繁殖作物有马铃薯、甘薯、甘蔗、大蒜、草莓、梨、苹果、柑橘等,另外,园艺植物中的郁金香、百合、唐菖蒲、藏红花、芋、魔芋、荸荠等都属于无性繁殖植物。

一、无性系品种繁殖材料类别与种子生产特点

无性繁殖作物用以繁殖后代的不是植物学上的种子,而是植物的营养器官或是植物的体细胞。无性繁殖作物根据其繁殖材料的种类及种子生产特点的不同主要分为以下几类:

1.营养器官

无性繁殖中主要是用根、茎、叶、芽等各种类型的营养器官来繁殖。如马铃薯用块茎繁殖，甘薯用块根繁殖，大蒜用鳞茎繁殖，芋用球茎繁殖，生姜用根状茎繁殖，草莓用匍匐茎繁殖，核桃用不定根繁殖，花生用不定芽繁殖等。其繁殖方式包括扦插、嫁接、压条和埋条、分株、无融合生殖等方法。

2.植物体细胞

随着现代农业生物技术和遗传工程的发展和应用，无性繁殖材料的种类已经大大扩展，例如，孢子、菌丝体繁殖；茎尖体细胞培养脱毒植株；花药培养产生愈伤组织，分化出孤雄个体植株等。

无性繁殖作物在种子生产过程中主要表现出以下几个特点：

①适应性抗逆性强。无性繁殖作物种子生产时，没有开花、授粉、受精、果实形成、种子形成、种子成熟等一系列过程，具有很强的适应性和抗逆性。

②一般不用设置隔离。但是要及时淘汰表现不良性状的芽变类型，同时防止机械混杂的出现。

③种子纯度高。同一无性系内的个体之间基因型完全相同，具有整齐一致性，纯度可达100%，后代与母体的基因型也是完全相同的，因此生产的种子纯度高。

④病毒病感染是引起无性繁殖作物品种退化的主要因素，因此种子生产过程中还应采取以防治病毒病为中心的良种繁育体系。

生产中，针对病毒病的危害，无性繁殖作物优良品种选育的方法主要有3种，分别是无性系选择法、茎尖分生组织培养脱毒法及实生种留种法。其中，实生种留种法应用较少，原因是部分无性繁殖作物有性繁殖后不能开花或开花不能结种子或种子数量少，如甘薯，但是马铃薯可以用实生种薯留种法。无性系选择法、茎尖分生组织培养脱毒法是目前生产中常用的两种方法，尤其是茎尖分生组织培养脱毒法。

二、无性系品种原种种子生产

无性系原种是由无性系原原种在一定条件下生产的，而无性系原原种是通过无性系选择法、茎尖分生组织培养脱毒两种方法繁殖而来。因此，下面分别介绍选择法生产无性系原种和茎尖分生组织培养脱毒法生产无性系原种。

(一)选择法生产无性系原种

第一年单株选择：在无性系留种田或纯度较高的生产田内种植无性系原原种，在几个关键时期(马铃薯是苗期、花期、成熟期和贮藏期；甘薯是团棵期、成熟期、贮藏期)，根据品种的典型性和生长表现选择优良单株，分别采收，分别贮藏。

第二年株行圃：将上年选留的单株分别播种或单株育苗种植于株行圃，在生长季节注意观察，并通过设置对照品种、抗血清鉴定法或指示植物等方法淘汰感病株系和低产劣质株系，选留高产整齐一致的无退化的株系中的优良单株混合采收。

第三年株系圃:将上年选留的株行圃薯块种入株系圃,生育期间仍进行典型性和病毒鉴定,严格淘汰杂、劣、病株系,入选高产、生长整齐一致、无病毒、无退化症状的株系,混合收获后作下年原种圃的种薯。

第四年原种圃:选留的种子混合播种于原种圃中,去杂去劣后混收扩大繁殖,用于生产。

(二)茎尖分生组织培养脱毒法生产无性系原种

1.茎尖脱毒技术的基本原理

通过茎尖剥离培养脱除病毒的方法已有较长的历史,其根据是病毒在植物体内分布不均匀,在植物近根尖茎尖的组织中含量很低甚至没有,主要有以下 3 个原因:

①病毒在寄主体内复制病毒粒子,需通过寄主的代谢过程,在寄主代谢旺盛的分生组织部分,病毒与寄主的竞争中处于劣势。病毒在植物细胞代谢最活跃的茎尖部分很难取得足够的营养复制病毒粒子,因而在茎尖部分形成无病毒区或少病毒区。

②大多数病毒在植株内是通过韧皮部进行迁移,分生组织缺乏完整的维管束组织,因而病毒在快速分裂的芽尖分生组织中难以存在或浓度很低。

③芽尖分生组织的生长素浓度通常很高,可能影响病毒的复制。

2.茎尖分生组织培养脱毒法生产无性系原种的方法

将茎尖分生组织培养脱毒法生产的无性系原原种播种也可得到无性系原种。此繁殖法的无性系原原种可能是试管薯、微型薯、试管苗或网室生产的原原种。将此类无性系原原种在一定空间隔离或机械隔离条件下播种,经过去杂去劣、严格选择,得到的即无性系原种。有时,为了扩大繁殖面积,降低生产成本,要对原原种进行育苗快繁。

三、无性系品种大田用种种子生产

用以上两种无性系原种在大田条件下播种就可生产无性系大田用种(良种),即直接供给农民栽种的生产种。无性系大田用种种子生产中,生产基地的条件是关系到良种种子质量的重要因素,种子生产基地应具备的条件:

①高海拔、高纬度、低温度和风速大的地区。由于病毒在高温下增殖传播快,主要的传毒媒介桃蚜活动适宜温度 23～25℃。

②隔离条件好。留种地的一定范围内不能有同种作物栽培。

③传播媒介(主要是蚜虫)相对少一些,总诱蚜量在 100 头左右或以下,峰值在 20 头左右或以下为好。

④种子生产地应该是未种过该种作物的地块,排灌良好。

你知道吗?

在你生活环境周围,哪些作物是用无性繁殖方式繁殖的?无性繁殖作物的遗传特点是什么?请同学们查找有关资料,总结无性繁殖作物种子生产的方法有哪些。

模块二 无性系品种种子生产技术

一、马铃薯种薯生产

马铃薯是自花授粉植物,但其实生种种子小、休眠期长,从出苗到收获块茎要130～150 d,因而多数情况下用块茎留种繁殖,即采用无性繁殖。马铃薯在无性繁殖过程中,极易感染多种病毒,病毒在植株内增殖、积累于新生块茎中,通过块茎世代传递,加重危害,受病毒侵染的马铃薯表现为植株逐年变小,叶片皱缩卷曲,叶色浓淡不均匀,茎秆矮小细弱,块茎变形龟裂,产量逐年下降,甚至绝收,这就是生产中常说的马铃薯退化现象。由于目前尚无消除病毒的有效药剂,除通过栽培措施预防外,主要是通过培育无病毒种苗,栽培无病毒苗木来实现。无病毒种苗生产的技术路径一是避毒,例如,在低温冷凉环境中进行种薯生产;二是种子繁殖;三是脱毒,国内外普遍采用茎尖组织培养生产脱毒种薯技术及配套的良种繁育体系来解决马铃薯退化问题。

(一)基本概念

(1)脱毒　应用茎尖分生组织培养技术,脱去主要危害马铃薯的病毒及类病毒。

(2)脱毒试管苗(脱毒苗)　脱毒苗经检测确认不带马铃薯X病毒(PVX)、马铃薯Y病毒(PVY)、马铃薯S病毒(PVS)、马铃薯卷叶病毒(PLRV)和马铃薯纺锤块茎类病毒(PSTVd)的试管苗。

(3)脱毒种薯　脱毒试管苗生产的试管薯、微型薯、网室生产的原原种和继代生产供于大田用的种薯。

马铃薯种薯按质量要求分为原原种、原种、一级种和二级种。

原原种:用育种家种子、脱毒组培苗或试管薯在防虫网、温室等隔离条件下生产,经质量检测达到要求的,用于原种生产的种薯。

原种:用原原种作种薯,在良好隔离环境中生产的,经质量检测达到要求的,用于生产一级种的种薯。

一级种:在相对隔离环境中,用原种作种薯生产的,经质量检测后达到要求的,用于生产二级种的种薯。

二级种:在相对隔离环境中,由一级种作种薯生产,经质量检测后达到要求的,用于生产商品薯的种薯。

(二)马铃薯脱毒种苗生产技术

1.茎尖组织培养技术生产脱毒苗

【操作技术4-2-1】脱毒材料的选择

由于不同的品种或同一品种不同个体之间在产量和病毒感染程度上有很大差异,因此,品

种脱毒之前,应进行严格选择,以保证脱毒复壮的马铃薯品种或材料能在生产上大面积使用。主要从以下几点去选择:

①选择适销对路的品种作为脱毒材料。

②在肥力中等的田间选择具有本品种典型性的植株,包括株型、叶形、花色及成熟期等农艺性状。

③植株生长健壮,无明显的病毒性、真菌性、细菌性病害症状。

④收获后再选择符合品种特性的薯块,包括皮色、肉色、薯型、芽眼、无病斑、无虫蛀和机械创伤的大薯块。通过选择得到了生育正常的植株块茎作为茎尖脱毒的基础材料,以提高脱毒效果。

【操作技术 4-2-2】脱毒材料病毒检测

由于PSTVd(马铃薯纺锤块茎病毒)难以通过茎尖组织培养脱除,所以在进行脱毒前,还要对入选的单株进行 PSTVd 检测,淘汰带有 PSTVd 病毒的单株。鉴定方法有田间观察、指示植物(鲁特哥番茄品种 *Lycopersicon esculentum* cv. Rutgers)接种鉴定、反向聚丙烯酰胺凝胶电泳(R-PAGE)、核酸斑点杂交(NASH)、反转录聚合酶链反应(RT-PCR)等项检测技术,筛选未感染 PSTVd 的植株,作为脱毒的材料。

【操作技术 4-2-3】脱毒技术

①取材和消毒。入选的块茎用 1% 硫脲＋5 mg/L 赤霉素浸种 5 min 打破休眠,在 37℃ 恒温培养箱中干热处理 30 d 后做茎尖剥离。用经过消毒的刀片将发芽块茎的茎尖切下 1～2 cm,清水漂洗,剥去外面叶片,进行表面消毒。表面消毒方法是:先将茎尖在 75% 酒精中迅速蘸一下,消除叶片的表面张力,随后用饱和漂白粉上清液或 5%～7% 次氯酸钠溶液浸 20 min,再用无菌水冲洗 3～4 次。用于剥离的芽不能长得过长,如茎尖已经分化成花芽,则不能利用做茎尖剥离。

②剥离茎尖和接种。在无菌操作台上将消毒过的芽置于 40 倍的体视镜下,用解剖针逐层剥去茎尖周围的叶原基,暴露出顶端圆滑的生长点,切取长 0.1～0.4 mm、带有 1～2 个叶原基的茎尖(图 4-1)随即接种于有培养基的试管中,注意要以切面接触琼脂。一般切取的茎尖越小,脱毒效果越好,但成活率越低。

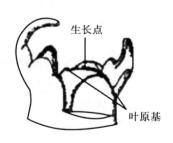

生长点

叶原基

图 4-1 带 1～2 个叶原基的茎尖

培养基的制作:经过实践研究,MS 培养基和 Miller 培养基都是较好的选择,表 4-1 中提供了 MS 培养、FAO 培养基、CIP 培养基的配制成分及数量以供参考。其制作程序是:分别称取各种元素,并用无离子水溶解,把大量元素配成 10 倍母液,按单价、双价和钙盐的顺序倒入一个试剂瓶中。微量元素和有机成分分别配成 100 倍母液,放于冰箱中保存。做培养基时,将三种母液按需要量混合,再加入适量铁盐和生长调节剂,定容至所需体积,然后用 1 mol NaOH 液调节 pH＝5.7,溶入蔗糖和琼脂,分装于试管中,每个试管 10～15 mL,封口后,进行灭菌,待灭菌锅中压力升到 0.5 kg/cm²,保持 15～20 min,灭菌时间不宜过长,以免培养基成分变化。

表 4-1　茎尖组织培养的培养基的配方

营养成分		培养基来源/(mg/L)		
		MS(1962)	FAO(1986)①	CIP②
大量元素	硝酸钾(KNO₃)		1 900	
	硝酸铵(NH₄NO₃)		1 650	
	氯化钙(CaCl₂·2H₂O)		440	
	硫酸镁(MgSO₄·7H₂O)	370	500	370
	磷酸二氢钾(KH₂PO₄)		170	
铁盐	硫酸亚铁(FeSO₄·7H₂O)		27.8	
	四醋酸钠(Na·EDTA)		37.3	
微量元素	硫酸锰(MnSO₄·4H₂O)	22.3	0.5	22.3
	硼酸(H₃BO₃)	6.2	1.0	6.2
	硫酸锌(ZnSO₄·4H₂O)	8.6	1.0	8.6
	碘化钾(KI)	0.83	0.01	0.83
	硫酸铜(CuSO₄·5H₂O)	0.025	0.03	0.025
	氯化钴(CoCl₂·6H₂O)	0.025	—	0.025
	钼酸钠(NaMoO₄·2H₂O)	0.25	—	0.25
有机成分	烟酸	0.5	1.0	0.5
	肌醇	100	100	100
	硫酸盐腺嘌呤	—	80	0.25
	泛酸钙	—	0.5	2.0
	甘氨酸	2.0	—	2.0
	盐酸硫胺素	0.5	1.0	0.5
	烟酸吡哆醇	0.5	1.0	0.5
激素	生物素	—	0.2	—
	激动素	0.04~1.0	—	—
	吲哚乙酸	1~30	—	—
糖	蔗糖	30	20	30
琼脂		6 000	8 000	6 000

注:①联合国粮农组织推荐的茎尖组织培养的培养基配方。②国际马铃薯中心的茎尖组织培养的培养基配方。

③培养与病毒鉴定。接种于试管中的茎尖放于培养室内培养,温度 22～25℃,光照强度 3 000 lx,每日光照 16 h,培养诱导 30～40 d 即可看到试管中明显伸长的小茎,叶原基形成可见小叶。此时可将小苗转入无生长调节剂的培养基中,小苗继续生长并形成根系,3～4 个月发育成 3～4 个叶片的小植株,将其按单节切段,接种于有培养基的试管或小三角瓶中,进行扩繁。30 d 后再按单节切段,分别接种于 3 个三角瓶或试管中,成苗后其中 1 瓶保留,另外 2 瓶用于病毒检测,结果全为阴性时,保留的一瓶用于扩繁,如反应为阳性时,则将保留的瓶苗淘汰。脱毒苗的病毒鉴定,采用双抗体夹心酶联免疫吸附(ELISA)检验(附录 6),无阳性反应再用指示植物鉴定。采用往复双向聚丙烯酰胺凝胶电泳法(R-PRAGE)(附录 7)进行纺锤块茎类病毒复检,检出不带 PVX、PVY、PVS、PLRV 和 PSTVd 的脱毒苗。

2. 脱毒苗扩繁

(1)脱毒苗扩繁的原因 马铃薯脱毒试管苗在获得之初只有很少几棵试管苗,而马铃薯用薯块繁殖的繁殖系数只有 10~15 倍。另外,种薯经过脱毒,不仅脱去了致病的强系,同时也把具有保护作用的弱系也去掉了,脱毒种薯被强系侵染后表现病毒性退化更快,为此,需要不断地给生产上提供大量的脱毒种薯。加快脱毒种薯的生产,就必须利用组织培养技术快速繁殖脱毒苗。

(2)切段快繁脱毒苗 在严格隔离、消毒的条件下,将试管或三角瓶中的脱毒苗单节切段,每个切断带 1 片小叶摆放于培养基上进行快繁,扩繁脱毒苗的培养基仍为 MS 培养基,培养温度 22~25℃,光照强度 2 000~3 000 lx,每日光照 16 h,经 2~3 d,切段就从叶腋长出新芽和根。脱毒苗最适宜苗龄为 25~30 d。

需要注意的是,脱毒苗多次继代培养有可能再次感染病毒,导致生长势减弱。山东省农业科学院蔬菜研究所(1998)发现初始的茎尖苗经病毒检测为阴性的,随着继代扩繁后,其植株内又能检测出病毒,特别是 PVX 和 PVS。这可能是茎尖组织培养的脱毒苗,在成苗当时病毒浓度极低,目前检测手段还难以检测出,随着继代扩繁,脱毒苗内的病毒不断增殖,浓度增加到一定程度,检测表现为阳性。因此,脱毒试管苗在扩繁之前,必须进行多次检测,选择无病毒的试管苗进行繁殖,确保脱毒基础苗的质量,进而繁殖出优质种薯。同时,生产中为延长脱毒后试管苗使用寿命,可采取在初次脱毒的苗中分出一部分苗转入保存培养基中,并放于控制低温的光照培养箱内,每 6~8 个月切转一次苗,从而大大减少周转次数及污染概率。还可以利用初期的脱毒苗诱导部分试管薯,并在无菌条件下保存,需要时,使其发芽、生长成苗,利用茎切段扩繁,代替扩繁代数多的病苗。

(三)马铃薯脱毒种薯生产技术

由马铃薯脱毒试管苗生产的试管薯、微型薯、网室生产的原原种和继代生产供于大田用的种薯都称为脱毒种薯。

1. 脱毒试管薯(原原种)生产

在超净工作台上将试管苗切段置于 MS 液体培养基的容器中,每管 8 个茎段,温度 22~25℃,光照强度 2 000~3 000 lx,培养 25~30 d。茎段腋芽处长成 4~6 片叶的小苗在无菌操作的条件下转接到结薯诱导培养基上,MS+BA 5 mg/L ＋ CCC 50 mg/L ＋0.5%活性炭＋8%蔗糖配制成液体,置于 18~20℃,16 h/d 黑暗条件诱导结薯。试管薯的诱导不受季节限制,只要有简单的无菌设备和培养条件,可周年生产试管薯,且无病毒再侵染的危险。由于试管薯体积小,便于种质资源的保存与交流,又可作为繁殖原原种的基础材料。

2. 脱毒微型薯(原原种)生产

20 世纪 80 年代初出现的微型薯生产方法,为马铃薯种质保存、交换以及无毒种薯的生产和运输提供了一条便利的途径。微型薯即由试管苗生产的直径在 3~7 mm,重 1~30 g 的微小马铃薯,被称为微型薯。用脱毒试管苗繁殖微型薯有两种繁殖方法,即试管苗直接定植生产微型薯和扦插苗定植生产微型薯。

(1)试管苗直接定植生产微型薯 防虫温室、网室繁殖微型薯主要有基质栽培和雾化栽培两种方法。基质栽培生产微型薯是近年来各地普遍应用的一种方法。具体方法是首先建造温室,温室下覆 0.08 mm 聚乙烯薄膜,上覆 40~45 目尼龙网纱。在苗畦底层铺草碳,掺有氮、磷、钾复合肥,其上铺蛭石或珍珠岩,均匀铺设 5 cm,浇水达饱和状态。试管苗在温室内炼苗 7 d,清洁水洗净培养基,按株行距 6~7 cm 栽入基质 2~2.5 cm 深,栽后小水细喷。栽植后遮阴网遮阴 5~7 d,温度保持 22~25℃,相对湿度 85%,缓苗后每 7 d 浇灌营养液 1 次,自栽植后 15 d 起,每隔 7 d 喷施杀虫剂和杀菌剂 1 次。60~80 d 收获,按 1 g 以下、2~4 g、5~9 g、10 g 以上四个规格分级包装,拴挂标签,注明品种名称,薯粒规格,数量。收获后在通风干燥的种子库预贮 15~20 d 后入窖。入窖后按品种、规格摆放,温度 2~3℃,湿度 75%。

（2）扦插苗定植生产微型薯 切段扦插繁殖是经济有效的繁殖方法,具体步骤如下。

【操作技术 4-2-4】培养基础苗

用脱毒试管苗来培养基础苗。在无菌条件下,将脱毒试管苗切成带有一个芽的茎段,接入生根培养基中培养,10 d 后长成带有 4~5 片叶及 3~4 条小根的小苗,打开培养瓶封口置于温室锻炼 2 d 后,移栽到温室、网室中经过消毒的苗床上,移栽后注意遮阴,生根后除去遮阴材料,还要注意浇水和喷营养液。移栽 10~20 d 后,苗长出新根及 5~8 片叶时,即可进行第一次剪切。剪切时要对所有用具及操作人员进行严格消毒,剪苗时要剪下带有 1~2 片叶的茎尖或带有 2~3 片叶的茎段。每次剪切后都要对基础苗加强管理,提高温湿度,喷施营养液,促进腋芽萌发,增加繁苗数量,以后每隔 20 d 可剪切 1 次。

【操作技术 4-2-5】扦插繁殖脱毒小薯

为防止蚜虫要在温室、网室内定植上述剪切苗繁殖脱毒薯。将剪下的茎段在生根液中浸泡 5~10 min,然后扦插于苗床上,苗床材料及扦插后的管理与基础苗移栽时相同。一般扦插后 60 d 左右即可收获微型薯原原种。

（3）脱毒种薯原种和良种生产 由于原原种数量有限,必须经过几个无性世代的扩繁,才能用于生产。原种包括一级原种和二级原种,良种包括一级良种和二级良种。在扩繁期间,防止病毒的再侵染是首要问题,生产中通过选择适宜的生产基地和促进植株成龄抗性形成的早熟栽培技术来解决。成龄抗性是指病毒易感染幼龄植株,增殖运转速度快,随着株龄的增加,病毒运转速度减慢。因此,应采取促进早熟的栽培管理措施。具体注意事项有:

①生产基地选择。原种生产基地的选择与建设对种薯生产十分重要,直接关系到扩繁的种薯质量,原种基地应具备的条件是:在高纬度、高海拔、风速大、气候寒冷的地区;隔离条件好,种薯生产地 500 m 之内不种高代马铃薯和十字花科作物;该地区诱到蚜虫的量在 100 头左右或以下;生产基地要交通方便,便于调种。

②播前种薯催芽。催芽后播种可以提前出苗 7~15 d,而且苗齐、苗壮,增加每株主茎数,促进早发、早结薯,以促进早熟。催芽的方法很多,有条件的地方,薯块放在催芽盘中,催芽盘分层放在有光和具有一定温度的室内架子上,利用太阳散射光,也可以补充人工光照进行催芽。还可以在室外避风向阳处挖一个 0.5 m 左右的深坑,坑底放一层马粪,盖一层熟土,上面堆放几层薯块,顶上再放一层马粪和熟土,然后覆盖塑料薄膜,四周用土压紧,经 7~10 d 能产生豆粒大的黄化芽,即可播种。

③播种。30~50 g 小薯整薯直播,50 g 以上块茎切种,单块重 25~30 g,每块带 1~2 个芽眼,刀具用高锰酸钾溶液消毒。

④播期。10 cm 地温稳定在 5℃为适宜播期,深度为 9~10 cm。

⑤播种密度。早熟品种,5 000～5 500株/667 m²,中、晚熟品种4 000～4 500株/667 m²。

⑥播种后覆盖地膜可以显著提高地温。促进早出苗、早结薯,也使马铃薯及早形成成龄抗性,减少病毒增殖和积累。

⑦施肥。按设计产量N、P、K配方施肥。

⑧田间管理。全生育期中耕一次,培土两次。浇水和追肥,田间土壤持水量60%～70%,现蕾期667 m²追尿素10～15 kg。及时地去杂去劣,拔除病株。现蕾至盛花期,两次拔除混杂植株与块茎,发现病毒株应立即将全部病毒株及其新生块茎和母薯拔除,装入塑料袋中带出地外烧毁或深埋。

⑨病虫害防治。病毒病是控制的重点,其次晚疫病、蚜虫也是综合防治的对象。出苗后40 d每隔7 d喷杀虫剂和杀菌剂一次,不同种类的农药交替喷施。蚜虫也可以用黄皿诱虫器进行测报或在田间设置黄色薄膜涂上机油诱杀,也可以用银灰色塑料薄膜驱蚜。

(四)无性系繁殖选择留种技术

马铃薯种薯生产由于受多种因素限制无法获得脱毒种薯时,可以在种薯生产田中选择生长健壮、无病毒和其他病害症状,符合原品种特征特性的植株,采用无性系选择的方法进行种薯生产。具体操作程序如下:

【操作技术4-2-6】单株选择

在田间选择株型、叶形、花色、成熟期符合本品种标准,生长健壮、无明显病虫害症状的植株,单株分别收获种薯,鉴定种薯皮色、肉色、薯型、芽眼、薯块病斑、虫蛀和机械创伤,从每个单株中选1～2个块茎进行病毒检测,淘汰带毒种薯及单株。

【操作技术4-2-7】株系选择

将入选单株薯块分别播种成株系,生长过程中严格检查植株健康状况,并进行病毒检测,一旦发现某个株系感染病毒,即淘汰整个株系,每个健康株系分别收获,分别贮藏。

【操作技术4-2-8】无性系选择

把上年选入株系分别播种,生长期间严格检查病虫害发生情况,并选点采样进行病毒检测,淘汰感病无性系。这个过程可持续2～3年,最后将健康无性系混合种植成原原种。再在防虫温室、网室条件下繁殖成原种及大田用种。

(五)建立良种生产体系

通过茎尖脱毒苗快繁或无性系繁殖选择获得的原原种数量有限,必须经过几个无性世代的扩繁,才能用于生产,在扩繁期间,须采取防病毒及其他病源再侵入的措施,然后通过相应的种薯繁育体系源源不断地为生产提供健康的种薯。

1.原种生产

(1)原种生产基地选择　原种生产基地的选择与建设对种薯生产十分重要,直接关系到扩繁的种薯质量,原种基地的选择应具备以下几个条件:①选择高纬度、高海拔、风速大、气候寒冷的地区;②隔离条件好,原种繁殖应隔离2 000 m;③总诱蚜量在100头左右或以下,峰值在20头左右或以下为好。

（2）防止病毒再侵染技术

①促进植株成龄抗性形成的早熟栽培技术。成龄抗性是指病毒易感染幼龄植株，增殖运转速度快，随着株龄的增加，病毒的增殖运转速度减慢。据报道，马铃薯植株成龄抗性在块茎开始形成时便出现，2～3周后完成，此时病毒不易侵染植株，也难向块茎积累。促进植株成龄抗性的措施有如下两个方法。

a.播前种薯催芽。催芽后播种可提早出苗 7～15 d，促进早结薯及成龄抗性的形成。催芽方法是将种薯置于 15～20℃的温室、大棚内或在室外背风向阳处挖 30 cm 深、1.5 m 宽的冷床，内放 3～5 层小整薯或薯块（25～40 g），薯块上面覆盖草帘保持黑暗，冷床上面覆盖塑料薄膜增温催芽。当芽长达 1.5 cm 左右时，取出放于散色光下进行炼芽，使芽变为绿色。

b.采用地膜覆盖栽培技术。播种后覆盖地膜可显著提高地温，促进早出苗、早结薯。也使马铃薯及早形成成龄抗性，减少病毒增殖和积累。

②科学施肥。马铃薯在整个生长期间需氮、磷、钾三要素，但比例要适当，氮肥多时，茎叶徒长，不利成龄抗性形成，使病毒病加重。所以，适当增施磷钾肥，可增强植株抗病毒能力，促进早结薯。

③及时拔除病株、杂株。在种薯繁殖期间应经常深入田间拔除病株，防止病毒扩大蔓延，一般从苗出齐后开始，每隔 7～10 d 进行一次，拔除病株时要彻底清除地上、地下两部分，小心处理好，不能使蚜虫迁飞，必要时对周围植株要打药。还要分 3 次拔除杂株，第一次在幼苗期；第二次现蕾开花期；第三次在收获前进行。

④早收留种。马铃薯原种生产应进行黄皿诱捕，根据诱到有翅桃蚜的数量，决定灭秧或收获。原因是马铃薯植株被蚜虫传上病毒后，开始时是自侵染点处的表皮和薄壁组织通过胞间连丝移动，增殖运转速度是很慢的，经过 4～5 d 后到达维管束，才能较快地运转，每小时约可移动 10 mm。可见病毒从侵染植株地上部到侵染块茎需要经过较长时间，确定合适的种薯收获期，可在由病毒侵染的条件下获得健康种薯。正确确定早收或灭秧时期是非常重要的，收获早一天至少要减产 600～900 kg/hm^2，收获过晚，植株中病毒已转运到块茎中，根据国内外研究结果，有翅桃蚜迁飞期过后 10～15 d 灭秧收获为宜。

2.大田用种生产

（1）繁种田选择　大田用种生产应保证种薯的质量和数量，可选在生产条件较好的 3 年以上没有茄科植物的地块，肥力好，疏松透气，排水良好，应施有机肥为主，配合使用磷钾肥。

（2）播种期确定　播种期确定应把种薯膨大期安排在 18～25℃，并能避开蚜虫迁飞高峰期的季节播种，密度要比商品薯适当增大。

（3）防除蚜虫　整个生育期间经常深入田间发现病株及时拔除，利用黄皿诱杀器进行测报，当出现 10 头有翅蚜时开始定期喷药，注意防治其他病虫害。

（4）及时收获　收获前 1 周停止浇水，及时杀秧减少病毒传播，收获时防止机械损伤。收获后种薯按不同品种不同等级分别存放，防止混杂，预防病虫和鼠害以减少损失。其他管理方面同生产栽培。

你知道吗？

在你生活环境周围的马铃薯种子是用哪种方法生产的？

二、甘薯种苗生产

栽培甘薯属于旋花科甘薯属甘薯栽培种的一年生或多年生草本块根植物。又名番薯、地瓜、山芋、白薯、玉枕薯等。甘薯广泛种植于世界上 100 多个国家,以亚洲和非洲最多。国内主要产区是四川盆地、黄淮海平原、长江流域和东南沿海。甘薯有性繁殖杂交种子培植的实生苗后代,由于性状分离严重,群体变异大,不能保持亲本的特性,故生产中用无性繁殖的方式进行种子生产。甘薯品种在无性繁殖过程中,由于机械混杂、生物学混杂和病毒感染造成产量减低、品种变劣,前两种可以用加强田间管理和去杂去劣的方法消除,但是病毒病是很难消除的。据报道,侵染我国甘薯的主要病毒为羽状斑驳病毒(SPFMV)、潜隐病毒(SPLV)、类花椰菜病毒(SPCLV)、褪绿斑病毒(SPCFV)和 C-2 等。1960 年,美国 Nielson 最先获得甘薯脱毒苗,以后日本、新西兰、阿根廷、巴西等地相继成功获得脱毒苗,我国是在 20 世纪 80 年代研究成功,为控制甘薯病毒病危害开辟一条新途径。甘薯茎尖分生组织和马铃薯分生组织一样,茎尖部分病毒含量少或无病毒,所以,可以利用茎尖组织培养得到无病毒植株的方法繁殖甘薯种苗。

(一)甘薯脱毒与快繁技术

脱毒甘薯的生产过程较为复杂,包括优良品种筛选、茎尖苗培育、病毒检测、优良茎尖苗株系评选、高级脱毒试管苗快繁、原原种繁育、原种繁育和良种繁殖 8 个环节,各个环节都有严格的要求,最终才能保证各级种薯的质量。

1. 优良品种选用

甘薯优良品种多,但多数品种有一定的区域适应性和生产实用性,在进行甘薯脱毒品种选择时一定要根据本地区气候、土壤和栽培条件,选用适合本地区大面积栽培的高产优质品种或具有特殊用途的品种。甘薯品种根据用途的不同一般分 7 种类型:淀粉加工型,徐薯 25、商薯 103;食用型,北京 553、鄂薯 4 号;兼用型,皖薯 4 号、皖薯 3 号;菜用型,福薯 7～6、泉薯 830;色素加工型,烟紫薯 1 号、济薯 18;饮料型,豫薯 10 号、TN69;食用兼饲用型,鲁薯 3 号、金山 25。

2. 茎尖苗培育

利用分生组织培养诱导甘薯茎尖苗是甘薯脱毒的关键技术。即在无菌条件下切取甘薯茎尖分生组织,在特定的培养基上进行离体培养,就能够再生出可能不带有病毒的茎尖脱毒苗。茎尖苗诱导的具体步骤是:

【操作技术 4-2-9】取材和消毒

取甘薯苗茎顶部 2 cm 长的芽段放于烧杯中,用 0.1% 洗衣粉浸泡 10～15 min,然后用清水冲洗干净,再用 70% 酒精表面消毒 30 s,再用 2% 次氯酸钠溶液浸泡 10 min 或 0.5%～1% 升汞消毒几分钟,中间不断摇动,最后用无菌水冲洗干净,转入无激素培养基中,长成茎段苗。

【操作技术 4-2-10】分离与接种

茎段苗长到 5～6 片叶时,转入人工培养箱中,用 38～40℃高温处理 28～30 d,以钝化病毒。然后在超净工作台内解剖镜下剥离茎尖,茎尖长 0.2～0.4 mm,带有 1～2 个叶原基,将其接种到附加 1～2 mg/L 6-BA 的 MS 培养基上,26～28℃下光照培养,7 d 左右,茎尖膨大变绿或子叶清晰可见,再将其转入无激素的 MS 培养基上,待苗长到 5～6 片叶时移至营养钵中进行病毒检测。

3. 病毒检测

茎尖苗需要经过严格的病毒检测确认不带病毒后,才是脱毒茎尖苗。茎尖苗的检测一般首先采取目测法,然后再用血清学方法或分子生物学方法进行筛选,最后进行指示植物嫁接检测。

4. 优良茎尖苗株系评选

经病毒检测确认的脱毒苗还需要进行优良株系评选,淘汰变异株系,保留优良株系。即将脱毒苗栽种到防虫网室内,以本品种普通带毒薯为对照,进行形态、品质、生产能力等多方面的观察评定,从若干无性系中选出最优株系,混合繁殖。

5. 高级脱毒试管苗快繁

获得脱毒苗数量有限,不足以满足大田生产利用的足够脱毒苗,因此,要对脱毒甘薯茎尖苗进行大量繁殖,繁殖方法有试管苗单叶节快繁和温网棚繁殖两种方式。二者在速度、成本等方面互有优势。

【操作技术 4-2-11】脱毒试管苗快繁

①脱毒苗试管快繁。采用不加任何激素的 1/2MS 培养基,在温度 25℃,每天光照 18 h 条件下进行脱毒苗试管快繁,繁殖速度快,完全避免病毒再侵染。继代繁殖成活率高,不受季节、气候和空间限制,可以进行工厂化生产。根据培养基的不同分为液体振荡培养(将单茎节置于液体培养基中,进行 80 r/min 振动)和固体培养两种。

②脱毒苗田间快繁。脱毒苗必须在严格空间隔离(400 目网纱,500 m 以内无普通带毒甘薯)的田间环境中进行繁殖,根据场所的不同分为防蚜塑料大棚快繁、防蚜网棚快繁、防蚜冬暖大棚越冬快繁三种方法。第一种方法繁殖系数可以达到 100 倍以上。但要注意小水勤浇,通风透气,保证温度既不能低于 10℃,也不能高于 30℃。第二种方法当苗长至 5 片叶时可继续剪苗栽种繁殖或直接用于原原种生产。第三种方法脱毒苗在外暴露时间长,重新感染病毒机会大。

6. 原原种繁育

在防虫网棚或冬暖棚隔离条件下,无病原土壤上栽插脱毒试管苗,生产的种薯即原原种。此法可以周年生产脱毒甘薯原原种,缺点是费用高,温室通风透光性差、产量低。生产上还可以在 40 目的防虫网室内于春、夏两季栽植脱毒试管苗生产原原种的方式,投资少,产量较高。原原种质量高低取决于脱毒试管苗的脱毒率和防虫隔离措施;产量高低取决于网棚内土壤、肥力、光照、管理等因素,其中选择多年未栽过甘薯的土地,同时,土壤要无真菌、线虫和细菌病原。

7. 原种繁育

用原原种苗(即原原种种薯育出的薯苗)在 500 m 以上空间隔离条件下生产的薯块为原种。由于原原种的数量有限,价格比较高,因此,为了扩大繁殖面积,降低生产成本,繁育原种时最好采用育苗,以苗繁苗的方法。生产中常见的方法是,加温多级育苗法、采苗圃育苗法和单、双叶节繁殖法。

【操作技术 4-2-12】原种繁育

①加温多级育苗法。为了满足甘薯喜温、无休眠和连续生长的特点,利用早春或冬季提前育苗方法,通过人为创造适宜的温湿度条件,争取时间促进薯块早出苗。在冬季或早春(2月上旬)利用火炕、电热温床、双层塑料薄膜覆盖温床或加温塑料大棚等提早播种,加强管理,促进薯苗早发快长。薯苗长出后,分批剪插到其他面积较大的温床或塑料大棚中,加强肥水管理,产苗后再剪插到面积更大的温室或塑料大棚中,促进幼苗生长,并继续用苗繁苗。当露地气温适宜时,不断剪苗栽入采苗圃,最后定植到留种地。

②采苗圃育种法。采苗圃育种法是以苗繁苗方法中获取不易老化、无病、粗壮苗最为可靠的方法,也是搞好甘薯良种繁育的关键措施。可以加大繁殖系数,还可以培育壮苗。采苗圃要加强水肥管理,勤松土、消灭病、草害,使茎蔓生长迅速,分枝多粗壮。

③单、双叶节繁殖法。利用单、双叶节栽插是高倍繁殖的一种有效措施,这种繁殖法又可以分成两种:一种是把采苗圃培育的壮苗剪成短节苗,直接栽到原种繁殖田;另一种是在春季育苗阶段,采用单双叶节的一级或多级育成苗,再从采苗圃剪长苗栽到原种繁殖田。

8. 良种繁殖

用原种苗在大田下生产的薯块称为良种,也叫生产种。即直接供给农户栽培的脱毒种薯。在生产上再利用1~2年后病毒再感染严重,需要更新种薯。

(二)甘薯品种退化原因及防杂保纯技术

我们知道,优良品种不是一劳永逸的,其在生产上都有使用年限。优良甘薯品种同其他作物一样对农业生产具有重要作用,但种植几年后就逐渐表现品种退化,即表现出藤蔓变细,节间变长,结薯小而少,薯形细长,肉色变淡,纤维增多,食味不佳,干物质含量减低,水分增多,生长势减弱,容易感染病害等现象。要保持甘薯品种的优良种性,就需要分析引起甘薯品种退化的原因,针对不同的原因采取相应的防杂保纯技术措施,不断提纯复壮,生产符合标准的种薯种苗。引起品种退化的主要原因有:

1. 基因劣变

甘薯本是遗传上的杂合体,异质性强,突变率高,虽然采用无性繁殖,也会因为环境影响发生芽变,不良的芽变在良种内繁殖滋生,必然降低其应用价值,这是品种退化的内因。如短蔓品种发生长蔓变异,红肉品种发生浅色变异等。

2. 机械混杂

在收获、运输、保存、育苗、栽种等环节中,由于不注意选种、留种,常使不同品种或劣变个体混入其中,随着生产不断扩大,造成品种繁殖混杂。如将徐薯18长蔓品种与胜南(7753-5)短蔓品种根据水肥要求分别种植,两品种都能发挥高产性能,如两品种混播,徐薯18长蔓品种对胜南(7753-5)短蔓品种的植株产生荫蔽,二者都不能满足丰产性要求。

3. 病毒病影响

病毒病对甘薯的危害日趋严重,已被人们高度重视。甘薯在无性繁殖过程中,病毒在体内不断积累,使得甘薯表现出生长势减弱,薯块表面粗糙、裂纹,柴根增多,叶片皱缩变黄,生命力降低,产量下降。

为防止甘薯品种退化现象,必须认真做好良种的提纯复壮工作,主要应抓好以下几方面:

(1)严格技术操作规程,避免机械混杂　必须严格遵守"甘薯种薯生产技术操作规程",认真核实各级别种薯的接受和发放手续,严格技术操作规程,杜绝机械混杂发生。

(2)去杂提纯　从育苗、栽植、收获到贮藏全过程中,及时剔除杂薯、杂苗,并留意选好纯种纯苗,作为第二年苗床育苗的用种;芽苗出土后,要据品种芽苗的特征进行间拔杂苗。薯苗出圃前再次进行去杂去劣,之后剪苗供应大田生产。经过反复2～3次的去杂提纯,可以一定程度上减少因混杂引起的种性退化。

(3)选优复壮　良种去杂提纯后,种性初步得到提高,为进一步提高纯度和种性,必须采用株选留种,株系鉴定,混系繁殖原种的方法。

①株选留种。在大田封畦前进行田间株选,主要通过目测比较法,选出具有本品种特点的优良单株若干,挂牌标记。一般每亩选200～300株,收获前再根据原品种地上茎叶生长和病虫害发生情况等,重复观察,并检查1～2次,凡是不合格的除去标记不予入选。收获时,先割掉薯藤,然后依次挖出,之后据品种特性和单株生产力进行精心挑选,一般选择早薯株重1 500 g左右,晚薯株重1 000 g左右,大薯率高、结薯3～5个,薯型长、薯蒂细小弯曲、薯尾短小的单株,将入选单株进行编号,分别贮藏留种。

②株系鉴定。每个单株结的种薯为一个株系,分系进行温床育苗。育苗前淘汰贮藏期间失水干瘪、受冻害的薯块。苗期及时淘汰杂株或病毒苗,如发现病毒苗应将单株的薯苗与薯块全部拔除。建立采薯圃,并采用适当密植、幼苗打顶等措施,以促进分枝,培育足够的蔓头苗。扦插后进行田间株系的观察、鉴定和比较,主要是封垄前鉴定地上部特征、植株生长势和整齐度。收获时,鉴定地下部特征、特性和结薯习性。经过两次鉴定综合评选,淘汰劣系,表现突出的株系再进行单系留种。

③混系繁殖原种。将上年入选混合的株行圃种薯育苗,并设采苗圃繁苗,北方在夏季、南方在秋季栽种原种圃繁殖原种。原种圃也分别在封垄前和收藏期根据原品种地上、地下部特征特性,去杂去劣,并拔除病株。原种圃中选出生产性能好、品质优良、表现一致的优良株系,混合在一起,作为留种田的原种。

(4)茎尖组织培育脱毒甘薯苗　甘薯病毒病的防治,目前生产中主要是通过茎尖组织培育脱毒甘薯苗乃至脱毒薯的方法来解决。甘薯脱毒技术是甘薯种薯生产技术中的一个核心,必须在建立脱毒种薯和脱毒薯苗生产基地和监测机构的前提下,加强推广应用。

你知道吗?
在你生活环境周围有生产甘薯的吗?

三、甘蔗种苗生产

甘蔗是我国主要的制糖原料,在我国农业生产中占有重要位置。生产中,甘蔗主要是通过茎秆切断的无性繁殖方式繁衍后代。甘蔗产量和含糖量的形成因素是品种、栽培技术和环境条件。在生产上落实好良种、土壤肥力、种植技术、耕作管理、农田小气候及各种自然条件等各项技术措施,做细各个栽培环节,克服不良环境因素是取得高糖高产的保证。甘蔗高糖高产的技术指标是:第一争取较多的有效茎数;第二采用大茎高糖良种;第三是适时操作,利用天时地利。

(一)蔗种选择与处理

选用良种是甘蔗生产中一项基本工作,良种具有降低生产成本,改进耕作栽培技术,均衡榨季生产,减少自然灾害损失的作用。蔗种选择的目标是高产、高糖、不开花或少开花、宿根性好、抗病虫、抗干旱。如新台糖 22 号、园林 6 号、粤糖 00-236、粤糖 93-159、赣唐 65/137、赣蔗七号等。选择新鲜、蔗芽饱满、无病虫害的半身蔗,用利刀斩成双芽或者三芽段,切口要平整,减少破裂。接着用 50% 多菌灵 125 g 加水 100 kg,浸种消毒 5 min,或用 2% 石灰水浸种 24 h,蔗尾较嫩的芽段不浸种。种茎消毒后要催芽,催芽在冬春低温时采用,催芽温度是 25～28℃,水分一般利用种茎内的水便可,要求芽动,根少动,芽萌动胀起成“鹤哥嘴”状,根点刚突起最为理想。催芽方法有半腐熟堆肥催芽法和种茎堆积自身发热催芽法,前者用腐熟堆肥或发热大的厩肥,分层叠堆方法发芽,后者用纤维袋装好,自然堆放,并盖上稻草和薄膜升温发芽。

(二)整地与下种及田间管理

【操作技术 4-2-13】整地

甘蔗对土壤的要求是深、松、细、平、肥。因此在播种前先要整地。

①要深耕深松。用深耕犁松土 35～40 cm,然后用旋耕耙细碎表土层 10～20 cm,做到表层平细,下层土团较大,疏松通气,利于保水保肥和根系伸展,深耕也应结合增施有机肥。

②要注意行距与开植沟。行距的大小受气候、品种、耕作水平、施肥数量等因素的影响。一般采用机械化种植和收获的蔗田行距为 1.25～1.3 m,人工种植和收获的蔗田一般在 0.8～1.0 m。植沟的深浅要根据地下水位和土层厚薄来考虑,山坡旱地土层深厚宜深开沟;排水不良低洼地和地下水位高时宜浅;一般沟深 25～30 cm 为宜,沟底宽 25 m 左右。

③要施基肥。根据甘蔗生长规律,必须施足基肥,每公顷产蔗茎 150 t 的田块,每公顷施入 15 t 左右有机肥,1 500 kg 钙镁磷肥,450 kg 氯化钾肥,75～150 kg 尿素。

【操作技术 4-2-14】下种

甘蔗根据下种季节的不同,分为春植、夏植、秋植、冬植和宿根共 5 个类型。秋植甘蔗在立秋至霜降前下种,第二年 11—12 月收获。冬植甘蔗在立冬至立春(11 月至次年 1 月)下种。夏植甘蔗在 5—6 月下种。春植蔗一般在 1—4 月下种。宿根蔗是指上一季甘蔗收获后留在地下的蔗蔸的侧芽萌发后,经过栽培管理后而成的一季甘蔗。目前,宿根蔗的面积占甘蔗总播种面积的 1/2 以上。

甘蔗下种时要根据当地自然环境条件、耕作制度、栽培水平等实际情况,在单位面积内采用合理的下种量,合理的种植规格,使种苗均匀分布于全田。大茎品种多,生长期长,生长量大,行要宽些,下种量要少些。相反,早熟的中小茎种类,收获早,生长期短,所以下种量要多些。目前,大部分蔗农以主茎为主,下种量普遍增多。在甘蔗生产上,推荐的下种量一般为:大茎种$(105\sim120)\times10^3$ 芽/hm^2,中茎种$(120\sim150)\times10^3$ 芽/hm^2,小茎种$(150\sim180)\times10^3$ 芽/hm^2。下种方式有双行品字形条播、双行顶接条播、三行顶接条播、单行顶接条播、两行半或梯形横播等方法。

【操作技术 4-2-15】甘蔗田间管理

甘蔗的施肥,应掌握深耕多施有机肥,基肥充足;快速生长期适时追施无机肥;为了促进平衡生长,N、P_2O_5、K_2O、CaO、Mg 要合理搭配。土壤中碱解氮少到 100 mg/kg 时即近需肥临界值。在中等肥力土壤条件,据当年产量指标,一般以每公顷产蔗 90~105 t 计,每公顷施纯氮 300~375 kg 较为经济,可分 2~3 次施用。基肥占总肥量的 20%~25%;分蘖期壮苗攻蘖占 25%~30%;伸长盛期占 45%~56%。磷肥要集中施,防止大面积接触土壤,要求提早作基肥一次施完。钾可作基肥和追肥施用,但要求早施,集中施,配合氮、磷施;也可作基肥一次性施完。其次,为了提高甘蔗的抗病虫能力,可在后期淋石灰水等钙肥。

甘蔗生长过程中每合成 1 g 干物质需耗水 366~500 g,在正常条件下土壤中的水分含量与产量呈正相关。甘蔗一生需水规律是润—湿—润—干。甘蔗植后要加强水分管理,冬植、春植类型要防旱保苗;夏植、秋植要注意排积水。

为保证蔗田全面、齐苗、匀苗和壮苗,在甘蔗出土后,及时查苗补缺,间苗定苗。当植株有 3~5 片叶时,要及时检查,凡 30 cm 内无苗均要补上。分蘖苗发生过了高峰期,要及时间苗定苗。

从出苗到分蘖末期,应及时中耕除草,追肥培土,增加土壤通透性,以利于微生物群旺盛活动,促进主茎根系生长,扩大根系吸收范围。中耕除草一般与追肥相结合,施肥后通过中耕培土盖肥。

甘蔗生长期必须认真做好防治病、虫、杂草、老鼠为害等工作。冬植、春植低温阴雨防风梨病,植前对种茎进行消毒处理,植后要保温和排积水;生长前期、中期做好螟虫为害的防治工作;4—5月温度高、光照强、氮肥足,易诱发梢腐病;6—7月和9—11月两次防蚜虫,秋、冬季主要防鼠害。

甘蔗田间管理还有一项工作是剥叶,从 0 叶向下数到第 9 片叶都是功能叶,9 叶以下的叶片均可剥去,以增加通风透光,提高光合生产率,增加抗倒能力,减少病虫滋生为害。一般高产田茂盛叶多,可把第 7 叶以下叶片剥去;高旱田下不剥叶或迟剥叶,保证一定的绿叶数,有利于提高糖分的积累,也有利于宿根,增加秋冬笋。多数灌溉条件的水田一般第 9 叶以下老叶均可剥去。

种植于水田的高产田块,因种植晚熟品种,或氮肥过多,甘蔗迟熟,可用乙烯利或其他化学药剂催熟。

【操作技术 4-2-16】收获

确定适宜的收获期和保证收获质量对提高效益、降低成本有重要的意义。甘蔗工艺完全成熟期是品种高糖高榨最理想的时间。也是收获最佳时间,此期甘蔗糖分含量最高,蔗汁纯度最佳,还原糖最低,品质最好。此外,判断甘蔗是否成熟,还可以根据蔗株的外部形态和解剖特征、田间锤度和蔗糖糖分分析来进行。甘蔗砍收时要留适当蔗头高度,不浪费原料蔗,蔗蔸留在土内,蔗茎不破裂,砍收时保护好蔗蔸过冬。

(三)甘蔗良种加速繁殖技术

甘蔗作为无性繁殖作物,繁殖材料是种茎上的芽。其繁殖特点是用种量大,体积大,不耐贮藏,运输困难,繁殖系数小,正常情况下一年只能繁殖 5~8 倍。因此,甘蔗良种的推广和普及比较慢,大面积更换一次良种,少则几年,多则十几年,为了让良种在生产上尽快发挥作用,缩短良种普及的年限,就得加快良种繁育的速度。下面介绍几种常用技术:

1.秋植秋采苗或春植秋采苗

此法是甘蔗良种繁育常用的方法。秋植秋采苗的具体做法是:第一年秋季将种苗斩成单芽,秋植种下,到第二年秋季蔗茎尚未衰老,全茎各芽均可作种,砍下做秋植种苗繁殖。春植秋采苗是当年春植蔗,加强管理,在秋季采苗作种。其次,秋植秋采苗和春植秋采苗的蔗蔸,冬季都要用塑料薄膜覆盖,以保护芽安全越冬。

2.育苗移栽

在正常甘蔗收获季节,将蔗株全部砍下,斩成双芽茎段,严格进行种苗处理、催芽、塑料薄膜冬季育苗,第二年 3 月中、下旬剪去部分叶片,带土移栽。此法也叫冬育春移,繁殖数量多,面积大,比蔗茎直接下种可以增加 1 倍的面积。

3.蔗蔸分头繁殖

对经过砍种后的蔗蔸,冬季用塑料薄膜覆盖保护其安全过冬,第二年春季,劈开老蔸,移至另一田块栽培。此法一般每 667 m^2 蔗蔸可种 1 334~2 001 m^2。或者也可以将蔗蔸挖起,剪掉部分老根,分开蔗蔸催芽,发芽后移栽。每 667 m^2 老蔸可种 2 001~3 335 m^2。

4.夏季繁育

将第一年秋植种下的甘蔗,第二年 7 月底至 8 月初砍种,砍种前 1 周先将梢头生长点斩去,促使蔗茎上的芽饱满并萌发,然后再将全茎砍下作种,用单芽育苗移栽,精细管理,增加肥水数量和施肥、灌水次数,到冬季霜冻来临前全茎砍下,用塑料薄膜育苗,蔗蔸用塑料薄膜覆盖过冬,这样经过一年两次繁殖,667 m^2 可繁殖到 24 012 m^2 以上。

以上 4 种都是加快甘蔗良种繁育的方法,在生产中都可以参照使用。同时,甘蔗繁殖田要配合其他田间管理措施以达到高产量和高含糖量的目的。例如:选择肥沃土壤、排灌方便的地块;严格的种苗选择、处理、消毒和催芽工作;适当加大株行距和浅播,促进分蘖;多施肥;合理灌水;加强病虫害防治等。

你知道吗?

在你生活环境周围有生产甘蔗的吗?

【本项目小结】

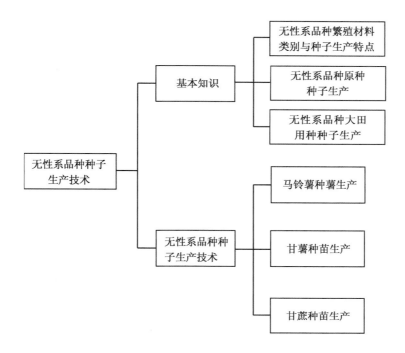

【复习题】

简答题

1. 无性繁殖材料的类别有哪些？举例说明。

2. 无性繁殖作物种子生产的方法有哪些？

3. 简述马铃薯脱毒种苗生产方法。

4. 简述马铃薯脱毒种薯生产程序。

5. 简述甘薯品种退化的原因及防杂保纯技术。

6. 简述甘蔗种苗生产技术。

7. 让甘蔗良种在生产上尽快发挥作用,缩短良种繁育的速度,常用技术有几种？

思政园地

1. 你的家乡常用哪些无性系品种种子？

2. 你知道哪家种业公司经营无性系品种种子？

项目五

蔬菜种子生产技术

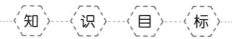

- 掌握叶菜类蔬菜的常规种子生产技术和杂交种子生产技术；
- 掌握根菜类蔬菜的常规种子生产技术和杂交种子生产技术；
- 掌握茄果类蔬菜的常规种子生产技术和杂交种子生产技术；
- 掌握瓜菜类蔬菜的常规种子生产技术和杂交种子生产技术。

- 能够熟练进行蔬菜种子原种生产的成株采种技术；
- 能够熟练进行蔬菜种子大田用种生产的小株采种技术；
- 能够熟练掌握叶菜类、根菜类利用自交不亲和系杂交制种技术和茄果类与瓜菜类杂交制种技术。

【项目导入】

从 1999 年我国的第一艘无人飞船神舟一号发射成功，到目前神舟十三号飞船的发射成功，我国向太空探索的脚步越走越远，从无人到有人，从航天员出舱到空间站建设，这是中国航天发展多领域的跨越。每一次神舟飞船升空都搭载了不少种子，在神舟十二号上还放置了29.9 g 的南靖兰种子，进行航天育种。太空种子以及其背后的航天育种计划，又一次成为人们关注的重点。作为农业大国，自 20 世纪 90 年代起，农业科研机构及相关院校专家，便陆续展开了"太空育种"探索。所谓太空育种，又被称为航天育种，指的是将各种各样的种子带上太空，利用太空独特的环境(微重力、太空辐射等)让种子产生突变，返回地球后再经过三四代的筛选、培育，形成新的品种。这些从外太空返回地球的种子，是否能够孕育成功并摆上人们的餐桌？食用它们是否安全？市面上不时传出的"太空蔬菜"销售神话，究竟是真是假？

2006年，"花香七号"水稻母本就来自2002年发射的神舟三号飞船，属于"太空种子"的后代。后来科学家又成功培育出航育1号水稻，这种水稻比普通的水稻生长周期短，产量又增加了5%～10%。而后来培育出的水稻华航1号，无论是产量还是生长周期都更胜一筹。在青椒种植方面，太空育种更是大有作为，培育出的新型青椒不仅个头大，就连维生素C含量都能增加20%。

太空蔬菜与太空种子并不是如大家通常所理解的那样，种子坐飞船上天逛一圈，下地种好就能当"太空蔬菜"。"太空蔬菜"的选育，是个极其漫长的过程。从2002年开始，农业专家陆续选择了62份水稻材料，分4批先后送上了太空。其母本"花香A号"从太空回到地面后，开始按照普通水稻的种植方法在地面上进行培育。如此轮回4～5代后，才选出基因最优质的稻种。随后，种子在全国不同地区进行试种，前后耗时近5年，才最终形成了"花香七号"。

"番茄试管苗空间开花结实"实验非常成功，8株苗有5株已经结果了，其中有一粒已经长红了，其他几粒还是青的。完成了这样一个生长的周期，意味着未来在太空中我们可以种新鲜的作物，可以保证航天员在空间站里长期工作生活时有新鲜的蔬菜吃。

四川农业大学博士生导师潘光堂表示，由于水稻和玉米自身的特性，必须选用母本和父本进行杂交，才能获得新的品种。因此像"花香七号"，都不能称作纯种的"太空作物"。

更有专家提出，只有等空间站技术完全成熟后，在太空播种、培育，最终收获运回地球的农产品，才能真正冠以"太空作物"的头衔。

尽管经历过太空遨游的农作物种子，返回地面种植后，既有表现出增高、增粗等优质特征，也有产量下降等负面特质，但研究者看来，"太空种子"依然应当作为育种手段之一而存在。

太空育种可以扩大种子的变异范围、丰富种子的遗传基础，继续开展对航天育种的研发，很有必要。所以，我国发射了专门的农业科技卫星——8号种子卫星。这颗卫星总长度为5 144 mm，最大直径是2 200 mm，可以把棉花、粮食作物、蔬菜、水果和花卉等各种农作物带到外太空进行诱变培育。

你知道吗？

随着我国航天事业的发展，越来越多的种子都已经被带上了太空，通过太空诱变，可以获得很多"太空蔬菜"或"太空作物"。在你的周围，有这样的作物吗？

模块一　基本知识

蔬菜是人民生活中重要的副食之一，蔬菜生产也是农业生产不可缺少的组成部分。近年来，随着科学技术和农业生产的迅速发展，蔬菜生产已成为我国种植业中的第二大产业，其产品已成为我国出口量最大的农产品。世界各国在发展蔬菜生产的同时都十分重视种子工作，现代蔬菜种子生产已成为专门的产业，优良的种子是保证蔬菜生产的重要物质基础。蔬菜种子生产以获得生理成熟的种子或果实为目的,但因蔬菜种类、品种繁多,种株的生长发育规律、花芽分化进程、授粉方式以及栽培管理技术措施复杂,与以鲜嫩营养器官为产品的蔬菜商品生产有明显区别,形成了蔬菜种子生产的特殊性和复杂性。

一、蔬菜分类

我国栽培的蔬菜有 230 多种,其中普遍栽培的有 70～80 种。这些蔬菜的食用部分有的是柔嫩的叶子,有的是新鲜的种子和果实,有的是膨大的肉质根或块根,还有的是嫩茎、花球或幼芽。其种子生产技术各有不同。为了便于学习和研究利用,科学家们对蔬菜进行了系统分类。分类方法大致有 3 种:植物学分类法、农业生物学分类法和食用器官分类法。

(一)植物学分类法

根据植物学的形态特征和亲缘关系,按照科、属、种、变种来分类,凡是种及种以下者都自然杂交易成功。这种分类法是种子生产上隔离方式和授粉方法等的依据。我国的蔬菜分别属于 30 多个科,其中以十字花科(白菜、萝卜等)、茄科(茄子、辣椒等)、葫芦科(瓜类蔬菜)、伞形科(芹菜、胡萝卜等)、豆科、菊科、百合科为主,另外还有藜科(如菠菜)、苋科、禾本科、睡莲科(莲藕)、姜科(生姜)、天南星科(芋)等。

(二)农业生物学分类法

以农业生物学特性为分类依据,将蔬菜分为 11 类:

(1)根菜类　包括萝卜、胡萝卜、根用芥菜等。

(2)白菜类　包括白菜、甘蓝、芥菜等。

以上两类均为二年生蔬菜,第一年形成营养器官,第二年开花结实,用种子繁殖。它们的种子生产较复杂,一般要求第一年将母株培育好,经过冬季贮存,翌春定植,进行种子生产。

(3)绿叶蔬菜类　是以幼嫩的绿叶或嫩茎作为产品的蔬菜,如莴苣、芹菜、菠菜、蕹菜等。这类蔬菜中有一年生的,也有二年生的,有的耐热,多数喜冷凉。用种子繁殖,种子生产比较容易。

(4)葱蒜类　包括大葱、洋葱、大蒜、韭菜等,也称鳞茎类蔬菜。以秋季和春季为主要栽培季节。这类蔬菜可用种子繁殖(大葱、洋葱等),也可用营养体繁殖(如大蒜、韭菜)。

(5)茄果类　包括番茄、茄子、辣椒。这 3 种蔬菜的生物学特性及栽培技术都很相似,为喜温性蔬菜,主要在冬前或早春育苗,气候温暖后定植,为春夏季的主要蔬菜。一年生,在适宜条件下也可多年生。

(6)瓜类　包括黄瓜、南瓜、西瓜、冬瓜、苦瓜等。雌雄异花同株,要求较高的温度及充足的阳光,栽培季节与茄果类相同。为种子繁殖,在低温短日照的条件下可以促进雌花的分化和形成。

(7)豆类　包括菜豆、豇豆、豌豆等。除豌豆、蚕豆要求冷凉气候外,其他都要求温暖气候,这类蔬菜根部有根瘤菌,可以固氮。为种子繁殖。

(8)薯芋类　包括一些地下根和地下茎的蔬菜,如马铃薯、山药、芋头、生姜等,除马铃薯外,皆能耐热,生长期亦较长,均用营养体繁殖。

（9）水生蔬菜 主要有藕、茭白、菱、慈姑、荸荠、水芹等。在浅水中生长,生长期要求较热的气候及肥沃的土壤。用营养体繁殖。

（10）多年生蔬菜 如金针菜、芦笋(石刁柏)、竹笋、百合等,一次繁殖以后可以连续采收多年,多用营养体繁殖。

（11）食用菌类 包括蘑菇、香菇、草菇、木耳等,人工栽培或野生。

(三)食用器官分类法

（1）根菜类 食用肉质根的有萝卜、胡萝卜、根芥菜(大头菜)、甘蓝等,食用块根的主要有豆薯(凉薯)。

（2）茎菜类 食用部分为地下茎或地上茎。地下茎类又可分为块茎类(马铃薯、菊芋)、根状茎类(藕、姜)、球茎类(慈姑、芋等)。地上茎类有嫩茎(莴苣、竹笋等)、肉质茎(榨菜、球茎甘蓝等)和鳞茎(洋葱、大蒜等)。

（3）叶菜类 包括普通叶菜类,如小白菜(小油菜)、菠菜、芹菜、生菜等;结球叶菜类,如结球甘蓝、结球莴苣、包心芥菜等;香辛叶菜类,如葱、韭菜、芫荽、小茴香、菊花脑等。

（4）花菜类 白菜花(花椰菜)、青菜花、金针菜、朝鲜蓟等。

（5）果菜类 包括瓠瓜类的黄瓜、南瓜、西瓜、甜瓜、冬瓜、丝瓜、苦瓜等;浆果类的番茄、茄子、辣椒;荚果类的菜豆、菜豌豆。另外,食用种子的蔬菜类主要有毛豆、豌豆等。

以上3种分类方法中,与种子生产关系最为密切的是植物学分类法。因为这种分类方法不但可以了解科、属、种在形态方面与生理方面的关系,而且可以了解它们在遗传上、系统发育上的亲缘关系,同一"种"蔬菜可以互相杂交,而"种"以上(属、科)亲缘关系较远,不易杂交成功。此外,亲缘关系近的蔬菜,常有相同的病虫害,按这种分类法,对于防除病虫、安排轮作、间作等,很有参考价值。

你知道吗?

你能简单总结我们所吃的蔬菜有哪些种类吗? 和其他作物比较有什么特点?

二、蔬菜种子生产特点

蔬菜作物与粮食作物相比,种子生产有以下特点:

1.种子类别多

生产上使用的蔬菜种子有常规种子、杂交种子。常规种子有自花授粉的纯系品种、异花授粉和常异花授粉的群体品种、无性繁殖的无性系品种。杂交种子根据制种方法和途径不同分为:人工去雄配制杂交种,化学杀雄配制杂交种,利用雄性不育系配制杂交种(二系和"三系"制种);利用自交不亲和性配制杂交种,利用雌性系配制杂交种等。

2.种子生产周期长

由于多数蔬菜作物对光温反应敏感,通过春化阶段和光照阶段才能进入生殖生长,有些还必须在营养生长过程中或结束后,才能通过这两个阶段。所以,蔬菜种子生产周期较长,有的需要 1 年,有的需要 2 年(隔年)才能生产种子。

3.种子生产技术性强

茄果类蔬菜种子较小,直播发芽困难,难以全苗,必须育苗移栽;根菜类的萝卜等发育器官主要在地下,要求有深厚的耕层土壤。蔬菜作物多属虫媒花,异交率很高,制种时要求严格隔离(1 000 m 以上),甚至保护地(大棚、温室)制种;有的蔬菜采用人工去雄配制杂交种,去雄必须及时、干净、彻底;有的蔬菜异交结实率低,杂交制种时必须人工辅助授粉。

4.易利用杂种优势

根菜类、茎菜类、叶菜类主产品为营养器官,杂交种只要生长势强,营养器官大多可利用,无须追求种子产量,所以很容易利用杂种优势。

5.生产投入多、效益高

由于蔬菜种子生产周期长,技术性强,在种子生产过程中投入的人力、物力、财力比较多。例如,蔬菜作物需水肥较多,对土壤要求严格,生产上要选择上等地块制种,水肥投入较多。许多蔬菜要求管理精细,杂交制种采用人工去雄的方法,比较费工。但是蔬菜作物种子繁殖系数高、销售价格高,所以制种经济效益可观。

6.蔬菜种子用途单一

绝大多数蔬菜种子除了作种子外没有其他用途,故一旦种子积压或失去种用价值,都将造成极大的经济损失。因此,必须加强种子生产的预见性,才能达到产、销平衡。

模块二　蔬菜种子生产技术

一、叶菜类种子生产技术

(一)大白菜种子生产

大白菜又称结球白菜,属十字花科芸薹属。大白菜原产于我国,是我国北方地区和中原地区的主要秋冬菜,其种植面积占秋播菜总面积的 50%～60%,产品供应期长,被誉为"种一季,吃半年"的蔬菜。近几年,随着耐抽薹、抗热品种的推广,春、夏白菜的栽培面积也在逐渐增加。

1.大白菜生物学特性

(1)春化与结实　大白菜属于喜低温、长日照、虫媒异花授粉、二年生结籽蔬菜作物。一般在秋季形成叶球,种株经冬季低温窖藏度过春化阶段,翌春栽植种株,使之抽薹、开花、结实。大白菜一般在 10℃ 以下(以 2～4℃ 最好)经过 10～30 d 即可通过春化阶段。萌动种子若经低温春化后春播,当年即可抽薹、开花、结实。

（2）开花结实习性　大白菜为复总状花序。其开花顺序为主枝先开,然后是一级侧枝和二级侧枝。就一个分枝讲,开花顺序是自下而上的。单株花期20～30 d,一个品种的花期可达30～40 d。愈晚开放的花受精结实率愈低。所以在种子生产时可采用"打尖去围"法去掉晚开的花枝和花蕾。

大白菜是异花授粉作物,具有自交不亲和性和自交生活力衰退现象。雌蕊在开花前3～4 d至花后2 d都有受精能力,但以开花当天受精能力最强。花粉成熟与开花同步,开花后第二天生活力明显降低。授粉后40 d左右种子成熟。

2. 大白菜常规品种种子生产

（1）大白菜常规品种的原种生产　原种生产采用成株采种法。这种采种法可以在秋季对种株进行严格选择,从而能保证品种的优良种性和纯度,甚至逐代提高。成株采种即秋季播种,种株于初冬形成叶球,选择典型优良的种株贮藏越冬,翌春混合栽于采种田中,使之抽薹、开花,任其自然授粉产生种子。生产技术如下:

【操作技术5-2-1】种株的秋季培育与选择

大白菜种株的培育技术基本上与秋播商品菜的生产技术相似,但应注意以下几点:

①播种期应适当推迟。一般早熟品种比商品菜晚播10～15 d,中、晚熟品种晚播3～5 d。播种太早,种球形成早,入窖时生活力已开始衰退,不利于冬季贮藏,春季定植时又易感各种病害;若播种太晚,到正常收获期叶球不能充分形成,会给精选种株带来困难,使原种的纯度下降。

②密度稍大。一般出苗后间定苗2～3次,拔除病、弱、杂苗,选留健壮苗,留苗密度为:中、晚熟品种60 000 株/hm² 左右,早熟品种65 000～70 000 株/hm²。比商品菜密度一般增大15％～30％。

③增施磷钾肥、减少氮肥用量。施肥以基肥为主,一般施有机肥45 000 kg/hm²、过磷酸钙375 kg/hm² 做基肥,生长期间的氮肥用量要低于菜田用量,一般控制在150～300 kg/hm²。

④灌水量后期要减少。结球中期要减少灌水量,收获前10～15 d停止灌水,以提高种株的冬季贮藏性。

⑤收获期适当提前。为防止种株受冻,种株收获比菜田一般早3～5 d。

⑥种株的选择与收获。在种株收获前10 d左右田间初选,选择株高、叶片形状、色泽、刺毛、叶球形状、结球性等具有原品种典型性状的无病虫害的植株插棍标记,一般初选株数是计划选株数的2～2.5倍。收获时将入选种株连根掘起,根据主根的粗细和病害等性状复选,复选的株数是计划株数的1.5倍。

收获最好在晴天的下午进行,以避免上午因露水大易伤帮叶现象。种株收获后就地分排摆放晾晒,用前一排的菜叶盖住后一排的菜根,以保证晒叶不晒根,每天翻动一次,直到外叶全部萎蔫时,根向内码成圆垛或双排垛,也可斜着竖直堆放,但每隔3 d左右倒一次垛,夜间降温要及时覆盖,白天温度升高再揭除,直到入窖贮藏。

【操作技术5-2-2】种株的贮藏及处理

①种株的贮藏与淘汰。种株贮藏的适温为0～2℃,空气相对湿度为80％～90％,各地可视情况采用沟藏、埋藏或窖藏。北方以窖藏方式为多。窖藏以在窖内架上单摆最好,也可码成

垛,但不易太高,以防发热腐烂。入窖初期,因窖内温度较高,种株呼吸作用旺盛,每2～3 d倒菜一次,随着窖温逐渐降低,可每隔7～15 d倒菜一次。每次倒菜时将伤热、受冻、腐烂及根部发红的种株剔除。到贮藏后期,要淘汰脱帮多、侧芽萌动早、裂球及明显衰老的种株。

②种株定植前的处理。种株定植前15～20 d进行切菜头,即在种株缩短茎以上7～10 cm处将叶球的上半部分切去,以利于新叶和花薹的抽出,菜头的切法有一刀平切、两刀楔切、三刀塔形切和环切四种,以三刀塔形切最好。无论采用哪种切法,均以不切伤叶球内花芽为度。切完菜头后的菜栽子(即种株)移到向阳处,根向下、四周培土进行晾晒,以利于刀口的愈合和叶片变绿,使种株由休眠状态转为活跃状态,有利于定植后早扎根。

【操作技术5-2-3】春季种株的定植及田间管理

①种株的定植。

a.采种田的选择。采种田应选择土壤肥沃、排灌方便、2～3年内没种过十字花科蔬菜、其他品种的大白菜等。留种田要求空间隔离2 000 m以上。

b.采种田的做畦及定植。采种田以基肥为主,增施磷钾肥。定植前一般沟施有机肥60 000 kg/hm²、过磷酸钙和草木灰各450～600 kg/hm²。为防止软腐病,采用起垄定植或做成小高畦定植。

c.种株的定植。在畦上挖穴定植,定植的深度以种株切口与垄面相平为度,寒冷地区要在切口上覆盖马粪等有机肥防寒。定植时要细心培土踩实。定植后浇水,浇水后及时培土并踩实。若墒情好,最好不浇水,以防降低地温。定植的密度为52 500～75 000 株/hm²。

d.定植的时间。在确保种株不受冻害的情况下,定植愈早,根部发育愈好,花序分化愈多,种子产量和质量愈高。所以,一般在耕层10 cm深处地温达6～7℃时即可定植。在华北、东北地区的定植期为3月中旬至4月上旬。

②定植后的田间管理。

a.中耕与肥水管理。以"前轻、中促、后控"为原则。定植5～6 d后应及时将种株周围的土壤踩实,如果干旱可浇水一次,裸地每次浇水后要及时中耕,以提高地温。抽薹初期可浇一次稀粪水或施氮磷钾复合肥225～300 kg/hm²,然后中耕一次;花薹抽出10～15 cm时,再追肥浇水一次,同时清除脱落的老菜帮及枯烂叶;始花后将抽薹过早及病、弱株拔除,然后再追一次氮磷钾复合肥300～450 kg/hm²。整个花期应浇水3～5次,并在叶面喷施2～3次磷酸二氢钾。盛花期后控制肥水,结荚期少浇水,黄荚期停水,以防贪青徒长,延迟种子成熟,这即"浇花不浇荚"之道理。

b.放养蜜蜂。大白菜是虫媒花,蜂量的多少与种子产量高低密切相关,所以要在采种田的花期放养蜜蜂,放养密度以15箱/hm²蜜蜂为宜。如果蜂源不足,应在每天上午9时、下午4时用喷粉器吹动花枝进行辅助授粉。

c.围架摘心。进入开花后期,应摘去顶尖2 cm左右,以集中养分促进种子饱满;同时在田间围架,以防结荚后因"头重脚轻"而倒伏断枝,造成减产。

d.病虫害防治。常发生的病虫害有软腐病、霜霉病、病毒病、蚜虫等。用链霉素等喷施或灌根,可防治软腐病;在初花期用75%的百菌清可湿性粉剂500倍液喷施1～2次,可防治霜霉病;在开花前、中、后期各喷1～2次1.5%植病灵1 000倍液可防治病毒病;在定植前、开花

前、开花后期及结英后各喷一次氧化乐果与敌敌畏 800 倍等量混合液可防治蚜虫。喷药时间最好避开开花期,以防伤害传粉昆虫,影响授粉。

③种株收获。在种株第一、二侧枝的大部分果英变黄时,于清晨一次性收获,收获后晾晒、后熟 2～3 d 脱粒。种子含水量降至 9% 以下方可入库贮藏。

成株采种法生产的原种种子纯度最高,但种子产量少,一般为 1 125 kg/hm² 左右。为了提高原种产量,有的地方采用半成株采种法,比成株采种再晚播 10 d 左右。秋收时,种株呈半结球状态,春季定植时密度为 67 500～82 500 株/hm²,此法由于秋收时无法对种株进行严格选择,所以种子纯度不及成株采种法。

在河南、湖北等南方冬暖地区有种株露地越冬的采种方法,即种株提早 10 d 左右收获,连根掘起定植于采种田;寒冬来临前浇足越冬水,并用马粪或其他有机肥堆围种株;翌春用刀割裂种株叶球顶部,助引花薹抽出和开花、结籽。这种方法的种株根系发达,地上部生长健壮,种子产量较高。

(2)大白菜常规品种的大田用种生产 大田用种生产采用小株采种法。即利用大白菜萌动的种子能在低温下通过春化阶段的特性,当年早春育苗采种。该法生产周期短、种株长势旺、种子产量高。但此法不能进行种株的选择,种子纯度不高。其生产技术如下:

【操作技术 5-2-4】育苗

①播前准备。小株采种法育苗要求温度不高。因此,冷床、阳畦、塑料大棚等都可用来育苗。通常采用一次性不分苗形式的阳畦育苗。做阳畦时先将 20 cm 深的畦土挖出,整平底部,铺一层细砂或炉灰,再将过筛畦土与肥料充分混匀后回填畦内,施有机肥 13.3～20 kg/m²、磷酸二铵 0.13～0.2 kg/m²、尿素 6～7 g/m²,营养土填入后要踏实搂平,保持土壤湿度。播前 15 d 覆膜,夜间盖草苫,以提高地温,利于出苗快而整齐。

②播种。阳畦育苗的适宜苗龄为 60～70 d,6～8 片叶。各地的定植适期以 10 cm 地温稳定在 5℃ 以上为宜,由定植期前推 60～70 d 即为适播期。种子用 55℃ 左右温水浸种 10～15 min,其间不断搅拌,待水温降至 30～35℃ 时浸种 1～2 h,然后于 25℃ 条件下催芽 24 h 左右,待种子刚露白即可播种。

播种前 1～2 d 将畦内放大水浇透,以满足整个育苗期的需水量。待水渗后按 8 cm 见方用刀划成营养土方,于每个营养方的中央播 1 粒发芽种子,随播种随覆 0.5～0.8 cm 的土,播种后立即盖严薄膜和草苫。

③苗期管理。按高温出苗、中后期平温长苗和低温炼苗相结合的原则培育壮苗。具体方法是:播种至出苗阶段,要尽量提高畦内温度,夜间覆盖草苫,甚至加双层草苫以保温;出苗后至定植前 1 周,是幼苗生长和通过春化阶段的关键时期,白天畦温控制在 15～20℃,夜间 4～17℃;定植前十几天,白天全放风,夜间逐渐加大放风量。定植前 7 d 左右,昼夜全放风炼苗。在定植前 5 d 浇一次透水,然后切割营养土方,并起苗成坨,就地囤苗 3～5 d,以利于缓苗和增加幼苗的抗寒、抗旱能力。

【操作技术 5-2-5】采种田的选地、整地与定植

①选地、整地。采种田的选地与整地同成株采种法。

②定植。早春 5 cm 地温稳定在 5℃ 左右时为定植适期。一般掌握在小苗不冻伤的原则

下,定植越早越有利于根系发育和花芽分化。定植密度为 60 000～90 000 株/hm²。最好在晴天的上午采用暗水定植,以防降低地温。即先开沟或穴,沟内浇满水,水半渗时坐水放苗,水渗后培土封穴,定植的深度,以苗坨与垄面相平为宜,徒长苗可略深,以露出子叶节为度。

【操作技术 5-2-6】采种田的田间管理

由于定植时秧苗已花芽分化,采种田的田间管理措施如下:

①追肥浇水。在定植前施足基肥、定植时浇足水后,一般在现蕾前不浇水、不施肥,采取多中耕、浅中耕来提高地温和提墒保墒,直到抽薹 10 cm 左右时开始追肥浇水。具体技术同成株采种法,仍采取"前轻、中促、后控"的原则。

②放蜂与病虫防治。同原种生产。

③围架、掐尖与收获。基本同成株采种法,只是小株采种的成熟期比成株采种法晚 10～15 d,由于与菜田栽培播种期相距时间很短,需抓紧时间脱粒,以便及时为大田生产提供大田用种。

3. 大白菜杂交种子生产

目前大白菜的新品种均为杂种一代。生产大白菜杂交种的形式有多种,以采用自交不亲和系杂交制种为主。

(1)自交不亲和系的繁殖　自交不亲和系是指雌、雄蕊均发育正常,能正常开花散粉,但在开花期自交或系内姊妹交基本上不结实的品系。自交不亲和的原因是开花时雌蕊的柱头上产生了阻止同一基因型的花粉萌发的隔离层,这种隔离层在蕾期还未形成,所以在蕾期自花授粉可正常结实。

自交不亲和系的原种生产一般采用成株采种法,杂交制种用的亲本种子可采用小株采种法生产。两种采种法的种子生产技术与常规品种的原种和大田用种生产技术基本相同,不同之处是自交不亲和系需要人工蕾期授粉或开花期处理后才能结籽,方法如下:

【操作技术 5-2-7】蕾期人工剥蕾授粉

蕾期剥蕾授粉的最适蕾龄为开花前 2～4 d,此时花蕾呈纺锤形,长 5～7 mm,宽约3.5 mm,花萼的顶端开裂,花冠微露出花萼。

剥蕾时,用左手捏住花蕾基部,右手用镊尖轻轻打开花冠顶部或去掉花蕾尖端,使柱头露出,然后取当天或前一天开放的花朵中的花粉,涂在花蕾的柱头上。人工剥蕾授粉,全天均可进行,但气温低于 15℃、高于 25℃时,坐果率差。此方法成本高,但质量可靠,适合生产自交不亲和系的原种。

【操作技术 5-2-8】花期盐水喷雾法

为克服人工剥蕾的麻烦,可在自交不亲和系开花期的上午,用 3%～5% 的食盐水喷花,要使柱头接触到盐水,盐水能克服自交不亲和性,待花朵上盐水干后,进行人工辅助授粉,从而获得自交种子。

若在一个温室或大棚内只繁一个自交不亲和系,可在喷盐水后配合放养蜜蜂辅助授粉。此方法简便,成本低廉,适于生产自交不亲和系的制种亲本。

喷食盐水法繁殖自交不亲和系的结实率及产量因自交不亲和系不同而差异较大,所以繁殖某一新自交不亲和系时,最好先进行试验后再大面积应用。

(2)利用自交不亲和系生产杂种一代种子 大白菜杂交制种一般采用小株采种法,杂种双亲的育苗、隔离、定植、田间管理等技术基本同常规品种的小株采种法,与之不同的技术环节如下:

【操作技术 5-2-9】双亲行比和播种量的确定

若双亲均为自交不亲和系,而且正、反交获得的杂种在经济效益和形态上相同,可采用父母本为 1:1 的比例播种、定植,父母本上的种子均为杂交种,可以混合收获、脱粒、应用。

若双亲均为自交不亲和系,但正反交的杂交种在经济效益上相同而性状不同,可仍采用父母本 1:1 的行比播种、定植。但父母本行上的杂交种子应分别收获、脱粒、应用。

若双亲均为自交不亲和系,但正、反交的杂交种在经济效益上相差很大,则只采用正交,父母本可按 1:(2~4)的行比播种、定植,只收母本上的杂交种子脱粒、用于生产,父本上的杂交种子视情况应用。

若母本为自交不亲和系,父本为自交系,则父母本按 1:(4~8)的行比播种、定植,只收母本行上的杂交种子脱粒、用于生产。父本行的种子不做种用。

【操作技术 5-2-10】双亲的花期调节

双亲的花期相遇是提高杂交制种产量的重要因素。要注意利用播种期调节父母本的花期,早开花的适当晚播,晚开花的适当早播。开花初期发现双亲花期不遇或相遇不好,可对开花早的亲本增施氮肥,并在初花期摘心,促其增多分枝,减缓开花;对开花晚的亲本要早施,增施磷钾肥或叶面喷施磷酸二氢钾促其早开花。

你知道吗?

你能说出大白菜种子的种类吗?每种大白菜种子生产的技术规程有哪些?

(二)甘蓝种子生产

甘蓝是结球甘蓝的简称,俗称为洋白菜、卷心菜、包心菜、大头菜等,我国除了南方炎热的夏季,北方除了寒冷的冬季外,其他季节均可种植,在蔬菜生产和供应中占有十分重要的地位。

1.甘蓝生物学特性

(1)春化与结实 甘蓝为十字花科芸薹属,属于喜低温、长日照、虫媒异花授粉、二年生结籽蔬菜作物。

甘蓝为绿体春化型植物,要求营养体长到一定大小,才能感受低温通过春化。一般早熟品种需要 45~50 d 才能通过春化;中熟品种需 60~90 d 通过春化。尖球形及扁圆形的部分品种冬性较强,完成春化所需苗大、低温时间长;圆球形及大部分扁圆形品种冬性较弱,完成春化所需苗小,低温时间短。

甘蓝为长日照作物,但不同品种对日照要求不同。尖球形及扁圆形品种对光照要求不严格,种株在冬季埋藏或窖藏,翌春定植后可正常抽薹开花;圆球形品种对日照要求严格,冬季贮存必须有光照,否则翌春不能正常抽薹开花。

(2)开花结荚习性 甘蓝为复总状花序。一般圆球形品种的主花茎生长势强、分枝数少；尖球形及扁球形品种的主花茎生长势较弱，但分枝发达。

开花顺序一般为主花茎先开花，然后是由上向下的一级分枝开花，再后是二、三、四级分枝依次开花。从一个花序讲，开花顺序由下而上。一个品种的花期为 30～50 d。雌蕊有较强的生活力，但柱头和花粉的生活力均在开花当天最强，授粉时的最适温度为 15～20℃。

甘蓝为二年生异花授粉作物，采种田须严格隔离。生产原种或杂交亲本的原种需隔离 2 000 m 以上，生产大田用种或杂交制种需 1 000 m 以上。

2. 甘蓝常规品种种子生产

甘蓝常规品种的种子生产基本与大白菜相似，原种生产采用成株采种法，大田用种生产采用半成株采种法。

(1)成株采种法生产原种技术 秋季选择种株培育田，早熟品种稍晚播，以防叶球在收获前开裂。晚熟品种稍提前播种，使叶球充实便于选择。田间管理措施同商品菜生产。在叶球成熟期和定植期分两次选择，选择符合原品种典型特征、结球紧实的植株。华南、西南和长江流域，植株露地越冬或移植越冬；东北、华北和西北地区植株带根贮藏或定植于冷床越冬，翌春定植前，将球顶切十字以利花薹抽出。植株栽植密度依品种而异，一般 45 000～52 500 株/ hm²。前期多中耕松土，以提高地温促进根系生长，开花初期要保证供水充足，盛花后控水，种荚开始变黄时及时收获，晾晒 2～3 d 后脱粒。

(2)半成株采种法生产大田用种技术 此法采用秋季晚播，入冬前长成松散的叶球，要求早熟品种茎粗 0.6 cm 以上，最大叶宽 6 cm 以上，具有 7 片真叶以上；中晚熟品种茎粗 0.8～1 cm 以上，最大叶宽 7 cm 以上，具有 10～15 片真叶以上。入冬前收获叶球贮藏或定植于冷床越冬。其他管理工作同成株采种法。

3. 甘蓝杂交种种子生产

甘蓝具自交不亲和性。所以目前配制甘蓝杂交种主要利用自交不亲和系做亲本。由于自交不亲和系经过多代自交后抗逆性较差，生产上一般采用半成株采种法生产自交不亲和系种子和杂交制种。

(1)自交不亲和系的种子生产 自交不亲和系的种子生产需在严格隔离的条件下，用人工蕾期授粉或花期喷盐水法进行种子生产。主要技术如下：

【操作技术 5-2-11】秋季种株的培育

甘蓝为绿体春化型植物，必须在前一年秋培育种株。

①种株苗的培育。

a.育苗畦的选择。由于自交不亲和系的抗逆性较差，育苗时正值高温多雨季节，所以要选择地势高燥、土壤肥沃、排灌良好、不与十字花科蔬菜连作的地块做育苗畦。

b.适时播种。一般中、晚熟品种在 7 月下旬至 8 月上旬播种育苗，而早熟或中早熟品种在 8 月中旬至 9 月初播种育苗。

播种一般在下午进行，播前浇足底墒水，水渗后筛覆一层细土，均匀撒播种子 2～3 g/m²，播后覆 0.5～0.7 cm 厚的过筛细土。播种后马上搭棚遮阴，出齐苗后及时在早晨 或傍晚撤掉覆盖物，并在苗床上再覆土 0.5 cm 厚，以防畦面龟裂和保墒。

c.分苗及苗期管理。按育苗畦的要求做好分苗畦,当幼苗达 2 叶 1 心时按苗距 10 cm 见方分苗。分苗后立即浇水,经 5～7 d 缓苗后再浇一次缓苗水,然后进行中耕蹲苗,当幼苗长到 6～7 片真叶时,移栽于种株田。

②种株田的管理及选择。

a.种株田的管理。种株田要提前整地;施入腐熟有机肥 60 000～75 000 kg/hm²,过磷酸钙 450～750 kg/hm²,然后做成平畦。中、晚熟品种按株行距 33～40 cm 定植,早熟及中早熟品种按株行距 27～33 cm 定植。定植后的肥水管理及病虫害防治与普通菜田基本相同。

b.种株的选择。在种株田根据植株开展度、叶色、叶形、叶面蜡粉的多少、叶柄、叶缘等性状进行选择,入选株插棍标记。越冬前长成半结球状态时根据叶球的形状、包球紧实度等复选。入选株于 11 月上旬定植于温室内的采种田。

【操作技术 5-2-12】冬春季温室采种田的管理

①温室采种田的定植。10 月末或 11 月初对温室进行整地做畦,施腐熟有机肥 75 000 kg/hm²、过磷酸钙 450～750 kg/hm²。采用大小行距的形式定植种株,大行距 80～90 cm,小行距 33～40 cm,株距 27～33 cm。

②采种田的管理。定植后至现蕾,要适当控制浇水,以中耕为主,提高地温、促进根系生长。室内温度控制在夜间 5～10℃、白天 10～15℃,可根据室内温、湿度及外界气候条件酌情放风。

抽薹至开花授粉期,随外界温度升高,室内加大放风,温度控制在白天不超过 25℃,夜间不低于 10℃,草苫可早揭晚盖。在抽薹期、初花期、盛花期分别追施尿素 150 kg/hm²、225 kg/hm²、150 kg/hm²、氮磷钾复合肥 150 kg/hm²,进入结荚期后要减少浇水,以防贪青晚熟,可进行叶面喷施 0.2%～0.4% 的磷酸二氢钾 2～3 次,以增加种子千粒重。

种株开花前罩上纱罩,以防昆虫传粉。种荚坐种后要及时撤去温室上的塑料膜,避免温度过高,影响种子发育。

③自交不亲和系的强迫自交结实。由于自交不亲和系在开花期自交不结实或结实很少,必须采用人工蕾期剥蕾授粉或喷盐水诱导自交亲和的方法强迫其自交结实。

授粉花蕾的选择:按开花时间选,以开花前 2～4 d 的花蕾授粉结实率最好;按花蕾在花枝上的位置选,可从已开花的最后一朵花往上数第 6～20 个花蕾授粉结实最好;植株生长势弱的以第 3～15 个花蕾授粉结实最好。

剥蕾授粉方法:左手扶住花蕾,右手用剥蕾器轻轻转动花蕾顶部的萼片和花冠,以不扭伤花柄和柱头、剥开花冠为度,露出柱头后,用海绵球蘸取同系的新鲜花粉涂于柱头即可。为避免自交不亲和系的生活力衰退,最好采用系内各株的混合花粉进行授粉。

开花期喷盐水诱导自交亲和法:为了节省蕾期授粉的用工,可在开花期每隔 1～2 d 用 5% 食盐水于上午喷一次,盐水要尽量喷到柱头上,以诱导自交亲和,产生自交种子。喷盐水诱导自交亲和的方法在不同自交不亲和系上使用的效果不同,有的自交不亲和系喷盐水后自交结实率很高,而有的系结实率较差。因此,要先试验后再大面积使用。

【操作技术 5-2-13】种子采收

当角果开始变黄、种子变褐时及时分期分批采收。采收过早,种子不饱满影响发芽率;采收过迟,角果易开裂造成损失。种子的采收、脱粒、晾晒、清选、保管要专人负责,严防机械混杂。

(2)甘蓝杂交种子生产   目前,甘蓝的杂交种子主要用自交不亲和系杂交配制。由于自交不亲和系的抗逆性较差,宜采用半成株法制种。主要技术如下:

【操作技术 5-2-14】亲本种株的培育

杂交双亲的秋季种株培育与自交不亲和系的种子生产相同。

【操作技术 5-2-15】亲本种株的越冬

甘蓝种株的越冬有露地越冬和保护地越冬两种方式:

①露地越冬。华南、西南和长江流域的种株采用露地越冬。方法是在秋季按双亲行比定植,冬前浇冻水后及时中耕培土,培土至叶球的 1/2～2/3 处。翌春天气转暖后,逐渐将土扒开,直接进行杂交采种。这种方法既省工又不伤种株根系,植株生长旺盛,种子产量也高。

②保护地越冬。东北、西北和华北地区的种株采用阳畦或埋藏等方式越冬。

a.阳畦越冬。圆球形亲本系对光照敏感,越冬期要见到光照,翌春才能顺利抽薹开花,这类亲本系应采用阳畦越冬。当育苗畦中的种株长到 2 叶 1 心时,直接将种株定植到阳畦中,保证越冬前长到 7 片以上真叶。封冻前及时浇冻水,夜间气温降到 0℃ 以下时盖草苫,白天气温降到 0℃ 以下时加盖塑料薄膜。草苫要白天揭、晚上盖,使植株充分见光及见光均匀。

b.埋藏越冬。此法只适用于对光照不敏感的扁圆形和尖球形亲本系的保护越冬。方法是:立冬至小雪前,将种株连根拔起,在田间晾晒 1～2 d(只晒叶不晒根)。在田间挖南北向贮存沟,沟宽 1 m、深 40 cm(以达冻土层以下为度)左右,长度依种株多少而定。待种株外叶萎蔫后将种株根向下排放,挤满一排后,用土将根基部围住,再排一排,直到将种株排完、沟填满为止。根据天气变化,在贮存沟的上方加或不加覆盖物,使种株在越冬期间不至于受冻或伤热,贮存温度一般控制在 1～4℃ 为宜。

【操作技术 5-2-16】春季制种田的定植及管理

当双亲的花期一致或大面积制种时,可采用露地制种。

①选地整地。甘蓝为异花授粉作物,制种田必须严格隔离,空间隔离必须在 1 000 m 以上。选好的制种田施入有机肥 90 000～105 000 kg/hm²、过磷酸钙 6 750～11 250 kg/hm²,然后做成 1 m 宽的平畦。

②适期定植。一般定植时间在 3 月中旬左右,各地掌握在种株不受冻害的情况下,尽早定植。定植密度一般为 60 000～75 000 株/hm²,土地肥沃或晚熟品种宜稀,肥力较差或早熟品种宜密,行距为 50 cm 左右。一般双亲按 1∶1 的行比定植,双亲长势差异较大的组合可采用 2∶2 的行比。早春定植因气温、地温均较低,种株应带土坨,并采用暗水定植方式,以防降低地温。

③田间管理。定植后采用多中耕、浅中耕来提高地温、促发根缓苗。包球紧的种株在寒流过后及时将叶球顶部呈十字割开,以利抽薹。在抽薹期、初花期、盛花期分别追施氮磷钾复合肥 150～225 kg/hm²,并各浇水一次。花期每 5～7 d 浇一次水,进入结荚期要减少肥水,可喷

施 0.3%～0.5% 的磷酸二氢钾 2～3 次,以促粒重;为了防止后期倒伏和提高粒重,在开花后期要围架和摘心;当种荚变黄时分期分批采收,一般父母本混收。

也可利用改良阳畦或阳畦与露地相间排列制种。适用于双亲花期相差较大的组合,以便于调节花期。阳畦制种可于 10 月下旬至 11 月下旬将种株定植于阳畦,而将准备定植于阳畦间夹畦的种株囤在空闲阳畦内,待翌年惊蛰左右再定植于阳畦间的夹畦内。定植密度为 75 000～90 000 株/hm²。越冬前浇冻水,翌春返青后田间管理同露地制种。

【操作技术 5-2-17】调节双亲花期

双亲花期相遇是确保制种产量和质量的重要前提,为使双亲花期相遇,可采用以下调节措施:

①采用半成株或小株采种。开花晚的圆球类型的亲本系采用半成株采种法,比成株采种的花期可提早 3～5 d,具有 12 片叶左右的小株越冬,翌春花期比半成株采种还可提早。因此,可根据双亲的花期,将开花晚的亲本采用半成株或小株采种法育苗。例如,扁圆形×圆球形或尖球形×圆球形的杂交组合,可将母本扁圆形或尖球形的亲本系在适期播种,在冬前形成成株或半成株,而将父本圆球形亲本系适当晚播,在冬前形成半成株或小株。以利于双亲的花期相遇。

②利用风障或阳畦不同位置的小气候差异调节花期。将抽薹晚的亲本在冬前定植于靠近风障的阳畦北侧,使其在温度高、光照好的条件下生长,促使其早开花;而把抽薹早的亲本定植于阳畦的南侧,使其在温度较低、光照较差的条件下生长,以延迟其开花,从而促成双亲花期相遇。

③利用整枝法调节花期。如果双亲的花期相差 7～10 d,可将开花早的亲本的主茎及一级分枝的顶端掐掉,促使 2～3 级分枝的花期与另一亲本相遇;如果双亲花期相差不多,只将开花早的亲本的主茎掐掉即可;如果只是末花期不一致时,可将花期长的亲本花枝末梢打掉。

④利用地膜覆盖调节花期。对开花晚的亲本进行地膜覆盖,促其花期提早。

【操作技术 5-2-18】去杂去劣

为确保种子纯度,必须彻底去杂去劣。一般至少要进行 5 次,分别在分苗、定植、割包前、抽薹、开花时各进行一次,把杂、劣、病株及抽薹、开花特别早的种株拔除。

你知道吗?

你能说出甘蓝种子的种类吗? 每种甘蓝种子生产的技术规程有哪些?

二、根菜类种子生产技术

凡以肥大的肉质直根为产品的蔬菜都属根菜类,其中以萝卜、胡萝卜、根用芥菜栽培面积最大,这类蔬菜生长期短,适应性强,产量高,病虫少,耐贮运,营养丰富,吃法多样,是腌制加工的主要原料。

(一)萝卜种子生产

萝卜属十字花科萝卜属,一、二年生草本植物。以肥大的肉质根为产品,生食熟食皆宜,亦可加工,多汁味美,且富含碳水化合物、维生素及磷、铁、硫等无机营养元素,是我国人民十分喜爱的重要蔬菜,南北方均广泛栽培。

萝卜的种类可依据根形、根色、用途、生长期长短、栽培情况及生态习性等划分。在生产上,则习惯于按栽培季节的差异划分为秋冬萝卜、春萝卜、夏秋萝卜及四季萝卜四种类型。

秋冬萝卜:一般于立秋到处暑播种,立冬到大雪收获。生长期 60～120 d。这类萝卜品种多,生长季节气候条件适宜,故产量高,品质好,加之收期迟,用途广,又耐贮藏,因而在南北方都是萝卜中最重要的一类。

春萝卜:主要分布在长江以南及四川等冬季不太寒冷的地区。一般晚秋初冬(如 10 月)播种,露地越冬,来年 2～3 月间收获;或者春播,春末夏初收获。此类萝卜比较耐寒,要求春化条件严格,抽薹迟且不易空心,对调节春天蔬菜淡季有重要作用。

夏秋萝卜:春夏播种,夏季到秋季收获,生长期 40～70 d。由于生长季节正值高温酷暑,时有台风暴雨等,故对栽培管理要求较高。此类萝卜对调剂夏、秋短期的蔬菜供应有重要作用。

四季萝卜:南北方均常见栽培,通常为扁圆形或长形的小型萝卜,生长期短,在露地除严寒酷暑期外随时可播种。此类萝卜较多在早春用保护地栽培或春季露地栽培,以供春末夏初之需。特点是适应性强,耐寒耐热,抽薹晚,但产量较低。

1.萝卜的生物学特性

萝卜为二年生作物。通常是第一年进行营养生长,次年进行生殖生长。喜冷凉,在低温条件下,萌动的种子、植株及肉质根都能通过春化阶段,而后在长日照条件下通过光照阶段。不形成肥大的肉质根也能开花结籽,因此可采用小株采种法繁育种子。多数品种在 1～10℃范围内经 20～40 d 通过春化阶段。

萝卜是异花授粉作物,虫媒花。总状花序,在主枝上,花由下向上开放;侧枝以上部侧枝先开花,渐及下部的侧枝。健壮种株开花 1 500～3 000 朵,每朵花开 5～6 d,全花期 30～35 d。短角果,花后 50～60 d 种子成熟,果荚不易开裂。每荚果含种子 3～10 粒。

2.常规品种的种子生产

(1)原种生产 秋冬萝卜一般采用成株采种法生产原种。秋季播种期比生产田迟 10～15 d,可适当加大种植密度。秋季采种田的栽培管理与生产田基本相同。立冬前后收获,严格去杂去劣,然后切除种株叶丛,摊晾 1～2 d 后,栽于种子生产田,露地越冬或将种株窖藏,待翌春在不受冻害的前提下尽早栽植。定植距离因品种而异:一般小型品种行距 40～50 cm,株距 10～15 cm;中型品种行距 40～50 cm,株距 15～25 cm;大型品种行距 50～60 cm,株距 25～40 cm。栽植时须压紧土壤,使肉质根与土壤紧密结合。肥水管理与下述生产用种的繁殖基本一致。种子生产中应与其他萝卜品种隔离 1 600～2 000 m。

春萝卜、原种可用经过选择的优质纯种子进行春播,用半成株采种法生产。1 月下旬至 2 月初阳畦播种,田间管理同大田栽培。4 月上旬将种株拔出,经去杂去劣后,剪叶定植于隔离条件良好的种子生产田内,开花后任其自然授粉,混合采收。隔离要求同上。

（2）大田用种生产

①气候及土壤条件。

气候条件：萝卜发芽的适宜温度为 20～25℃，肉质根生长适宜温度为 18～20℃；温度低于 6℃，植株生长微弱；温度低于 −2℃，肉质根即会受冻害。10 h/d 左右的短日照适宜其营养生长；生殖生长期则要求长日照条件。

土壤条件：萝卜对土壤的适应性较强；但以土层深厚、疏松、通气良好的沙壤土最为适宜。土壤中性或微酸性均可，pH 以 5.8～7.0 最适。

②隔离条件。种子生产田须与其他萝卜品种隔离 1 000 m 左右。

③种子生产方法。成株采种法、半成株采种法及小株采种法均可采用。

成株采种法：在采收萝卜时，于生产田内选择具有本品种特征的优良种株留种；也可设专门的种子生产田培育种株。入选种株去掉叶丛后直接栽入种子生产田越冬或将种株窖藏，在翌春不受冻害的前提下尽早栽植。定植距离等同前述原种生产。

半成株采种法：中小型萝卜或秋冬萝卜的大型品种，在 8 月上旬至 9 月上中旬播种（比成株采种法晚播 10～15 d），冬前长成半成株，于 10 月上旬至 11 月下旬收获，株选后留种。其余处理同成株采种法。

小株采种法：长江流域及以南地区在 2 月下旬至 3 月下旬播种；北方可采用早春保护地育苗或露地直播。在定苗前注意选择具有本品种特征的种株，淘汰杂、劣、病株。此法易于管理，成本低。但不能有效地进行选择，故只能作为生产用种。

④种子生产技术要点。以成株采种法为例介绍。

A. 播种。播种期比菜田播期略晚。如秋冬萝卜可于 8 月下旬播种，春萝卜可于 9 月上中旬播种。播种量一般为 5.3～6 kg/hm²。

B. 肥水管理。萝卜喜肥，需要氮、钾肥较多。为保证肉质根充分发育以利选择，需底施厩肥 45 000～75 000 kg/hm²，过磷酸钙 225～300 kg/hm²。在定苗及莲座期追施尿素 150 kg/hm² 左右，莲座期加施过磷酸钙 150 kg/hm²。

播种前后要保持土壤湿润，以利出苗。定苗后需水量渐增，应及时浇水。肉质根膨大期需水量急增，应加大灌水量。

C. 种株选择。在苗期、莲座期、成熟期和采收期选择符合本品种典型特征且无病虫害者为种株，严格去杂去劣。尤其在采收期，应选择肉质根大而叶簇相对较小、表皮光滑、色泽好、根痕小、根尾细者作种株。

D. 种根的窖藏管理。在寒冷地区，立冬前后将种根入窖，贮藏最适温度为 1℃ 左右。若窖温高于 3℃，应及时倒堆降温。

E. 种株管理。种子生产田宜选地势较高、排灌方便、土层深厚、土质肥沃的地块。种株可于 3 月中下旬定植，方法同原种生产。待种株发芽，扒去壅土，浇以清粪水；待花薹抽至 10～13 cm 时再浇稀粪水一次。从植株抽薹现蕾始，每 5～7 d 灌水一次，至始花期浇稀粪水 7 500～15 000 kg/hm²，并追施钾肥 225～300 kg/hm²。终花期后，严格控制灌水量，以促进种子成熟。

F. 收获与脱粒。正常情况下，南方在 5 月下旬，北方在 7 月上中旬种子即可成熟。萝卜果荚不易开裂，故可待种子完熟后一次性收获。种株晒干后打落种子，将种子晒至标准含水量后装袋贮藏。

3.杂交种子生产技术

萝卜雌雄同花,花器小,人工杂交去雄困难。目前生产上主要采用雄性不育系制种,以利用杂种优势。

【操作技术 5-2-19】亲本的繁殖与保持

利用雄性不育系制种必须有不育系(F_1 的母本)、保持系(繁殖不育系的父本)和恢复系(F_1 的父本)"三系"配套。以上"三系"都需用成株采种法繁殖原种。

在"三系"原种的繁殖过程中须严格选择,以保证不育株率的稳定性和优良性状的典型性。"三系"的繁殖最好分别设立隔离的繁殖圃,隔离条件及种子生产方法基本同前述原种生产。

【操作技术 5-2-20】杂种一代制种

F_1 种子可用半成株采种法及小株采种法生产种子。制种区内,按(4~5)∶1 的行比种植不育系和恢复系,不育系上收获的种子即为 F_1 杂种种子;恢复系上收获的种子也可用作下一代制种的恢复系。

抽薹或初花期要特别注意拔除不育系中出现的个别能育株,以及父母本中的杂劣病株。制种中的隔离条件及种株管理等,同前述"大田用种生产"。

你知道吗?

你能说出萝卜种子的种类吗?每种萝卜种子生产的技术规程有哪些?

(二)胡萝卜种子生产

胡萝卜又名红萝卜、黄萝卜等,是伞形科胡萝卜属二年生草本蔬菜作物。原产于中亚、西亚一带,现在我国分布很广,南北各地均有栽培。根据胡萝卜根的长度可分为长根种和短根种两类;根据胡萝卜根的根形又可分为圆柱形、长圆形、长圆锥形和短圆锥形等四类。

1.胡萝卜的生物学特性

胡萝卜为绿体春化型。当幼苗达到一定大小,温度在 2~6℃,经 60~100 d 就可通过春化阶段,而后在温暖和 14 h 以上长日照条件下抽薹开花;少数品种可以在种子萌动后和较高的温度条件下通过春化阶段。

(1)花的分布及开花顺序 胡萝卜种株定植后 40~50 d 开始开花。主花茎高 1.0 m 左右,具棱沟,有粗毛,为复伞形花序。1 个复伞形花序一般有 8~12 层,由 3 种结构不同的小伞形花序组成,小花序数可达 90~150 个,每个小花序有花 5~60 朵不等。单株开花可达 70 000 朵左右。开花顺序是先主枝,后各级分枝。1 个小花序花期为 5 d 左右,单株花期 30~50 d,多者可达 70 d 以上。

(2)花的结构与授粉习性 胡萝卜花多而小,有白色或粉红色花瓣 5 个,多为雌雄同花的两性花;雌蕊 1 个,柱头 2 裂,子房下位 2 室;雄蕊 5 枚,花丝纤细,花粉椭圆形。为典型的雄蕊先熟作物,开花后 5 枚雄蕊的花药在 1 d 内依次开裂。而雌蕊在开花后第 5 天柱头成熟,并保持接受花粉能力 8 d。胡萝卜属高度异花授粉作物,自交结实率较低。

(3)结实习性 胡萝卜在一般栽培和自然授粉条件下,以主枝和一级分枝结实最好。就一个总花序来说,各层小花序的结果数由外层向内层有规律地减少,以外围 1~4 层结实最多。

因此,在进行种子生产时,可只留主枝和一级分枝的花序,以提高种子的产量和质量,自交和杂交时,可留花序中1~4层的花朵,而将其余各层摘除。

2.常规品种的种子生产

胡萝卜种子生产方法有两种,即成株种子生产法和半成株种子生产法。

(1)成株种子生产法　第1年秋季培育种根,第2年春季将种根定植于露地的种子生产方法。由于在种根收获时能根据品种典型性状进行选择和淘汰,故能保持品种的优良性状,原种生产必须采用此法。

①种根的培育。培育种根的胡萝卜,一般于7月播种。播前要进行种子处理,以提高发芽率。播种时要精细整地,土壤细而润,覆土要适当,达到苗齐苗壮。可撒播或条播,播种量15.0~22.5 kg/hm²。

胡萝卜苗期生长缓慢,要注意及时中耕除草,增温保墒。其他管理措施与大田栽培基本相同。

②种根的选择和贮藏。收获时要选择叶色正,叶片少,不倒伏,肉质根表面光滑,根顶小,色泽鲜艳,不分杈,不裂口,须根少,具本品种特征特性的种根留种。入选种株切去叶片,只留1~2 cm长的叶柄待藏。在贮藏期间和出窖前,进行复选,除去伤热和冻害引起腐烂和感病的种株。

种株入窖前可用浅沟假植,当气温降至4~5℃时入窖。窖内多采用沙层堆积方式,即一层干净的细沙土,一层胡萝卜,如此堆至10 m高左右。冬季贮藏适温为1~3℃。

③种株定植及管理。在冬暖地区,将选取的种根保留10~15 cm长的叶柄,摊晾1~2 d后,直接栽于种子生产田。在寒冷地区,于土温上升至8~10℃时栽植。栽植前再进行一次选择,淘汰不符合品种典型性状的种株。最好假植一段时间后再定植。定植时将肉质根斜插入土壤中;栽深以顶部与地面平或稍高为宜。行距50~60 cm,株距25~33 cm。制种区应隔离1 000 m以上。

胡萝卜花期长,除施基肥外,要追肥1~2次,且保持花期不干旱。为了使种子充实饱满和成熟一致,每株只留主枝和4~5个健壮的一级分枝。

④种子采收。由于胡萝卜花期长,各花序的种子成熟期不一致。因此,最好分批采收。当花序由绿变褐,外缘向内翻卷时,可带茎剪下,20多枝捆成一束,放在通风处风干,即可脱粒,或只剪成熟的花序,摊晒后脱粒。

(2)半成株种子生产法　半成株种子生产法的特点是播期延迟1个月左右,使肉质根在冬前得不到充分发育,肉质根直径不小于2.0 cm时收获,贮藏越冬,次春定植。南方可采用直播疏苗,次春定苗。

半成株种子生产法栽植密度大于成株种子生产法,其种子生产量也略高于成株种子生产法,但由于播期迟、肉质根小,不利于依据品种典型性进行选择。因此,主要用于繁殖生产用种。

3.杂交种制种技术

胡萝卜由于花小,单花形成的种子少。因此,配制F_1杂种,以利用雄性不育系为好。目前发现的雄性不育花有两种类型:一种是瓣化型,即雄蕊变形似花瓣,瓣色红或绿;另一种是褐药型,花药在开放前已萎缩,黄褐色,不开裂,花开后花丝不伸长。在不育程度方面,可以分为完全不育和嵌合不育两类。

胡萝卜配制 F_1 杂种,主要采用半成株法和春育苗法,其主要技术如下:

【操作技术 5-2-21】半成株法杂交制种

杂种一代亲本系的播期、田间管理、冬季贮藏及春季的栽培管理与半成株法繁殖亲本系原种相同。不同之处为当母本为雄性不育系、父本为自交系时,双亲的用种量为 3∶1,春季可按 4∶1 的行比进行定植。盛花期过后,将父本行拔除,可获得纯度为 100% 的杂交种。

【操作技术 5-2-22】春育苗法杂交制种

育苗阳畦于冬前做好。播前将畦内浇足底墒水,待水渗后,在畦面上划成 4～5 cm 见方的小方格,在方格中央点播 1～2 粒种子,播后覆土 1～1.5 cm,盖严塑料薄膜,傍晚加盖草苫。利用雄性不育系为母本,自交系为父本制种时,双亲的用种量为 3∶1。播种后要尽量提高畦温,促进出苗。当幼苗长到 5～6 片真叶时,要进行低温锻炼。土壤解冻后,选好隔离区及时定植。不育系与父本系可按 4∶1 的行比栽植,要带土坨定植,以利缓苗。定植后及时浇水,中耕松土,以增温保墒。其他管理同一般采种田。盛花期过后,将父本行拔除,可获得纯度为 100% 的杂交种。

你知道吗?

你能说出胡萝卜种子的种类吗? 每种胡萝卜种子生产的技术规程有哪些?

三、茄果类种子生产技术

茄果类蔬菜主要有番茄、茄子和辣椒,是我国人民最喜爱的果菜类之一,属于茄科植物。番茄和辣椒起源于中、南美洲,茄子起源于印度。茄果类蔬菜的杂种优势利用在美国、日本等发达国家已十分普遍,我国生产上杂交种的应用面积也逐年扩大,番茄已达 90% 以上,辣椒、茄子也已达 60% 以上。

(一)番茄种子生产

1.番茄的生物学特性

(1)番茄的花与花序　番茄的花为两性花,属自花授粉作物。其雄蕊花药长而花丝短,花药聚合呈筒状包围着雌蕊,极易自交。但也有少数花朵的花柱较长,露在花药筒的外面,可接受外来花粉。因此,留种时应特别注意隔离。

番茄按花序着生的位置及主轴生长的特性,分为两种类型:有限生长型即自封顶类型,其主茎生长 6～8 片真叶后,开始着生第一花序,以后每隔 1～2 片叶着生一花序,长 2～4 个花序后封顶;无限生长型即非自封顶类型,其主茎生长 7～12 片真叶后着生第一花序,以后每隔 2～3 片叶着生一花序,只要条件适合,可不断向上生长,不断开花结果。

(2)番茄的开花结果习性　番茄的开花顺序是基部的花先开,依次向上有序开放。通常是第一花序的花尚未开完,第二花序基部的花已开放。番茄在开花时,雌蕊柱头上有大量黏液,是授粉的最佳时期。雌蕊在开花前 2 d 至开花后 2 d 均可授粉结实,但以开花当天授粉的结实率最高。雄蕊在开花当天花药纵裂,花粉自然散出。番茄开花受精的适宜温度为 23～26℃,温度高于 35℃、低于 15℃均不能受精。从授粉到果实成熟 40～50 d。

2.番茄常规品种的种子生产

(1)番茄常规品种的原种生产

【操作技术 5-2-23】培育壮苗

番茄的原种生产一般在春季露地进行。培育壮苗是提高原种产量的基础。番茄育苗的方法很多,各地最常用的是阳畦育苗。

①播期的确定。番茄播种期可按当地的定植期和育苗天数来估算。一般阳畦育苗的苗龄为 70～90 d,温室育苗的苗龄为 55～60 d。例如,河北省中南部当地的定植期为 4 月中旬,则阳畦育苗的播期应为从 4 月中旬前推到 70～90 d 的 1 月下旬至 2 月上旬。

②播前准备。播前准备包括苗床和种子的准备。

a.苗床的准备。冬前按每公顷种子田需要育苗床约 75 m²,分苗床 450～600 m² 的要求做好阳畦。畦宽 1.5 m,畦内铺 10～15 cm 厚的营养土,营养土用没种过茄科作物的园田土、腐熟的圈粪和腐熟的马粪以 4:3:3 混合而成。

b.种子的准备。一般种子田需种子 450 g/hm²。为了防止种子表面带菌,浸种前应先用 10%的磷酸三钠溶液浸种 20 min,或用 1%高锰酸钾浸种 30 min 后,再用清水冲洗干净。之后将种子放入 40%的甲醛 100 倍液中浸泡 15～20 min,取出后闷 2～3 h,再用清水冲洗干净。

浸种催芽:将消过毒的种子放入 55℃的温水中,不停搅拌至不烫手后再浸种 6～8 h,待种皮泡透后捞出,洗净种子上的黏液,用湿布包好后置于 25～30℃下催芽 2～4 d,待 70%种子露白时播种。

③播种及育苗床管理。

a.播种。阳畦在播种前烤畦 10～15 d。选择在晴天的上午进行播种,先浇透水,水渗后向畦面撒一层细土,然后均匀撒种子,种子上盖 1 cm 厚细土,再在地面上盖一层地膜,撒上杀鼠药,最后盖好阳畦薄膜和草苫。

b.育苗期的管理。可分为以下两个阶段。

播种到顶土:此期间重点是提温保温,以利出苗,白天适温 25～28℃,夜间 15℃以上。草苫要晚揭早盖,塑料薄膜要保持干净以透光,当幼苗顶土时,揭开地膜,覆 0.5 cm 厚的"脱帽土"。

顶土到 2 叶 1 心:齐苗后适当降温,保持白天 20～25℃,夜间 10～15℃为宜,超过 25℃时要逐渐放风。草苫要早揭晚盖,以延长光照时间,降低畦内空气湿度。若湿度太大,可于间苗后覆一层干土以防立枯病和猝倒病。幼苗达 2 叶 1 心时分苗,分苗前要放风降温炼苗,白天 20℃,夜间 10℃,分苗前 3 d 在没有寒流的情况下白天可大揭盖。

④分苗及分苗床的管理。

a.分苗。一般采用阳畦分苗。选择阴天尾、晴天头的上午进行暗水分苗。在分苗床上按 8 cm 行距开沟,沟内浇满水,水半渗时,按 8 cm 株距坐入苗,水渗完盖土。随栽苗随盖膜及草苫。

b.分苗床的管理。可分为两个阶段。

分苗到缓苗阶段:分苗后保持较高的温度,白天 25～28℃,夜间 20℃,3～4 d 内阳光过强时,中午回苫遮阴,一般 6~7 d 缓苗。

缓苗到定植阶段:缓苗后逐渐降低温度,白天 20~25℃,夜间 10~15℃,放风口由小到大,草苫由早揭晚盖至全揭。定植前 7~10 d,白天揭去覆盖物,温度控制在 20℃左右,夜间 10℃左右;定植前 5 d 给苗床浇透水,待床土不黏时,将苗切成 8 cm 见方的土坨起苗,蹲苗 3~5 d,使土坨变硬,以利于定植时的运苗和定植后的缓苗。

【操作技术 5-2-24】定植及定植后的田间管理

①原种田的选择及整地。番茄忌连作,所以最好选择在 3~5 年内没种过茄科作物的地块并隔离 100~300 m。施入有机肥 75 000~105 000 kg/hm²,过磷酸钙 375~750 kg/hm²,然后做成宽 1.2 m、长 7~10 m 的平畦。

②定植。定植时期掌握在 10 cm 地温稳定在 10℃以上、幼苗不受冻害为宜,因为早春地温低,宜采用暗水定植。定植的深度以地面与子叶相平为宜,定植密度因品种和整枝方式而异,一般为 37 500~67 500 株/hm²。

③定植后的田间管理。

a.追肥、浇水与中耕除草。为提高地温,定植后的次日即可浅中耕,3~5 d 后可浇一次缓苗水,然后中耕 1~2 次,并开始蹲苗。蹲苗结束时,开始浇"催果水"、施"催果肥",施氮磷钾复合肥 225~300 kg/hm²;浇"催果水"以后植株达需肥水高峰,一般 4~6 d 浇一次水,保持土壤见干见湿。

b.插架、绑蔓与整枝。在北方早春风大的地区,可在定植后即插架。插架后随即绑蔓以保护秧苗。自封顶品种采用双干或三干整枝,即将第一花序下的第一或第二侧枝留下;非自封顶品种采用单干整枝,也有采用双干整枝的。

c.病虫害防治。病害主要有病毒病、早疫病、晚疫病、叶霉病、脐腐病等,虫害主要有棉铃虫、蚜虫等,针对病、虫害种类应及时用药防治。

【操作技术 5-2-25】选种与采种

①选种。原种的种子生产要严格选种,株选与果选结合进行。在分苗、定植时去杂去劣的基础上,果实成熟时决选。选择生长健壮、无病虫害、生长类型符合原品种特征的植株入选,再从入选株中选择坐果率高、果形、果色、果实大小整齐一致、不裂果、果脐小的第二、三穗果采集原种。在种果果面全部着色、果肉变软、种子已充分发育成熟的完熟期分批采种。

②采种。将种果横切,挤出种子于非金属容器中(量大时可用脱粒机将果实捣碎),发酵 1~3 d,当液面形成一层白色菌膜,或经搅动果胶与种子分离时,表明已发酵好。用木棒搅动发酵好的种液,使种子与果胶分离、种子沉淀,倒去上层污物,捞出种子,用水冲洗干净,装入纱袋中置于架起的细纱网上晾晒,当种子含水量降至 8%以下时,即可装袋保存。

(2)番茄常规品种的大田用种生产 常规品种的大田用种生产技术基本同原种的种子生产技术。要求空间隔离 50 m 以上,用原种进行繁殖,在分苗、定植、果实成熟、采收前也要按原品种特征特性淘汰杂、劣、病株,以保持原品种纯度。

3.番茄杂种一代的种子生产

番茄杂交种子的生产途径有两条:人工去雄授粉制种和利用雄性不育系制种,目前以人工去雄杂交制种为主。

【操作技术 5-2-26】制种田的亲本准备

培育适龄壮苗是提高制种产量和质量的重要基础。壮苗的标志是：根系发达，叶色浓绿，茎秆粗壮，株高 20 cm 左右，有 7～8 片真叶，定植前见花蕾。

【操作技术 5-2-27】制种田的定植及管理

①制种田的选择与定植。制种田宜选择耕层深厚、排灌方便、土壤肥沃、3 年未种过茄科作物的田块，空间隔离 50 m 以上。具体定植技术同原种生产。

②制种田的田间管理。定植后母本要及时插架，将两个相邻高畦的各一行插为一架，以便于开花期在高畦间适时浇水，在高畦上仍能进行正常的去雄授粉工作。父本植株不插架也不整枝，以利于多开花，便于采粉，但要及时去除腋芽和徒长枝条。其他田间管理同原种生产。

【操作技术 5-2-28】去杂保纯

为保证杂交种子的纯度，对双亲种株的纯度要严格检查：在分苗和定植时根据叶形、叶色等性状剔除杂、劣、病株；在去雄授粉之前，再根据株型、叶形、叶色、长势等拔除杂、劣、病株。

【操作技术 5-2-29】人工去雄授粉

①人工去雄授粉的时间。在母本开花期的每天清晨有露水时最好进行人工去雄。上午 8:00—11:00，对前一天的去雄花进行授粉，气温达 28℃后停止授粉，下午去雄或授粉均可。去雄授粉工作持续 25～30 d。

②父本花粉的采集与制取

a.花药的采集。每天上午 8:00—10:00，在父本行摘取花冠鲜黄、花药金黄色、花粉未散出的花朵，去掉花冠，保留花药，放于采粉器中带回。

b.花药的干燥。将花药在室内或室外花荫下摊开，自然干燥；也可将花药放在 25～30℃的烘箱中烘烤 6～8 h，但注意温度不能超过 32℃。待花药干燥至用手捏花药不碎、但花粉能散出时为止。

c.花粉的筛取及贮存。取一大一小两个碗，大碗上放花粉筛，将干燥的花药放在筛上，并加入几个弹珠以撞击花药，扣上小碗，筛取花粉于下方大碗内。将筛取的花粉装入授粉管内，用棉花塞紧授粉管的上下口，置于 4～5℃下存放。最好是当天采集的花粉次日用，用剩的花粉仍置于 4～5℃下密封存放，一般在常温下干燥的花粉可保存 2～3 d，4～5℃干燥下可保存 30 d。

③母本人工去雄。

a 母本去雄花蕾的选择。选择开花前一天的花蕾去雄。开花前一天的花蕾为花冠刚伸出萼片，花药呈黄绿色，为主要选蕾标准。若花药全绿色说明花蕾小，授粉后坐果率低；若花药呈黄色，说明花蕾大，易造成自花授粉。

b.去雄方法。去雄一般在下午进行，去雄时用左手夹扶花蕾，右手用镊尖将花冠轻轻拨开，露出花药筒，将镊尖伸入花药筒基部，然后将花药从基部摘除。去雄时注意不要碰伤子房、碰掉花柱、碰裂花药；要严格将花药去净；保留花冠以利坐果。

④人工授粉。人工授粉应在田间无露水时进行，上午授粉效果最好，当温度高于 28℃时停止授粉。授粉时选择前一天已去雄，花冠鲜黄色，柱头鲜绿色并有黏液的花授粉。授粉注意事项：授粉后 5 h 内遇雨重授；授粉的次日柱头仍鲜绿色的重授；上午 11:00 后气温高于 28℃时不授；杂交标志要明显，每个花序授粉 4～6 朵花，其余的花打掉。

【操作技术 5-2-30】种果收获及采种

①种果收获。种果完全着色、果肉变软时采摘种果,于阴凉处后熟1～2 d。收获时注意:无标志果不收,落地果不收。

②采种。同原种生产。

你知道吗?

你能说出番茄种子的种类吗? 每种番茄种子生产的技术规程有哪些?

(二)辣(甜)椒种子生产

辣(甜)椒是茄科辣椒属一年生或多年生草本植物。甜椒是辣椒的变种。

1.辣(甜)椒的生物学特性

(1)辣(甜)椒的花器构造　辣(甜)椒花单生、丛生或簇生,雌雄同花,甜椒花较大,辣椒花稍小。异交率较高。

(2)辣(甜)椒的开花结果习性　辣(甜)椒为二权分枝。根据分枝、结果习性,可分为无限分枝和有限分枝两种类型。

①无限分枝型。当主茎长到7～15片叶时,顶芽变成花芽结出第一层果,称为门椒,花蕾以下生出2～3个侧枝,侧枝长出3～4片叶时,顶芽又变成花芽,结出第二层果,称为对椒,以同样方式继续分枝,陆续结的第三层果称四门斗,第四层果称八面风,第五层果称满天星,长到上层以后,分枝将不再规律。这种类型的植株在生长季节可无限分枝,绝大多数辣(甜)椒属此类型。

②有限分枝型。当主茎生长到一定叶数后,顶芽分化出簇生的多个花芽,由花簇下面的侧芽抽生出侧枝,侧枝的叶腋再抽生副侧枝,在侧枝和副侧枝的顶部形成花簇然后封顶,一般簇生椒属此类型。

辣(甜)椒开花顺序由下而上,下层花开后4～6 d,上层花开放,果实也按此开花顺序分批成熟。在一天中多在上午7:00—10:00 开花。随着花冠张开,花药也渐渐纵裂散粉,在高温条件下往往尚未开花即已散粉。每朵花开放2～3 d,雌蕊在开花前2 d到开花后2 d,均具受精结实能力,但以开花当天受精结实率最高。从开花到种子成熟需50～60 d。

2.辣(甜)椒常规品种的种子生产技术

辣(甜)椒为常异花授粉作物。在种子生产过程中,为避免生物学混杂可采用3种隔离方法。

空间隔离:原种田隔离距离500 m以上,大田用种田为200～300 m。

利用网纱、高秆作物隔离:适用于少量采种的原种或杂交亲本的种子生产。

花期隔离:利用温室、大棚、覆膜等设施分期播种,错开花期。

(1)辣(甜)椒常规品种的原种生产　生产辣(甜)椒原种的最简便可靠的方法是利用原原种(也叫育种家种子)直接繁殖原种。如无原原种,而且生产上使用的原种又已混杂退化,则采用选优提纯的三圃制或二圃制法生产原种,其原种生产程序基本同粮食作物。

【操作技术 5-2-31】单株选择

①选株的对象。在原种田、种子田或从纯度较高的生产田中选择具原品种典型性状的单株。

②选株的时期、方法及数量。欲选到具原品种典型性状的单株,必须在性状表现最典型的时期进行选择,一般分 3 个时期进行。

a.坐果初期初选。门椒开花后,根据株型、株高、叶形、叶色、第一花着生的节位、花的大小与颜色、幼果色、植株开张度、熟性等性状,选择符合原品种标准性状的植株 100～150 株,入选株用第三层(四门斗)果留种,为确保自交留种,应将入选株已开的花及已结的果摘除,然后将各入选株扣上网纱隔离,或用极薄的脱脂棉层将留种花蕾适时包裹隔离。

b.果实成熟期复选。果实成熟后,在第一次入选的单株内根据果实形状、大小、颜色、果肉薄厚、胎座大小、辣味浓淡、果柄着向、生长势、抗病性等性状选择符合原品种典型性状的单株 30～50 株。

c.种果成熟期决选。种果红熟后,在第二次入选的植株中按熟性、丰产性、抗病性等决选出 10～15 株,将入选株编号,分株收获留种。

【操作技术 5-2-32】株行比较(株行圃)

鉴定上年各入选株后代的群体表现,从中选出符合原品种典型性状且行内株间较整齐一致的株行。

【操作技术 5-2-33】株系比较(株系圃)

鉴定上年入选各株行的后代株系的群体表现,从中选出符合原品种典型性状的、整齐一致的株系。

【操作技术 5-2-34】混系繁殖原种(原种圃)

将上年决选的各株系混合种子或育种家种子及时播种育苗,适时定植在原种圃,原种圃与周围的其他辣(甜)椒空间隔离 500 m 以上,在种株生长发育过程中严格去杂去劣,以第二、三层果实留种,其种子经田间检验和室内检验,符合国家规定的原种标准后,即为原种。

(2)辣(甜)椒常规品种的大田用种生产　辣(甜)椒的大田用种生产以获得高产优质的种子为目的,种子的产量在很大程度上取决于第二至第四层果实的产量。在技术上应抓好以下环节:

【操作技术 5-2-35】培育壮苗

培育壮苗是获得种子高产的基础。

①播前准备。

a.种子准备。为生产出种性纯正的大田用种,必须用原种育苗。为防种子带菌,须先进行种子消毒。具体方法是:用 55℃ 热水浸种 10～15 min,捞出后用 1% 硫酸铜溶液浸种 5 min,用清水冲洗 3～4 次,再用 10% 磷酸三钠或 2% 氢氧化钠溶液浸种 15 min,再用清水冲洗 3～4 次,然后再浸种 8 h 左右,淘洗后在 25～30℃ 温度下催芽 3～4 d,待 70% 种子露白时播种。

b.苗床的准备。温室育苗的苗床要在播前用 50% 多菌灵 100 倍液喷洒床面消毒,再用塑料膜密封 2～3 d 后播种。采用阳畦播种的播前 15 d 要烤畦。一般 1 hm² 种子田需育苗床

105～120 m²。

②播种。播种期与菜用椒栽培相同。先将苗床浇透水,水渗后撒 0.5 cm 厚的细土,然后均匀撒播,播后覆细土 1 cm 左右,再盖上地膜增温保湿,最好用塑料膜扣严苗床,夜间盖草苫保温。

③苗期管理。播种后苗床温度宜保持在白天 30～35℃,夜间 18～20℃。当幼苗齐苗后,床内温度白天保持 25～28℃,夜间 16～18℃。1～2 片真叶时,喷洒 0.2%磷酸二氢钾和 0.1%尿素混合液一次,以促花芽分化和幼苗健壮。2 叶 1 心时按 7～8 cm 见方分苗,分苗宜选择在晴天的上午采用暗水分苗,随分苗随盖膜和草苫。分苗后 1 周内不放风,白天保持 30～35℃,夜间 18～20℃,以促根系生长,草苫要晚揭早盖,在中午要及时回苫遮阴,以防日晒萎蔫。约 7 d 缓苗后逐渐加强放风,白天保持 25～27℃,夜间 16～18℃。在秧苗 4～5 片真叶和 8～9 片真叶时各浇水一次,结合浇水追施尿素 200 g/m²。定植前 10～15 d 逐渐降温、控水、炼苗,以适应定植后的露地环境。

【操作技术 5-2-36】大田用种田的定植

①大田用种田的选择及整地。大田用种田的空间隔离至少 300 m 以上,选择近 3～5 年没种过茄科作物、排灌方便、肥力较好的沙壤土地块。为使种子充实,大田用种田要增施基肥和磷钾肥。

②适时定植。大田用种田在晚霜过后、10 cm 地温稳定在 16℃时定植,定植密度为 67 500 穴/hm² 左右,一般行距 50～60 cm,穴距 25～30 cm,每穴双株,早春地温较低,宜采用暗水定植,结合定植剔除病、杂、劣株。

【操作技术 5-2-37】大田用种田的管理

辣(甜)椒喜温、水、肥,但又不耐高温、不耐肥、不耐涝。因此,田间管理要促进早发育、早结果,在高温季节到来之前保证封垄,以保丰产。

①肥水管理。前期地温低,定植水不可太大。4～5 d 缓苗后可浇稀薄粪水一次,定植和缓苗后浅中耕 2～3 次。50%的植株门花开放时,浇大水一次,结合浇水施尿素 75 kg/hm²,然后人工摘除门花。当种果长到纽扣大小时,施磷酸二铵 225～300 kg/hm²、硫酸钾 150 kg/hm²,然后浇水一次。以后每 6～7 d 浇水一次,保持地面湿润即可。种果将要红熟时每 6～7 d 喷 0.1%～0.2%的磷酸二氢钾一次,以提高种子千粒重。

②整枝。为使养分集中供应种果,要及时剪除门花下部的侧枝、上部非留种花、果及下部的衰老黄叶。

③病虫防治。辣(甜)椒病虫害较多,要及时防治。

【操作技术 5-2-38】大田用种田的去杂去劣及种果选留

①大田用种田的去杂去劣。大田用种田在分苗和定植时剔除病、劣、杂株的基础上,开花结果期再严格株选一次,拔除病、杂、劣株。

②种果的选留。一般留对椒和四门斗做种果,长势强的植株可留部分八面风果作种果,这样既能提高种子产量,又能保证种子质量。

【操作技术 5-2-39】种果的采收

种果达到红熟时,种子发育成熟,要及时分批采收,采收回的种果后熟 1～2 d 即可进行采种。采种时,用手掰开果实或用小刀从果肩环割一圈,轻提果柄,取出籽胎座,然后剥下种子,将种子铺晒于通风处的纱网上晾干,切勿将种子直接放在水泥地或金属器皿上于阳光下暴晒,以免烫伤种子。从种果上剖取的种子,不可用水淘洗。晾晒好的种子呈淡黄色并具光泽。当种子含水量降至8%以下时即可装袋,即为大田用种。

3.辣(甜)椒杂种一代种子的生产

目前生产上使用的辣(甜)椒杂交种,大多数是用两个自交系采用人工去雄授粉的方法生产的,近几年生产上已开始用雄性不育系生产杂交种。

(1)杂交亲本的种子生产　目前辣(甜)椒杂交种的亲本(自交系、不育系、保持系、恢复系)由育种单位或育种者掌握生产和提供杂交用种。

①自交系的种子生产。一般采用原种种子的二级留种制度:将自交系原种育苗后栽植在原种田,在生长发育的各关键时期去杂去劣,然后按原自交系的标准性状选择优良单株,这些优良单株上的混合种子(原种一代)下年用于自交系原种二代的生产;而其余株上混合收获的自交系种子用作下年杂交制种的亲本。自交系原种生产的具体技术同常规品种的原种生产。

②雄性不育系的种子生产。目前生产上利用的雄性不育系的遗传类型主要有两种:核基因控制的雄性不育两用系和质核互作的雄性不育系。

A.核基因控制的雄性不育两用系的种子生产。其不育性是由一对隐性核基因(msms)控制的,用不育株(msms)为母本,杂合能育株(Msms)为父本,从不育株上收获的种子播种后,群体内不育株与可育株呈1∶1分离,这样的系统既可作不育系用,又可作保持系用,所以叫雄性不育两用系。该系内不育株的花药无花粉粒,比正常可育花药明显瘦小、干瘪,因此在两用系繁殖田的门椒与对椒开花时,每天对两用系中已开花的植株逐棵进行育性检查,给不育株绑绳标记,再选择可育株给不育株授粉,授粉结束后拔除可育株,从不育株上收获的种子即为两用系种子。

B.质核互作型雄性不育系的种子生产。这种不育性是由细胞质基因和细胞核基因共同控制的。这种不育系的使用必须"三系"配套。"三系"的原种生产一般设置不育系和恢复系两个繁殖区。在不育系繁殖区,种植不育系和保持系,用保持系给不育系授粉,则不育系上采收的种子仍为不育系,用于下年继续繁殖不育系或作杂交制种的母本。保持系上采收的种子仍为保持系,下年仍做繁殖不育系的父本。恢复系繁殖区内种恢复系,自交留种,采收的种子仍为恢复系,用作下年的自繁或作杂交制种的父本。

(2)杂种一代的种子生产技术

①人工去雄授粉杂交制种技术。用两个自交系采用人工去雄授粉杂交是辣(甜)椒杂交制种上普遍采用的途径,也是目前最基本的方式。

【操作技术5-2-40】培育壮苗

制种田的育苗技术同常规品种的大田用种生产。只是要父母本分期播种。一般双亲始花期相同或相近时,父本比母本早播8~10 d;父本比母本晚10 d左右时,父本应提早20 d播种。父母本的播量比为1∶(4~5)。

【操作技术5-2-41】制种田的定植及田间管理

制种田采用父母本分别集中连片定植。母本采用大小行定植,大行距60 cm,小行距40 cm,株距25~27 cm。制种田的选择与隔离同原种生产,田间管理同大田用种生产。

【操作技术 5-2-42】去雄授粉

辣（甜）椒开花结果对环境条件尤其是温湿度条件较敏感。去雄授粉以选择在白天 20～25℃为宜，甜椒偏低些，辣椒偏高些。空气相对湿度在 55%～75% 时坐果率最高，低于 40% 或高于 85% 时坐果率均下降。辣（甜）椒的集中授粉期 20～25 d，具体技术如下：

A．去雄授粉前的准备工作。

用具及用工：辣（甜）椒人工去雄授粉的用具基本与番茄制种相同，只是要多准备一些做杂交标记用的铁环或线圈等物品。

去杂整枝：在去雄前先根据株高、株型、叶形、叶色等性状严格去杂去劣，尤其是父本的去杂更要严格。然后将母本植株上已开的花、已结的果及门椒以下的侧枝全部摘除。

B．母本去雄。

去雄的部位：母本去雄授粉一般选择第二至第五层花蕾。生长势强的亲本从对椒（第二层）开始，生长势差的可从四门斗（第三层）开始。在去雄工作开始 10 d 后仍很小的植株，可从对椒甚至门椒开始。

去雄花蕾的选择：选择开花前一天的肥大花蕾，其花冠由绿白色转为乳白色，冠端比萼片稍大，即含苞待放、用手轻轻一捏即可开裂的花蕾。

去雄时间：适宜的去雄时间是上午 6:00—8:00 和下午 4:00 以后。

去雄方法：用左手拇指与食指夹持花蕾，右手持镊子轻轻拨开花冠，从花丝部分钳断后将花药夹出；也有从花蕾一侧用镊尖划开，连花冠带花药一同去掉的。由于辣（甜）椒的花蕾较小、花柄易断、雌蕊易脱落，所以去雄要格外小心。若遇到已散粉的未开放花蕾及已开的花朵，应及时摘除。

C．父本花粉的采制。

采花药：开花期的下午，在父本植株上选择花冠全白色、将开而未开的最大花蕾摘下，去除药冠，取下花药放入采粉器中带回。

花药干燥及花粉制取：将取回的花药在 35℃ 以下尽快干燥，干燥方法及花粉筛取方法见番茄。最好是当天采集的花粉次日授粉用，以提高结籽率。

D．及时授粉。辣（甜）椒以开花当天授粉结实率最高，所以在去雄后当天或第二天授粉最佳。授粉时间在上午露水干后尽早进行，这时湿度大、结果率高。授粉期以 20～25℃ 最适宜，超过 28℃ 或低于 15℃ 时不宜授粉。授粉后用铁环或线圈或细线在花柄处绑缚做杂交标记。

E．授粉后清理工作。清除母本株上的无标记自交果及小尾花，一般每 3～4 d 进行一次，共进行 4～5 次；清除母本株基部病、老叶及田间杂草，以通风透光，减轻病害发生；拔除父本种株；按果型、果色等特征清除母本行杂株。

【操作技术 5-2-43】种果采收

在授粉后 50～60 d 果实红熟时及时采收，采收时坚持"五不采原则"，即无杂交标记果不采；病、烂果不采；落地果不采；叶干枝枯植株上的果不采；不完全成熟的果不采。采摘后的果实置于阴凉处后熟 2～3 d，再采种。采种技术同大田用种生产。

②利用雄性不育系杂交制种。此法省去了蕾期人工去雄，授粉结束后不必打花，省时省工，降低了制种的难度和成本，能提高杂种纯度。目前生产上采用的雄性不育系有两类，现将其与人工去雄制种技术的不同点分述如下：

【操作技术 5-2-44】利用雄性不育两用系杂交制种技术要点

a.播种量及定植密度。由于雄性不育两用系中的不育株与可育株各占 50%,因此育苗时母本的播种量和播种面积应比人工去雄制种增加 1 倍。制种田母本的定植密度以 120 000~135 000 株/hm² 为宜,必须单株定植。

b.可育株的鉴别及拔除。在门椒和对椒开花时逐株检查花药的育性,不育株的花药瘦小干瘪,不开裂或开裂后看不到花粉,柱头发育正常。可育株的花药饱满肥大,花药开裂后布满花粉。通过育性鉴别,彻底拔除占 50%的可育株,该项工作要一直坚持到母本株全部开花为止。

c.授粉。授粉前必须将不育株上已开的花和已结的果全部摘除,然后选择当天开放的新鲜花朵授粉。

【操作技术 5-2-45】利用雄性不育系杂交制种技术要点

用"三系"中的雄性不育系制种,由于该不育系的不育株率为 100%。因此,杂交制种更简单,只需授粉前拔除杂劣株,摘除已开花和已结果,选择当天开放的鲜花授粉。其他栽培管理技术同人工去雄制种。

你知道吗?

你能说出辣(甜)椒种子的种类吗?辣(甜)椒种子生产的技术规程有哪些?

(三)茄子种子生产

1.茄子的生物学特性

(1)茄子的花器构造　茄子为自花授粉作物,两性花。其花萼呈钟状,谢花后不脱落,并继续生长;花冠紫色或白色;雄蕊 5~8 枚,着生于雌蕊周围;雌蕊 1 枚,位于花药的中央。

根据花柱的长短,茄子可分为长、中、短花柱 3 种类型,前两种花大色深,花药中的花粉能自然落到柱头上,受精能力强,称为健全花。后者因花柱短于雄蕊,花药中的花粉难于落到柱头上,受精能力差,为不健全花。同一品种中,花器大小与植株生长势有关,可作为植株生长正常与否的标志。

(2)茄子的开花结果习性　茄子为假二杈分枝,其分枝、开花、结果很有规律。主茎长到一定叶数后(早熟品种 5~7 片叶,中熟品种 8~12 片叶)就开花结果,主茎上的第一果叫门茄。门茄下的第一侧枝生长最旺,与主茎并驾齐驱,待主茎第二果与这个侧枝的第一果着生后(对茄),果实下面的叶腋又各自生长出一条强壮的侧枝,如此向上一而二,二而四,四而八地不断双杈分枝生长,花也相应依次增加,对茄以上的 4 个杈结的 4 个果叫四门斗,再向上着生的 8 个果叫八面风,以后形成的 16 个果叫满天星。只要条件适宜,就能不断地自上而下地分枝、开花、结果。

茄子开花后 15~20 d,果实达到成熟期,开花后 60 d,种子完全成熟,发芽率和发芽势最高。茄子种子的千粒重为 3~7 g,新种子为黄色并有光泽。新采的种子大多数有休眠期。种子在室温下干燥贮存,可保持 5 年的发芽能力。

2.茄子常规品种的种子生产

(1)茄子常规品种的原种生产　茄子的天然杂交率一般在 5%以下,但也有高达 7%~8%

的。因此,原种生产应采取严格的隔离措施。原种生产一般安排在春季进行,主要技术有:

【操作技术 5-2-46】培育壮苗

①播前准备。

a.确定播期。播期的确定可用当地的定植期及苗龄向前推算。中早熟品种在当地定植前2个月播种育苗,晚熟品种在定植前3个月播种育苗。

b.育苗床。种子田需 15 m²/hm² 的育苗床,375 m²/hm² 的分苗床。苗床一般设在温室内,做成 1～1.2 m 宽的南北向苗床,铺 7～10 cm 厚的营养土,分苗床铺 12～15 cm 厚的营养土,营养土用 60% 的未种过茄科作物的园田土和 40% 的腐熟有机肥过筛后混合而成。

c.浸种催芽。原种田的用种量为 750～1 125 g/hm²。茄子催芽较慢,可采用变温法催芽:先将种子在 55℃ 的热水中浸泡,并充分搅拌,待水温降至常温时再泡 24 h,清洗后将种子捞出稍晾,用湿布包好,白天保持 30℃,夜间 20～25℃,每天翻动 3～4 次,3～4 d 后,当 60% 以上种子露白时即可播种。

②播种及育苗期管理

a.播种。播种当天浇足底墒水,水渗后撒一层营养土,然后均匀撒播种子,播后覆盖 1 cm 厚的营养土,再盖一层地膜提温保湿,撒上杀鼠毒饵后起小拱,扣严薄膜,夜间加盖草苫。

b.播种至齐苗阶段。主要是增温保湿,草苫要晚揭早盖,用电热温床育苗的应昼夜通电。当幼苗顶土时,及时揭除地膜,断电,并覆 0.5 cm 的脱帽土。出苗 70%～80% 时,可渐渐揭去小拱上薄膜。

c.齐苗至分苗阶段。齐苗后要适当降温,防苗徒长,白天最适气温为 20～25℃,夜间15～20℃。并适当间苗,增强光照。干旱时喷水,兼喷施 0.2% 尿素与 0.2% 磷酸二氢钾混合液,为花芽分化提供足够的营养。

③分苗及分苗床管理。

a.分苗。在 2～3 片真叶时选择晴天的上午分苗,分苗前 1 周要降温炼苗。分苗床的营养土下要垫 0.5 cm 厚的细砂或炉灰,以便于起苗。分苗前喷透水;按 8～10 cm 见方的距离起苗。随分苗随盖薄膜和草苫,以防日晒萎蔫。

b.分苗至缓苗阶段。主要是增温管理,不放风,白天 25～28℃,夜间 15～20℃,晴天的上午 10:00 至下午 3:00 回苫遮阴,以防日晒萎蔫。

c.缓苗至定植阶段。随气温回升,应逐渐放风,畦内温度控制在 20～25℃,如苗床显干,在 4～5 片叶时可浇一小水并中耕,定植前 7～10 d 浇一次大水,放风渐至最大量以炼苗,直至全揭膜,待浇水后 3～4 d 苗床干湿适中时,进行切苗、起苗、囤苗 3～5 d,终霜过后方可定植。

【操作技术 5-2-47】定植及田间管理

①原种田的选择及做畦。原种田的选择同辣(甜)椒原种生产。

②定植。茄子耐寒力较弱,定植应选择在当地终霜过后,10 cm 地温稳定在 16℃ 以上时进行。定植密度为 43 500 株/hm² 左右,定植深度以露土坨为准。因早春地温低,宜采用暗水定植。

③田间管理。

a.追肥浇水与中耕除草。定植后及时中耕,以提高地温,促进发根。苗期应进行蹲苗。一般在门茄瞪眼时结束蹲苗,追一次催果肥。对茄和四门斗迅速膨大时,对肥水的要求达到高峰,可追施尿素与磷酸二铵 1∶1 混合肥 375 kg/hm²。

　　b.整枝打杈。一般茄子留种节位为对茄和四门斗,以四门斗种子产量最高。四门斗以上留 2～3 个叶片后打尖。对育苗晚的原种田,为防雨季烂果,可留门茄和对茄。保证大果型品种留种果 2～3 个,中小型品种留种果 3～5 个,要选择果型周正、脐部较小、颜色均匀一致的果实做种果。

　　c.去杂去劣。在定植时根据株型、叶形、叶色,去除不符合原品种典型性状的杂、劣、病株;在开花坐果期和种果采收前,根据果型、果色、花色、株型拔除不符合原品种典型性的杂、劣、病株。

【操作技术 5-2-48】种果采收与采种

　　种果在授粉后 50～60 d,当果实黄褐色、果皮发硬时可分批采收,采收后于通风干燥处后熟 1～2 周,使种子饱满并与果肉分离。

　　采种量少时可将果实装入网袋或编织袋中,用木棍敲打搓揉种果,使每个心室内的种子与果肉分离,最后将种果敲裂,放入水中,剥离出种子。采种量大时,可用经改造的玉米脱粒机打碎果实,用水淘洗,将沉在水底的饱满种子捞出,放在通风的纱网上晾晒,晒干后装袋贮藏。经室内检验,符合国家规定原种标准的种子即为原种。

　　(2)茄子常规品种的大田用种生产　常规品种的大田用种生产,空间隔离距离为 100 m,大田用种生产要用原种种子育苗,在分苗、定植、开花结果期及收获前严格剔除不符合原品种特征特性的杂、劣、病株。其他各项技术可参照原种的种子生产。

　　3.茄子杂种一代的种子生产

　　由于茄子的花器较大,人工去雄较容易。所以,茄子杂交制种一般采用人工去雄授粉。人工去雄杂交制种技术与番茄和辣椒相近。

　　你知道吗?
　　你能说出茄子种子的种类吗?茄子种子生产的技术规程有哪些?

四、瓜菜类种子生产技术

　　瓜类为果菜,均属葫芦科。我国栽培的瓜类果菜共有 10 余种,主要有黄瓜、西葫芦、西瓜、甜瓜、南瓜、苦瓜和冬瓜等。现以黄瓜和西葫芦为例介绍瓜类果菜种子生产技术。

(一)黄瓜种子生产技术

　　黄瓜是我国蔬菜生产中种植面积较大的果菜种类之一,全国各地均有栽培。保护地和露地均可生产。因此,各地对黄瓜品种及种子质量的要求较高。

　　1.黄瓜的生物学特性

　　(1)黄瓜的花　黄瓜为雌雄同株异花植物,由昆虫传粉。雌花为 5 裂合瓣花,花柱短,下位子房,子房 3～5 室。雄花有雄蕊 5 个。黄瓜一般为单性花,个别品种有两性花。

　　(2)黄瓜的开花授粉习性　黄瓜在清晨 1∶00—2∶00 始开花,6∶00—7∶00 开足。其花粉在

4～5 h内活力最强。雌花在开放前、后2 d均能授粉,但以开花当天上午8:00—11:00的受精能力最强。

2.黄瓜常规品种的种子生产

(1)黄瓜常规品种的原种生产　春黄瓜、秋黄瓜和保护地栽培品种的原种生产应在相应的栽培季节进行。所以黄瓜的原种生产分为春露地采种、夏季或秋季露地采种和保护地采种四种类型,以春露地采种用得最多。

①春露地采种技术。

【操作技术 5-2-49】培育壮苗

a.确定适宜播期。露地春黄瓜采种一般以10 cm地温稳定在12℃以上,再向前推30～35 d为适播期。

b.播前准备。包括种子和育苗床的准备。

育苗床的准备:黄瓜育苗期一般不分苗,生产上多采用营养钵、纸筒或营养土方育苗。育苗床可在大棚或阳畦内进行,1 hm²原种田需育苗床375～450 m²。育苗床的营养土可用优质堆肥4份、大粪或鸡粪1份、近3～4年内没种过瓜类作物的园田土5份,过筛后混合均匀而成。

种子的准备:1 hm²种子田需播种子2.25 kg左右。未包衣种子采用50～55℃温水浸种至水温降到40℃以下时,再用30℃温水浸种4～6 h;包衣种子先洗去种子包衣,在25～30℃温水中浸泡3～5 h,浸种结束后,捞出种子,用湿布包好于28～30℃下催芽,当种子70%露白时即可播种。

c.播种。播种前一天将苗床或营养钵浇透,苗床按8 cm见方划成营养土方。第二天在每钵或每方的中间按一小坑,每坑播一粒发芽的种子,将种子胚根向下平放,播完后覆1.5 cm厚的营养土。然后覆一层地膜,若为阳畦育苗马上盖塑料膜和草苫。

d.育苗期的管理。出苗前5 cm的地温要保持在20℃以上。大部分种子顶土时,揭去地膜,覆0.5 cm厚的脱帽土。幼苗3～4片真叶时可定植。定植前10 d浇一次水,然后将苗床切成8 cm见方的土坨,并开始炼苗。到定植前3～5 d将营养土方或营养钵移动起苗,原地囤苗3～5 d,使营养土方干燥,以利于定植时的运苗和定植后的缓苗。

【操作技术 5-2-50】原种田的定植及田间管理

a.原种田的选择与做畦。原种田应选择在3～5年内没种过瓜类作物的肥沃田块,与其他黄瓜隔离1 000 m以上,施入有机肥75 000～112 500 kg/hm²、磷酸二铵25 kg/hm²、硫酸钾15 kg/hm²做基肥,然后做成1.2～1.5 m宽的平畦或宽60～70 cm、高15 cm的小高畦。

b.定植。露地春黄瓜一般在10 cm地温稳定在12℃以上时定植,由于定植时地温低,应采用暗水定植。定植密度为60 000株/hm²左右,定植深度为苗坨与畦面相平或稍露苗坨为宜。

c.田间管理。

肥水管理:定植的次日及时浅中耕,注意不要松动苗坨,待4～5 d缓苗后,浇一次小水,然后进入中耕蹲苗,蹲苗期间每隔4～5 d中耕一次,以保墒提温,促进根系生长。

插架:北方露地春黄瓜宜在定植的当天或次日插架,以降低风速保护秧苗,两个相邻小高畦的各一行插为一架,以便架下沟内浇水,床上田间作业。

病虫害防治:定植后每隔 7～10 d 喷杀菌剂一次,注意不要连用一种药。授粉后每次喷药要加入 0.2% 的磷酸二氢钾,既防病又可增粒重。种瓜拖地后,及时把种瓜支起,以防种瓜接触湿土而烂瓜。

整枝:节成性品种主要靠主蔓结瓜,要将主茎第七片叶以下的侧枝、瓜、花全打去。从第八节开始每隔一叶留一瓜;枝成性品种主要靠侧枝结瓜,将第七节以下的侧枝及时去除,从第七节开始留侧枝。

绑蔓:每隔 3～4 片叶在花下 1～2 节绑蔓一次,一般每株留 1～4 个种瓜。大型瓜品种每株留 1～2 个种瓜,选用第二至四节位的雌花做种。小型瓜品种可留 3～4 个种瓜。

【操作技术 5-2-51】选择优良单株留种

选择优良单株是原种生产的重要环节,选优一般分 3 次进行。

第一次选择:在根瓜开花前,根据第一雌花的节位、雌花间隔的节位、花蕾形态、叶形、抗病性等,选择符合原品种特征的植株标记,并在入选株雌花开花的前一天下午,将要开的雌雄大花蕾分别用棉线或花夹子扎,夹花冠隔离,次日上午,打开雌雄花冠上的结扎物,用雄花的花粉给雌花授粉,然后重新扎好雌花的花冠,防止昆虫再次传粉,并在花柄上拴牌标记。一般早熟品种可选根瓜作种,而中、晚熟品种选腰瓜做种。

第二次选择:在大部分种瓜达到商品成熟时,根据瓜型、瓜数、节间长短、分枝性、结果性、抗性等性状进行复选,淘汰不符合原品种特征的植株。

第三次选择:在采种前,根据种皮色泽、刺棱特征选择,进一步淘汰不符合原品种特征特性的植株及种瓜。

【操作技术 5-2-52】种瓜的收获及取种

a. 种瓜的收获。黄瓜留种的果实通常在授粉后 40～60 d 达到生理成熟期,成熟时白刺种果皮呈黄白色、无网纹;黑刺种果皮呈褐色或黄褐色,有明显网纹。当种瓜果皮变黄褐、褐色或黄白色,果肉稍软时分批采收,注意不收无标记的种瓜,收获后在阴凉处后熟 5～7 d,以提高种子的千粒重和发芽率。

b. 取种。黄瓜种子周围有胶冻状物质,不易洗掉,可用下述方法除之。

发酵法:将种瓜纵剖,把种子连同瓜瓤一同挖出,放在非金属容器内使其自然发酵,发酵时间因温度而异,15～20℃需 3～5 d;25～30℃需 1～2 d。发酵过程中每天用木棒搅拌几次,当多数种子与瓜瓤分离下沉后,立即倒出上层污物,捞出种子,用清水搓洗干净。

机械法:用黄瓜脱粒机将果实压碎后,再次加压,使种子与胶冻状物质分离。此法省工省时,但种表的胶冻物质去除不彻底,这些黏性物质中含有抑制发芽的物质。

化学处理法:在 1 000 mL 的果浆中加入 35% 的 HCl 5 mL,30 min 后用水冲洗干净;或加入 25% 的氨水 12 mL,搅拌 15～20 min 后加水,种子即分离沉入水底,此时再加少量 HCl 使种子恢复原有色泽,然后用水冲洗干净。

②夏、秋露地采种技术。黄瓜夏季或秋季露地采种,可采用浸种催芽后直播或防雨遮阴育苗。由于苗期正值高温多雨季节,所以苗期较短,该采种法的播种期应以当地历年的气候资料和当年的气候情况能确保早霜到来之前种瓜正常成熟而定。种植密度可加大到 75 000～90 000 株/hm²。除淘汰病杂苗外,还应选择雌花节位较低的植株,采用人工辅助授粉和隔离。

③保护地采种技术。利用温室和塑料大棚育苗采种,管理技术同菜田生产,为提高采种量

必须人工辅助授粉,选第三节位以上雌花授粉 3~4 朵,选留 1~2 条瓜作种瓜。

(2)黄瓜常规品种的大田用种生产 多采用春露地采种,以增加种子产量,其具体栽培技术同原种生产的春露地采种法,但空间隔离应在 1 000 m 以上,大田用种生产田在严格的去杂去劣后,可采用自然授粉留种,即在黄瓜大田用种生产田的开花期放养蜜蜂,若蜜蜂较少时,应进行人工辅助授粉,以提高采种量。

3.黄瓜杂种一代的种子生产

(1)杂交亲本的种子生产 黄瓜制种的亲本主要是自交系和雌性系。

①自交系的种子生产。要求隔离距离在 1 000 m 以上,自交系的种子生产技术按常规品种原种的种子生产技术进行。

②雌性系的种子生产。雌性系是只长雌花不长雄花的黄瓜品系。用其作母本,可减少去雄的成本。雌性系在繁种时需要人工诱导产生雄花,再将作父本的雌性系和作母本的雌性系在隔离条件下相间种植,任其自然授粉,即可获得雌性系种子。

诱导处理的植株(即作父本的植株)占雌性系的 1/5~1/3。诱导方法是:在早熟雌性系 2~3 片真叶期、中晚熟雌性系 4~5 片真叶期,喷施 300~500 mg/L 的硝酸银,以喷新叶为主,隔 4~5 d 喷药一次,共喷 2 次。经硝酸银处理的植株叶面会出现皱缩或有黄褐色斑点现象。

在管理上,由于雌性系节节有雌花,生殖生长和营养生长同时进行,要求较高的肥水条件,所以定植后不宜长时间蹲苗;当植株生长缓慢时,应及时浇水,防止出现花打顶现象。其他栽培技术同常规品种的原种生产。

(2)杂种一代的种子生产 目前,黄瓜杂种一代的种子生产有用自交系人工去雄制种、化学杀雄制种和利用雌性系制种 3 种方式。制种过程中的育苗及栽培管理等与常规品种的原种生产相同。以下介绍这 3 种制种方式的主要技术。

①人工去雄制种技术。

【操作技术 5-2-53】保证父、母本花期相遇

要根据双亲开花期的早晚分期播种,开花晚的亲本要适当早播,开花早的亲本适当晚播,在双亲始花期相近的情况下为保证父本花粉的充足供应,父本应比母本早播和早定植 7~10 d,父母本的播种及定植的比例一般为 1:(3~6)。

【操作技术 5-2-54】去杂去劣

在开花授粉前,应根据双亲的特征特性拔除病、杂、劣株,摘除母本株上坐瓜节位下已经开过的雌花和已结果。

【操作技术 5-2-55】人工去雄杂交

a.人工去雄、昆虫授粉。适用于在保护地进行杂交制种。将母本株上的所有雄花在开放前摘除,然后在大棚内放养昆虫,由昆虫自然授粉杂交。

b.人工去雄、授粉。适用于用种量较少的杂交制种或隔离较差的杂交制种。

夹花隔离:将第二天要开放的、明显膨大变黄的父本雄花和母本雌花在前一天下午用棉线或花夹子扎夹,注意扎或夹在花冠的 1/2 处,不要伤了柱头。

授粉:次日上午 6:00—10:00 摘下隔离的父本雄花,用其花粉直接涂至隔离的母本雌花柱头上。授粉后重新扎或夹好母本雌花的花冠,并在其花柄上挂牌或拴绳做标记。

【操作技术 5-2-56】杂种瓜的收获

种瓜收获时,严格注意不收无标记的种瓜。其他技术环节同常规品种的原种生产。

②化学杀雄、自然杂交制种技术。生产上常用乙烯利作为黄瓜杀雄剂,使用方法是:当母本的第一片真叶达 2.5～3.0 cm 时喷第一次,浓度为 250 mg/L;3～4 片真叶时喷第二次,浓度为 150 mg/L;再过 4～5 d 喷第三次,浓度为 100 mg/L,每次喷至叶面开始滴水为止。母本植株经 3 次喷乙烯利后,20 节以下的花基本上都是雌花,在隔离区内可靠昆虫自然授粉生产杂交种。

应用化学杀雄剂自然杂交制种在技术上应注意:

A.隔离与双亲的配比。制种地四周至少 1 000 m 内不得种植其他黄瓜,父母本按 1∶(2～4)栽植。

B.确保双亲花期相遇。通过调节播期或其他栽培手段使父本雄花先于母本雌花开放。

C.人工辅助去雄和授粉。进入现蕾阶段后要经常检查并摘除母株上出现的少量雄花。授粉适期如遇阴雨天气,可进行人工辅助授粉。

③利用雌性系杂交制种技术。主要技术如下:

【操作技术 5-2-57】父母本行比及调节花期

父母本行比可为 1∶(3～5)。栽培密度为 60 000～75 000 株/hm²。通过调节播期使父本雄花先于母本开放。

【操作技术 5-2-58】去杂去劣

开花前认真检查和拔除雌性系中有雄花的杂株,以免产生假杂种。

【操作技术 5-2-59】人工辅助授粉

授粉期如遇连阴雨,要进行人工辅助授粉,以提高种子产量和质量。

【操作技术 5-2-60】选优质瓜留种

授粉结束后,及时摘除没有授粉或授粉发育不良的尖嘴瓜,以减少养分损耗。收获时选择瓜顶膨大、发育良好的瓜留种。

你知道吗?
你能说出黄瓜种子的种类吗?每种黄瓜种子生产的技术规程有哪些?

(二)西葫芦种子生产

西葫芦又称白瓜、番瓜、角瓜、美洲南瓜等,是葫芦科南瓜属南瓜种,原产于美洲南部。目前,是我国保护地瓜类中仅次于黄瓜的一大类果菜。

1.西葫芦的生物学特性

(1)西葫芦的花 为雌雄同株异花、靠昆虫传粉的异花授粉作物。雌雄花均着生于叶腋,花单生,黄色。雄花花冠基部联合呈喇叭状,端部 5 裂,雄蕊 3 枚,花丝粗短,花粉粒大而有黏性;雌花为下位子房,开放时其环状蜜腺分泌大量黏液,此时为最佳授粉期。

(2)开花结果习性 西葫芦品种有矮生、半蔓生和蔓生 3 种类型,生产上主要用矮生型品种。矮生型品种的节间极短,4～8节着生第一雌花。苗期短日照和低夜温有利于雌花形成。一般在清晨5:00以后开花,授粉多在6:00—8:00,13时至闭花。受精、坐果、结籽率最高的时间是上午9:00—10:00。从授粉到种子成熟约50 d。第一雌花的结籽数较少,第二、三雌花的结籽数最多。所以,西葫芦的种子生产一般用第二与第三个瓜作种瓜。

2.西葫芦常规品种的种子生产

(1)西葫芦常规品种的原种生产 一般采用早春育苗移栽采种法,此法可使种瓜成熟前避开因高温引起的病毒病。

【操作技术 5-2-61】培育壮苗

①确定播期。播种期为当地春季定植期(一般在晚霜过后)向前推30 d。

②播前准备。西葫芦的育苗方法大致与黄瓜相同,但营养面积须保证在10～12 cm见方。可在阳畦或大棚内用营养钵或纸筒育苗,播前装好营养钵并排放整齐。营养土的配方同黄瓜种子生产。

③播种。播前浇透底墒水,喷洒杀虫剂和杀菌剂,然后在每个营养钵的中心按一小坑,平放一粒发芽种子,种子上覆土2 cm厚。然后盖好地膜、阳畦上的塑料膜及草苫。

④育苗期管理。播种后至出苗前保持温度25～28℃,出苗后白天降到20～25℃,夜间 10～15℃,昼夜温差大和低夜温有利于雌花的形成和防止徒长,在苗龄30～35 d、3～4片真叶时定植,定植前10 d开始逐渐揭膜降温炼苗,定植前3～5 d起苗、囤苗。其他技术可参考黄瓜育苗。

【操作技术 5-2-62】定植

①原种田的选择。选择3～5 年内没有种过葫芦科作物、土壤肥沃的沙壤土,与其他西葫芦和南瓜空间隔离1 000 m以上。施入腐熟有机肥75 000 kg/hm²、磷酸二铵25 kg/hm²、硫酸钾15 kg/hm²做基肥。做成高15 cm的小高畦,2个小高畦间距60～65 cm。也可做1.3 m宽的平畦。

②定植。晚霜过后、10 cm地温稳定在10℃以上时即可定植。为提高地温,应采用暗水定植。在小高畦上单行定植,定植深度以土坨与地面相平为宜,定植密度为30 000～33 000株/hm²。定植时要尽量减少对根的伤害。

【操作技术 5-2-63】定植后田间管理

定植后前期以提高地温、蹲苗、促进根系发育为主,结瓜后以调节好营养生长和生殖生长的关系为主。

①中耕与蹲苗。定植后的次日浅中耕一次,待缓苗后结合追肥浇水一次,然后及时中耕,进入蹲苗。直到第二个种瓜坐住后,结束蹲苗。

②水肥管理。第一种瓜坐住后施硫酸铵或复合肥150～225 kg/hm²,然后浇水一次以后每隔5～7 d浇一水,保持土壤湿润。每隔一水,追一次肥,每次追施尿素105～150 kg/hm²。果实收获前叶面喷施0.2%～0.3%的磷酸二氢钾和少量尿素2～3次,以增加种子产量。

③整枝留瓜。为了减少养分损耗,应打掉蔓上多余的侧枝,当第二种瓜坐住后及时去掉第一雌花的根瓜,留第二至第四雌花结的瓜作种。

【操作技术 5-2-64】选优提纯

为了提高原种纯度,要进行选优提纯,方法是:在第一雌花开后第二雌花开前,拔除不符合原品种特征的植株,剩余植株在隔离条件下任昆虫自然授粉。对隔离条件较差的地块可采用人工隔离,人工授粉。即每天下午将第二天要开放的雌花和雄花的大花蕾用线或花夹子扎或夹住,次日上午 6:00—8:00 用隔离的雄花的花粉涂抹到隔离的雌花的柱头上,授粉后扎或夹住雌花的花冠,并在其花柄上用棉线或铁丝拴上标记。若遇雨天要重新授粉。

【操作技术 5-2-65】种瓜的收获及取种

西葫芦授粉后约 50 d 种子成熟。分批带瓜柄采收,不要碰伤瓜柄,注意轻拿轻放。采收后,于阴凉处后熟 10~15 d,以提高种子的饱满度和发芽率。

取种:将种瓜纵剖,把种子从瓜瓤中挤出,在水中搓洗干净,放到架空的席上晒干。严禁将种子直接放在水泥地上或金属器皿中于强光下暴晒。

(2)西葫芦常规品种的大田用种生产 大田用种生产常用田间隔离下的自然授粉法。即播种原种的种子,种子田与其他西葫芦或南瓜隔离 1 000 m 以上。授粉前彻底拔除病、杂、劣株,然后在种子田放养蜜蜂授粉。选留第二、三雌花留种,其余雌花及时打掉。种瓜成熟后,再进行一次去杂,最后收获的种瓜混合取种。其他栽培管理技术同原种生产。

3. 西葫芦杂种一代的种子生产

目前,西葫芦生产上大部分种植杂交种。由于西葫芦花大,易操作,所以西葫芦杂交种子的生产主要采用自交系进行人工杂交制种。

(1)杂交亲本的种子生产 杂交亲本的原种和大田用种生产分别同常规品种的原种和大田用种生产。

(2)杂交种一代的种子生产

【操作技术 5-2-66】培育壮苗

西葫芦杂交制种的双亲育苗技术同原种生产,但是要根据双亲的始花期调节好播种期,为了增加前期授粉时的父本花粉供应,父本应比母本早播 10~12 d。父母本的用种量为 1:4。

【操作技术 5-2-67】定植

制种田的选择同原种生产,采用田间隔离或网棚隔离,品种间田间隔离 500 m 以上。定植时父、母本按 1:(3~4)的行比定植,父本早定植 5~10 d。定植方法、密度及田间管理同原种生产。

【操作技术 5-2-68】人工扎花隔离、授粉

①扎花隔离。采用田间隔离的,在开花期,每天下午将第二天要开放的父本雄花和母本第二节以上的雌花的花冠用棉线或花夹子扎夹隔离,同时去除母本上的所有雄花花蕾。如果遇阴雨天,需将父本的雄花大花蕾摘下放在塑料袋中或放入湿润毛巾的容器内保存,防止花粉遇雨吸水胀破死亡。

②授粉。上午 6:00—8:00,取父本隔离的雄花,去掉花冠,同时打开隔离的母本雌花,用父本的雄蕊轻轻涂抹母本雌蕊的柱头,授完粉后将母本的花冠扎夹隔离,并在花柄上绑绳或挂牌做标记。网棚隔离制种可直接选用当天开放的父本花粉给当天开放的母本授粉,在花柄上做好杂交标记。

扎花授粉的部位是第二节以上的雌花,扎花时随时打掉畸形瓜和节位太低的瓜,同时打掉所有的侧枝,每株扎花授粉 4~5 朵花,当已有 2~3 朵花坐果后,即可掐尖,以保证种瓜种子的养分供应。

【操作技术 5-2-69】种瓜的收获与取种

种瓜的收获及取种同原种生产,但注意只收有杂交标记的种瓜,无标记或标记不清、不典型、畸形瓜不收。

【本项目小结】

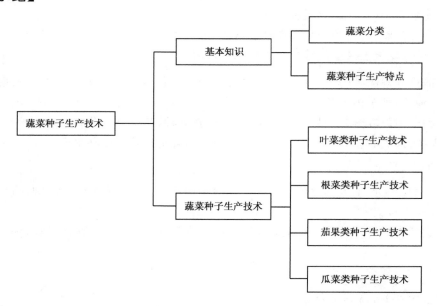

【复习题】

一、名词解释

根菜类蔬菜　叶菜类蔬菜　茄果类蔬菜　瓜类蔬菜　成株采种法　半成株采种法　小株采种法　自交不亲和系　雌性系　雄性不育两用系　单性结实

二、简答题

1.蔬菜的分类方法有哪些?各分类方法的依据和内容是什么?

2.蔬菜种子生产特点有哪些?

3.萝卜与胡萝卜种子生产技术的异同点有哪些?

4.根据自己所在地的气候情况制定一份蔬菜种子的技术操作规程。

三、综合分析题

1.比较各类蔬菜种子生产技术的异同点。

2.在有性杂交各技术环节中,你认为哪几个环节是最重要的?

思政园地

1.你的职业规划有经营蔬菜种子店吗?

2.你了解我国空间站上有太空育种的科研项目吗?

项目六

种子质量检验

- 在了解种子检验概念的基础上,熟练掌握种子检验的内容;
- 熟练掌握种子检验的程序;
- 熟练掌握种子检验的各项检验技术;
- 熟练掌握田间检验具体操作方法;
- 了解种子田划区设点的方法。

- 学会种子质量检验的各项检验技术;
- 学会种子质量报告填写工作;
- 在准确判断田间检验时期的基础上,能正确取样,完成田间检验的检验技术。

【项目导入】

1990 年 2 月,哈尔滨市某镇种子站到某实验农场联系购买玉米种子。因当时无货,双方口头商定:由实验农场负责进货,数量 3.5 万 kg,单价为每千克 2.5 元。之后不久,实验农场购得'四单八号'玉米种子 2.6 万 kg,单价为每千克 1.6 元,未做发芽率检验,直接送到某镇种子站。但说明:该批种子是 1988 年生产的陈种子,发芽率保证 80% 以上,能达到 85%。该镇种子站也未做发芽率检验,就以每千克 3 元的价格售给 709 户农民 21 483.5 kg。

4 月中下旬,农民播种后,由于是陈种子,发芽率低,且有死苗现象,便向有关部门反映,经市农业局种子管理人员现场调查,平均出苗率仅为 65%。少数农户毁苗改种其他作物,绝大部分农户采取了补种措施,但仍造成减产。

法院认为本案涉及的利害关系人数众多,应按人数众多的共同诉讼原则处理。于是,首先发出通告:凡是 1990 年春季在该镇种子站购买'四单八号'玉米种子,遭受损失要求赔偿的,在 30 日内到本法院登记。公告期满,选出诉讼代表 19 人,法院对有关问题进行了查证:认定受灾(播种)面积为 600.5 hm^2,减产数量为 185 561 kg,赔偿总额应为 134 916.38 元。

经审理,某镇种子站既未经种子管理部门审批,也未经工商部门登记,尚不具备法人资格,依法将该镇政府(种子站)变更为本案被告。做出判决:共计赔偿农民经济损失 134 916.38 元,由镇政府(种子站)负担 74 204.01 元;实验农场负担 60 712.37 元。

这是一起因种子发芽率不合格而引起的损失赔偿案。本不应该发生,因为种子发芽率测定并不困难。通过这一案件应当吸取的教训是:

(1)经营种子必须向种子管理部门申请,领取种子经营许可证,并到工商部门登记,领取营业执照,在规定的范围内从事种子经营活动。

(2)调种时,应要求对方提供《种子质量合格证》和植物检疫证书。收到种子后要立即进行质量复检。绝不购、销不合格种子。

> **你知道吗?**
>
> 在农业生产上,玉米种子陈了能作种用吗?水稻和大豆的陈种子能作种用吗?为什么?三者有什么区别?如可以做种用,在对种子贮藏过程中应注意哪些问题?

模块一　基本知识

一、种子质量检验含义

广义的种子是指在农业生产上可直接用作播种材料的所有植物器官。种子作为一种产品,种子质量实际上是一种产品质量。检验是对实体的一个或多个特性进行的诸如测量、检查、试验或度量,并将结果与规定要求进行比较以确定各项特性合格情况所进行的活动。可见,检验的实质是确定产品的质量是否符合技术标准规定的要求,因而存在一个比较的过程,要比较就要通过测量或检测获取数据。因而,质量检验过程事实上是一个测量、进行比较判断、做出符合性判定和实施处理的过程。

种子检验是指采用科学的技术和方法,按照一定的标准,运用一定的仪器设备,对种子样品质量进行正确分析测定,判断其质量优劣,评定其种用价值的一门应用科学。

二、种子质量检验内容

种子是最基本的生产资料,其质量高低直接关系农业生产的丰歉。所以,农业生产必须采用优良品种,优良品种包括两个方面的含义:一是优良的品种,二是优良的种子。即优良品种的优良种子才能称为良种。优良品种是指具备优良的特征、特性、丰产潜力、优良的营养品质和加工品质的品种,简单地讲就是具备高产、稳产、优质和低成本的特性。通过审定的品种都已满足优良品种的要求。优良的种子是指种子应具备优良的品种品质和优良的播种品质。

品种品质是指与遗传特性有关的品质,包括品种纯度的两个方面,即真实性和一致性。播种品质是指种子播种后与田间出苗有关的品质。包括净、壮、饱、健、干5个方面。净是指种子清洁干净的程度。壮是指种子发芽出苗整齐健壮,常用发芽率和生活力来表示,发芽率、生活力高的种子,发芽出苗整齐,活力高的种子出苗率高,幼苗健壮,同时可以适当减少单位面积的播种量。饱是指种子充实饱满的程度,可用千粒重、容重表示。种子充实饱满表明种子中贮藏物质丰富,有利于种子发芽和幼苗生长。健是指种子健全完善的程度,通常用病虫感染率表示。干是指种子干燥、耐藏程度,可用种子水分百分率表示。

综上所述,种子检验的内容包括种子真实性、品种纯度、净度、发芽力、活力、千粒重、容重、种子水分和健康状况等。在种子质量标准中常以纯度、净度、发芽率和水分4项指标为依据,因而我国种子检验是以净度分析、发芽试验、真实性和品种纯度鉴定、水分测定为必检项目,生活力、活力等其他项目属非必检项目。

农作物种子检验规程由 GB/T 3543.1~3543.7 等 7 个系列标准构成。就其内容可分为扦样、检测和结果报告三部分。

扦样部分 $\begin{cases} 种子批的扦样程序 \\ 实验室分样程序 \\ 样品保存 \end{cases}$

检测部分 $\begin{cases} 净度分析(包括其他植物种子的数目测定) \\ 发芽试验 \\ 真实性和品种纯度鉴定 \\ 水分测定 \\ 生活力的生化测定 \\ 重量测定 \\ 种子健康测定 \\ 包衣种子检验 \end{cases}$

结果报告 $\begin{cases} 容许误差 \\ 签发结果报告单的条件 \\ 结果报告单 \end{cases}$

你知道吗?

在种子经营过程中,何时需要对种子质量进行检验?种子检验如何在种子企业中发挥好质量控制作用?如不进行检验会出现哪些后果?

模块二　种子室内检验

一、扦样

(一)扦样的概念

1.扦样

扦样是从大量的种子中,随机取得一个重量适当且有代表性的供检样品。扦样是种子检验工作的第一步,扦样是否正确、是否有代表性,直接影响到检验结果的可靠性。图 6-1 是种子检验工作的程序图,表 6-1 是最后的种子检验结果报告单。

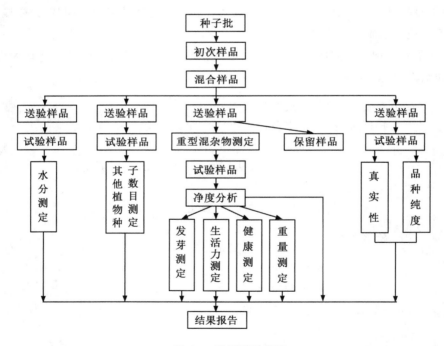

图 6-1　种子检验程序

注:①本图中送验样品的重量各不相同,参见 GB/T 3543.2 中的第 5.5.1 和 6.1 条。

②健康测定根据测定要求的不同,有时是用净种子,有时是用送验样品的一部分。

③若同时进行其他植物种子的数目测定和净度分析,可用同一份送验样品,

先做净度分析,再测定其他植物种子的数目。

表 6-1 种子检验结果报告单 　　　　　　字第　　　号

送验单位			产地	
作物名称			代表数量	
品种名称				

净度 分析	净种子/%		其他植物种子/%	杂质/%
	其他植物种子的种类及数目： 杂质的种类：			完全/有限/简化检验

发芽 试验	正常幼苗/%	硬实/%	新鲜不发芽种子/%	不正常幼苗/%	死种子/%
	发芽床_____;温度_____;试验持续时间_____;发芽前处理和方法_____。				

纯度	实验室方法_____%;品种纯度_____%; 田间小区鉴定_____%;本品种_____%;异品种_____%。
水分	水分_____%
其他 测定 项目	生活力_____%; 重量(千粒)_____g。 健康状况：

检验单位(盖章)：　　　检验员(技术负责人)：　　　复核员：

　　　　　　　　　　　　　　　　　　　　　填报日期：　　年　月　日

2.种子批

种子批是指同一来源、同一品种、同一年度、同一时期收获和质量基本一致,在规定重量之内的种子。

种子批有两个基本特征,一个是在规定数量之内;另一个是外观或质量一致即均匀性。种子批的最大数量是由抽样原则决定的,一批种子如果数量过大,就很难取得一个有代表性的样品。根据不同种子的千粒重,我们可以大概估计出一个种子批所包含的种子粒数。种子批还要求尽可能地达到均匀一致,只有这样才有可能按照检验规程所规定的方法扦得有代表性的样品。一批种子不得超过国标(表 6-2)所规定的重量,其容许差距为 5%,若超过时须分成若干个种子批,分别给以批号。

3.初次样品

从种子批的一个扦样点上所扦取的一小部分种子。

4.混合样品

由种子批内扦取的全部初次样品混合均匀就成为混合样品。

5.送验样品

送到种子检验机构或检验室供检验用的样品,其数量必须满足规定的最低标准(具体标准见表 6-2)。可以从混合样品中分取,或用整个混合样品作为送验样品。

表 6-2　部分农作物种子批的最大重量和样品最小重量及发芽试验技术规定

| 种（变种）名 | 种子批的最大重量/kg | 样品最小重量/g | | | 发芽床 | 温度/℃ | 初/末次计数天数/d | 附加说明，包括破除休眠的建议 |
		送验样品	其他植物种子计数试样	净度分析试样				
1.洋葱	10 000	80	80	8	TP;BP;S	20;15	6/12	预先冷冻
2.葱	10 000	50	50	5	TP;BP;S	20;15	6/12	预先冷冻
3.韭葱	10 000	100	100	10	TP;BP;S	20;15	6/14	预先冷冻
4.芹菜	10 000	25	10	1	TP	15～25;20;15	10/21	预先冷冻 KNO₃
5.花生	25 000	1 000	1 000	1 000	BP;S	20～30;25	5/10	去壳预先加温（40℃）
6.石刁柏	20 000	1 000	1 000	100	TP;BP;S	20～30;25	10/28	
7.普通燕麦	25 000	1 000	1 000	120	BP;S	20	5/10	预先加温（30～35℃）；预先冷冻；GA₃
8.冬瓜	10 000	200	200	100	TP;BP	20～30;30	7/14	
9.甜菜	20 000	500	500	50	TP;BP;S	20～30;15～25;20	4/14	预先洗涤（复胚 2 h，单胚 4 h），再在 25℃ 下干燥后发芽
10.白菜型油菜	10 000	100	100	10	TP	15～25;20	5/7	预先冷冻
11.不结球白菜（包括白菜、乌塌菜、紫菜薹、薹菜、菜薹）	10 000	100	100	10	TP	15～25;20	5/7	预先冷冻
12.芥菜型油菜	10 000	40	40	4	TP	15～25;20	5/7	预先冷冻 KNO₃
13.甘蓝型油菜	10 000	100	100	10	TP	15～25;20	5/7	预先冷冻
14.结球甘蓝	10 000	100	100	10	TP	15～25;20	5/10	预先冷冻 KNO₃
15.球茎甘蓝（苤蓝）	10 000	100	100	10	TP	15～25;20	5/10	预先冷冻 KNO₃
16.花椰菜	10 000	100	100	10	TP	15～25;20	5/10	预先冷冻 KNO₃
17.结球白菜	10 000	100	40	4	TP	15～25;20	5/7	预先冷冻 GA₃
18.大刀豆	20 000	1 000	1 000	1 000	BP;S	20	5/8	
19.大麻	10 000	600	600	60	TP;BP	20～30;20	3/7	
20.辣椒	10 000	150	150	15	TP;BP;S	20～30;30	7/14	KNO₃
21.甜椒	10 000	150	150	15	TP;BP;S	20～30;30	7/14	KNO₃
22.茼蒿	5 000	30	30	8	TP;BP	20～30;15	(4～7)/21	预先加温（40℃，4～6 h）；预先冷冻；光照
23.西瓜	20 000	1 000	1 000	250	BP;S	20～30;30;25	5/14	
24.甜瓜	10 000	150	150	70	BP;S	20～30;25	4/8	
25.黄瓜	10 000	150	150	70	TP;BP;S	20～30;25	4/8	
26.南瓜（中国南瓜）	10 000	350	350	180	BP;S	20～30;25	4/8	
27.西葫芦（美洲南瓜）	20 000	1 000	1 000	700	BP;S	20～30;25	4/8	
28.胡萝卜	10 000	30	30	3	TP;BP	20～30;20	7/14	

续表 6-2

种(变种)名	种子批的最大重量/kg	样品最小重量/g			发芽床	温度/℃	初/末次计数天数/d	附加说明,包括破除休眠的建议
		送验样品	其他植物种子计数试样	净度分析试样				
29. 扁豆	20 000	1 000	1 000	600	BP;S	20～30;20;25	4/10	
30. 茴香	10 000	180	180	18	TP;BP;TS	20～30;20	7/14	
31. 大豆	25 000	1 000	1 000	500	BP;S	20～30;20	5/8	
32. 棉花	25 000	1 000	1 000	350	BP;S	20～30;25;30	4/12	
33. 向日葵	25 000	1 000	1 000	200	BP;S	20～30;25;20	4/10	预先冷冻;预先加温
34. 红麻	10 000	700	700	70	BP;S	20～30;25	4/8	
35. 黄秋葵	20 000	1 000	1 000	140	TP;BP;S	20～30	4/21	
36. 大麦	25 000	1 000	1 000	120	BP;S	20	4/7	预先加温(30～35℃);预先冷冻,GA_3
37. 莴苣	10 000	30	30	3	TP;BP	20	4/7	预先冷冻
38. 兵豆(小扁豆)	10 000	600	600	60	BP;S	20	5/10	预先冷冻
39. 亚麻	10 000	150	150	15	TP;BP	20～30;20	3/7	预先冷冻
40. 普通丝瓜	20 000	1 000	1 000	250	BP;S	20～30;30	4/14	
41. 番茄	10 000	15	15	7	TP;BP;S	20～30;25	5/14	KNO_3
42. 紫花苜蓿	10 000	50	50	5	TP;BP	20	4/10	预先冷冻
43. 白香草木樨	10 000	50	50	5	TP;BP	20	4/7	预先冷冻
44. 黄香草木樨	10 000	50	50	5	TP;BP	20	4/7	预先冷冻
45. 苦瓜	20 000	1 000	1 000	450	BP;S	20～30;30	4/14	
46. 烟草	10 000	25	5	0.5	TP	20～30	7/16	KNO_3
47. 稻	25 000	400	400	40	TP;BP;S	20～30;30	5/14	预先加温(50℃);在水中或 HNO_3 浸24 h
48. 豆薯	20 000	1 000	1 000	250	BP;S	20～30;30	7/14	
49. 黍(糜子)	10 000	150	150	15	TP;BP	20～30;25	3/7	
50. 多花菜豆	20 000	1 000	1 000	1 000	BP;S	20～30	5/9	
51. 利马豆(菜豆)	20 000	1 000	1 000	1 000	BP;S	20～30;25;20	5/9	
52. 豌豆	25 000	1 000	1 000	900	BP;S	20	5/8	
53. 四棱豆	25 000	1 000	1 000	250	BP;S	20～30;30	4/14	
54. 萝卜	10 000	300	300	30	TP;BP;S	20～30;20	4/10	预先冷冻
55. 黑麦	25 000	1 000	1 000	120	TP;BP;S	20	4/7	预先冷冻 GA_3
56. 佛手瓜	20 000	1 000	1 000	1 000	BP;S	20～30;20	5/10	
57. 芝麻	10 000	70	70	7	TP	20～30	3/6	
58. 粟	10 000	90	90	9	TP;BP	20～30	4/10	
59. 茄子	10 000	150	150	15	TP;BP;S	20～30;30	7/14	

续表 6-2

种(变种)名	种子批的最大重量/kg	样品最小重量/g			发芽床	温度/℃	初/末次计数天数/d	附加说明,包括破除休眠的建议
		送验样品	其他植物种子计数试样	净度分析试样				
60.高粱	10 000	900	900	90	TP;BP	20~30;25	4/10	预先冷冻
61.菠菜	10 000	250	250	25	TP;BP	15;10	7/21	预先冷冻
62.小黑麦	25 000	1 000	1 000	120	TP;BP;S	20	4/8	预先冷冻 GA_3
63.小麦	25 000	1 000	1 000	120	TP;BP;S	20	4/8	预先加温(30~35℃);预先冷冻,GA_3
64.蚕豆	25 000	1 000	1 000	1 000	BP;S	20	4/14	预先冷冻
65.赤豆	20 000	1 000	1 000	250	BP;S	20~30	4/10	
66.绿豆	20 000	1 000	1 000	120	BP;S	20~30;25	5/7	
67.饭豆	20 000	1 000	1 000	250	BP;S	20~30;25	5/7	
68.长豇豆	20 000	1 000	1 000	400	BP;S	20~30;25	5/8	
69.矮豇豆	20 000	1 000	1 000	400	BP;S	20~30;25	5/8	
70.玉米	40 000	1 000	1 000	900	BP;S	20~30;25;20	4/7	

6.试验样品(简称试样)

在实验室中从送验样品中分出的供测定某一检验项目用的样品。

7.半试样

半试样是指将试验样品分减成一半重量的样品。

8.封缄

把种子装在容器内,封好后如不开启封口,无法把种子取出。如果容器本身不具备密封性能,每一容器加正式封印或不易擦洗掉的标记或不能撕去重贴的封条。

你知道吗?

为什么要规定种子批的最大重量及试验样品的最小重量?扦样时如何才能扦取到有代表性的样品?

(二)仪器设备

包括扦样器(图 6-2)、分样器、天平和其他器具。

(三)扦样的程序与方法

【操作技术 6-2-1】扦样前的准备

①准备扦样器具。在进行扦样前必须先准备好所用器具,包括扦样器、取样铲、盛样袋、样品筒或样品瓶、封口蜡、标签、封条等。根据被扦样品的种类、籽粒大小和包装方式选用扦样器。袋装种子用单管扦样器或双管扦样器;散装种子用长柄短筒圆锥形扦样器、双管扦样器、

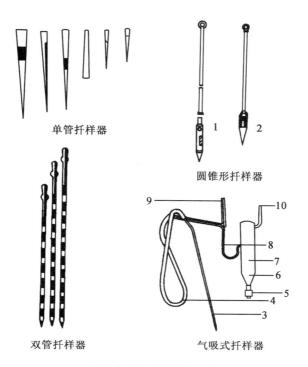

图 6-2 种子扦样器种类

1.长柄短筒圆锥形扦样器 2.圆锥形扦样器 3.扦样管 4.皮管 5.玻质观察管
6.样品收集室 7.减压室 8.曲管 9.支持杆 10.排气管

圆锥形扦样器。

②调查了解种子批情况。扦样人员应向种子经营、生产、使用单位和人员调查了解种子批的基本情况,查看相关文件记录,实地观察种子批的贮藏环境和状况。具体包括:a.种子的来源、产地、品种、繁育次数、田间纯度、有无检疫性病虫及杂草种子。b.种子贮藏期间的仓库管理情况,如入库前处理、入库后是否熏蒸、翻仓、受潮、受冻等,同时还要观察仓库环境、库房建设、虫、鼠以及种子堆放和品质情况,供划分种子批时参考。

③划分种子批。

a.种子批的大小。每一批种子不得超过 GB/T 3543.2—1995 检验规程规定重量,其容许差距为5%。若超过时须分成若干个种子批,分别给以批号。

如水稻种子,其种子批的最大重量是 25 000 kg,样品的最小重量规定为:送验样品 400 g,净度分析试样 40 g,其他植物种子计数试样 400 g。若超过重量时,必须分成几批,分别给以批号。

b.种子批的均匀度。被扦的种子批应在扦样前进行适当混合、掺匀和机械加工处理,使其均匀一致。扦样时,若种子包装物或种子批没有标记或能明显地看出该批种子在形态或文件记录上有异质性的证据时,应拒绝扦样。如对种子批的均匀度发生怀疑,应进行异质性测定。

c.容器及种子批的标记及封口。种子批的被扦包装物(如袋、容器)都必须封口,并符合 GB 7414—87 的规定。

【操作技术 6-2-2】扦取初次样品

种子批划分以后,根据种子批大小及堆放形式决定扦样的点数和扦样部位,样点在种子批中的分布要符合随机、均匀的原则,根据送验样品所需数量和扦样点数计算出每点至少应扦取的样品数量。每个初次样品要单独放置一容器中。由于种子的种类和堆放方式不同,扦样的方法各不相同。

①袋装种子扦样法。根据种子批袋装的数量确定扦样袋数(表 6-3)。

表 6-3 种子批总袋数和应扦袋数

种子批的袋数(容器数)	应扦取的最低袋数(容器数)
1～5	每袋都扦取,至少扦取 5 个初次样品
6～14	不少于 5 袋
15～30	每 3 袋至少扦取 1 袋
31～49	不少于 10 袋
50～400	每 5 袋至少扦取 1 袋
401～560	不少于 80 袋
561 以上	每 7 袋至少扦取 1 袋

中小粒种子用单管扦样器,扦样时先用扦样器尖端拔开袋线孔,扦样器凹槽向下,自袋角处与水平呈 30°角向上倾斜地插入袋内,直至袋的中心,再把凹槽反转向上抽出扦样器,从空心手柄中倒出种子,并将袋口拨回原状。若属塑料编织袋,可用胶布将扦孔贴好。

大粒种子可拆开袋口,用双管扦样器扦样,扦样器插入前应关闭孔口,插入后打开孔口,种子落入孔内,再关闭孔口,抽出袋外,缝好麻袋拆口。

②散装种子扦样法。按表 6-4 确定扦样点数,随机扦取不同部位与深度,各点扦取的数量大体相等。

表 6-4 散装种子数量和扦样点数

种子批大小/kg	扦样点数
50 以下	不少于 3 点
51～1 500	不少于 5 点
1 501～3 000	每 300 kg 至少扦取 1 点
3 001～5 000	不少于 10 点
5 001～20 000	每 500 kg 至少扦取 1 点
20 001～28 000	不少于 40 点
28 001～40 000	每 700 kg 至少扦取 1 点

根据样点既要有水平分布又要有垂直分布的原则,将这些点均匀地设在种子堆的不同部位(注意顶层 10～15 cm,底层 10～15 cm 不扦,点距离墙壁应 30～50 cm)。按照扦样点的位置和层次逐点逐层进行,先扦上层,次扦中层,后扦下层。这样可避免先扦下层时使上层种子

混入下层,影响扦样的正确性。

长柄短筒圆锥形扦样器由长柄与扦样筒组成。扦样筒由圆锥体、套筒、进种门、活动塞、定位销等组成。使用时先将扦样器清理干净,旋紧螺丝,关闭进种门,再以 30° 角插入种子堆,到达一定深度后用力向上一拉,使活动塞离开进种门,略微振动,使种子掉入,关闭进种门,再抽出扦样器。

【操作技术 6-2-3】样品的配制与处理

①配制混合样品。混合样品是由种子批内扦取的全部初次样品混合而成。在将初次样品混合之前,应比较各初次样品在形态、颜色、光泽、水分及其他品质方面有无明显差异,若无显著差异,则可将全部初次样品混合在一起,组成一个混合样品;若发现有些初次样品的品质有显著差异,应把这部分种子从该批种子内分出,作为另一批种子单独扦取混合样品;如不能将品质有差异的种子从这一批种子中分出,则需要把整批种子经过必要的处理(如清选、干燥或翻仓等)后扦样。

②送验样品的配制。水分测定时,需磨碎的种类送验样品不得低于 100 g,不需要磨碎的种类为 50 g。品种纯度测定按照表 6-5 的规定。

表 6-5 品种纯度测定送验样品的重量

g

种类	限于实验室测定	田间小区及实验室测定
豌豆属、菜豆属、蚕豆属、玉米属、大豆属及种子大小类似的其他属	1 000	2 000
水稻属、大麦属、燕麦属、小麦属、黑麦属及种子大小类似的其他属	500	1 000
甜菜属及种子大小类似的其他属	250	500
所有其他属	100	250

所有的其他项目测定,按 GB/T 3543.2—1995 送验样品规定的最小重量。但大田作物和蔬菜种子的特殊品种、杂交种等的种子批可以例外,较小的送验样品数量是允许的。如果不进行其他植物种子的数目测定,送验样品至少达到 GB/T 3543.2—1995 净度分析所规定的试验样品的重量,并在结果报告单上加以说明。

③送验样品的分取。检验机构接到送验样品后,首先将送验样品充分混合,然后用分样器经多次对分法或抽取递减法分取供各项测定用的试验样品,其重量必须与规定重量一致。对重复样品须独立分取,在分取第一份试样后,第二份试样或半试样须在送验样品一分为二的另一部分中分取。

使用钟鼎式分样器分样时,应先将分样器清理干净,关好活门,将样品倒入漏斗内并摊平,出口正对盛接器,用手很快拨开活门,使样品迅速下落,再将两个盛接器的样品同时倒入漏斗,继续混合 2～3 次,然后取其中一个盛接器按上述方法继续分取,直到达到规定重量为止。

使用横格式分样器分样时,先将盛接槽、倾倒槽等清理干净,并将其放在合适的位置,把样品倒入倾倒盘摊平,迅速翻转倾倒槽,使种子落入漏斗内,经过格子分两路落入盛接器,即将样品一分为二。

利用四分法分样时,将样品倒在光滑的桌上或玻璃板上,用分样板将样品先纵向混合,再横向混合,重复混合 4～5 次,然后将种子摊平成一个厚度不超过 1 cm 的四方形,用分样板划两条对角线,使样品分成 4 个三角形,再取两个对顶三角形内的样品继续按上述方法分取,直到两个三角形内的样品接近两份试验样品的重量为止。

④送验样品的处理。样品必须包装好,以防在运输过程中损坏。在下列两种情况下,样品应装入防湿容器内:一是供水分测定用的送验样品;二是种子批水分较低,并已装入防湿容器内。在其他情况下,与发芽试验有关的送验样品不应装入密闭防湿容器内,可用布袋或纸袋包装。

所有送验样品包装袋都必须严格封缄以防止调换,并给予特别的标识或编号,以能清楚地表明样品与其所代表的种子批之间的对应关系。同时,送验样品还附有其他必要的信息,包括扦样者和被扦者名称、种子批号、扦样日期、植物种和品种名称、种子批重量和容器数目、待检验项目以及其他与扦样有关的情况说明。

样品必须由扦样员(检验员)尽快送到种子检验机构,不得延误。经过化学处理的种子,须将处理药剂的名称送交种子检验机构。每个送验样品须有记号,并附有种子扦样证明书(表 6-6)。

表 6-6　种子扦样证明书　　　　　　　　字第　　　号

受检单位名称		批号	
种子存放地点		批重	
种子存放方式		批件数	
作物种类		送验样品编号	
品种名称		送验样品重量	
繁殖代数		检验项目	
收获年份		扦样日期	

扦样人员:　　　　　　　　　　　　　　　　　　　保管员:
　检验部门(盖章)　　　　　　　　　　　　　　　受检单位(盖章)

送验样品送到检验室后,首先要进行验收,检查样品包装、封缄是否完整,重量是否符合标准等。验收合格后进行登记。

收到样品后,应从速进行检验。为了便于复检,检验后的样品应当在能控制温湿度的专用房间存放一段时间,通常是 1 年。

你知道吗?

袋装种子和散装种子扦样时有哪些异同?进行四分法分样时手和种子直接接触对试验结果有影响吗?在检验程序中为什么要设置保留样品,保留样品为什么要在能控制温湿度的房间存放 1 年的时间?

二、净度分析

(一)净度分析概念

种子净度是指种子清洁干净的程度,具体地讲,是指样品中除去杂质和其他植物种子后,留下的本作物(种)净种子重量占分析样品总重量的百分率。种子内所含的杂质多少和种类不仅影响种子的价值和利用率,而且还会影响种子的安全贮藏,影响作物在田间的生长发育,甚至影响人畜健康。

(二)净度分析标准

种子净度分析将样品区分为净种子、其他植物种子和杂质,具体标准如下。

1. 净种子

送验者所叙述的种,包括该种的全部植物学变种和栽培品种。

(1)下列构造应作为净种子

①完整的种子单位(包括瘦果、类似的果实、分果和小花)。禾本科中种子单位如是小花需带有一个明显含有胚乳的颖果和裸粒颖果(缺乏内外稃)。

②大于原来大小一半的破损种子单位。即使是未成熟的、瘦小的、皱缩的、带病的或发过芽的种子,如能明确地鉴别出它属于所分析的种也应作为净种子,但已变成菌核、黑穗病孢子团或线虫瘿的不包括在内。

(2)个别属或种有某些例外

①豆科、十字花科,其种皮完全脱落的种子单位应列为杂质。

②对于豆科种子的分离子叶,即使有胚芽和胚根,并带有超过原来大小一半的种皮,也列为杂质。

③甜菜属复胚种子,超过一定大小的种子单位(即用规定筛孔筛选 1 min 留在筛上的种子单位)才列入净种子,单胚品种除外。

④在燕麦属、高粱属中,附着的不育小花不必除去而列为净种子。

不同作物种子结构不同,其净种子定义也有差异,详见表 6-7。

2. 其他植物种子

其他植物种子是指除净种子以外的任何植物种类的种子单位,包括杂草种子和其他植物种子。其鉴别标准与净种子的标准基本相同。但甜菜属种子单位作为其他植物种子时不必筛选,可用遗传单胚的净种子定义。

3. 杂质

杂质包括除净种子和其他植物种子以外的所有种子单位、其他杂质及构造。其标准为:

①明显不含真种子的种子单位。

②小于定义规定大小的甜菜属种子单位(单胚品种除外)。

③小于或等于原来大小一半的破裂或受损伤种子单位的碎片。

④净种子定义中未提及可划入净种子的那些附属物。

⑤种皮完全脱落的豆科、十字花科、柏科、松科、紫杉科和杉科的种子。

⑥菟丝子属灰白色的脆而易碎的种子。

⑦脱下的不育小花、空的颖片、内稃、外稃、稃壳、茎、叶、球果鳞片、果翅、树皮、碎片、花、线虫瘿、真菌体(如麦角、菌核、黑穗病孢子团)、泥土、砂粒、石砾及所有其他非种子物质。

表 6-7　主要农作物种子的净种子鉴定标准(定义)

作物名称	净种子标准(定义)
棉属(*Gossypium*)	有或无种皮、有或无绒毛的种子 超过原来大小一半、或有或无种皮的破损种子
蓖麻属(*Ricinus*)	有或无种皮、有或无种阜的种子 超过原来大小一半、有或无种皮的破损种子
芹属(*Apium*)、芫荽属(*Coriandrum*)、胡萝卜属(*Daucus*)、茴香属(*Foeniculum*)、欧防风属(*Pastinaca*)、欧芹属(*Petroselinum*)、茴芹属(*Pimpinella*)	有或无花梗的分果/分果片,但明显没有种子的除外 超过原来大小一半的破损分果片,但明显没有种子的除外 果皮部分或全部脱落的种子 超过原来大小一半,果皮部分或全部脱落的破损种子
大麦属(*Hordeum*)	有内外稃包着颖果的小花,当芒长超过小花长度时,须将芒除去 超过原来大小一半,含有颖果的破损小花 颖果 超过原来大小一半的破损颖果
稻属(*Oryza*)	有颖片、内外稃包着颖果的小穗,当芒长超过小花长度时,必须将芒除去 有或无不孕外稃,有内外稃包着颖果的小花,当芒长超过小花长度时,须将芒除去 有内外稃包着颖果的小花,当芒长超过小花长度时,须将芒除去 颖果 超过原来大小一半的破损颖果
黑麦属(*Secale*)、小麦属(*Triticum*)、小黑麦属(*Tritcosecale*)、玉米属(*Zea*)	颖果 超过原来大小一半的破损颖果
燕麦属(*Avena*)	有内外稃包着颖果的小穗,有或无芒,可附有不育小花 有内外稃包着颖果的小花,有或无芒 颖果 超过原来大小一半的破损颖果 注:①由两个可育小花构成的小穗,要把它们分开 ②当外部不育小花的外稃部分地包着内部可育小花时,这样的单位不必分开 ③从着生点除去小柄 ④把仅含有子房的单个小花列为杂质
高粱属(*Sorghum*)	有颖片、透明状的外稃或内稃(内外稃也可缺乏)包着颖果的小穗,有穗轴节片、花梗、芒,附有不育或可育小花 有内外稃的小花,有或无芒 颖果 超过原来大小一半的破损颖果
甜菜属(*Beta*)	复胚种子:用筛孔为 1.5 mm×20 mm 的 200 mm×300 mm 长方形筛子筛 1 min 后留在筛上的种球或破损种球(包括从种球突出程度不超过种球宽度的附着断柄),不管其中有无种子 遗传单胚:种球或破损种球(包括从种球突出程度不超过种球宽度的附着断柄),但明显没有种子的除外 果皮/种皮部分或全部脱落的种子 超过原来大小一半,果皮/种皮部分或全部脱落的破损种子 注:当断柄突出长度超过种球的宽度时,须将整个断柄除去

(三)仪器设备

净度分析台、钟鼎式分样器或横格式分样器、不同孔径的套筛(包括振荡器)、吹风机、手持放大镜或双目显微镜、天平等。

(四)净度分析程序与方法

净度分析大体分为重型混杂物的检验、试样分取、试样分析和称重、计算与报告 4 大步骤。

【操作技术 6-2-4】重型混杂物的检验

重型混杂物是指重量和体积明显大于所分析的种子,且对净度分析结果有较大影响的混杂物。一般要求送验样品重量为净度分析试样重量的 10 倍以上。在送验样品中,尽管重型杂质数量不一定很多,但对净度分析结果有很大影响。应先挑出这些重型混杂物并称重,再将重型混杂物分离为其他植物种子和杂质后分别称重。

【操作技术 6-2-5】试验样品的分取

在送验样品挑出重型杂质后的样品中分取试验样品。净度分析的试验样品至少为 2 500 粒种子的重量。样品量太大费工,太小缺乏代表性,由于每种作物籽粒差异较大,因此,每种作物都有规定的试样最低重量。净度分析时可用规定重量的 1 份试样,或 2 份半试样(试样重量的一半)进行分析。分取的试样应按表 6-8 中精度要求称重,以满足计算各成分百分率达到 1 位小数的要求。

表 6-8　称重与小数位数

试样或半试样及其成分重量/g	称重至下列小数位数
1.000 以下	4
1.000～9.999	3
10.00～99.99	2
100.0～999.9	1
1 000 或 1 000 以上	0

注:此表适于试样各组分的称重。

【操作技术 6-2-6】试验样品的分析

试验样品称重后,按净度分析标准,将样品分为净种子、其他植物种子和杂质 3 种成分。分离时可借助于放大镜、筛子、吹风机等器具或用镊子施压,在不损伤发芽力的基础上进行检查。

分离时必须根据种子的明显特征,对样品中的各个种子单位进行仔细检查分析,并依据形态学特征、种子标本等加以鉴定。当不同植物种之间区别困难或不可能区别时,则填报属名,该属的全部种子均为净种子,并附加说明。种皮或果皮没有明显损伤的种子单位,不管是空瘪或充实,均作为净种子或其他植物种子;若种皮或果皮有一个裂口,须判断留下的种子单位部分是否超过原来大小的一半,如不能迅速地做出这种决定,则将种子单位列为净种子或其他植物种子。

分离后各成分分别称重,要以克表示,折算为百分率。

【操作技术 6-2-7】结果计算与报告

①结果计算。分析结束后将净种子、其他植物种子和杂质分别称重,精确度与试样相同。然后将以上各成分重量之和与原试样重量进行比较,核对分析期间物质有无增失,如增失超过原试样重量的 5%,必须重做;如增失小于原试样重量的 5%,则计算各成分百分率。计算时应注意:一是各成分百分率的计算应以分析后各种成分的重量之和为分母,而不用试样原来的重量;二是若分析的是全试样,各成分重量百分率应计算到 1 位小数;若分析的是半试样,应对每一份半试样所有成分分别进行计算,各成分的重量百分率应计算到 2 位小数,并计算各成分的平均百分率。

②结果处理。

a.半试样。如果分析两份半试样,分析后任一组分的相差不得超过表 6-9 所示的重复分析间的容许差距。若所有成分的实际差距都在容许范围内,则计算每一成分的平均值。如实际差距超过容许范围,则按下列程序进行:

程序 1.再重新分析成对样品,直到一对数值在容许范围内为止(但全部分析不必超过 4 对)。

程序 2.凡 1 对数值间的差值超过容许差距 2 倍时,均略去不计。

程序 3.各种成分百分率的最后记录,应从全部保留的几对加权平均数计算。

b.全试样。如果在某种情况下有必要分析第二份试样时,那么两份试样各成分实际的差距不得超过表 6-9 中所示的容许差距。若所有成分都在容许范围内,则取其平均值;若超过,则再分析 1 份试样;若分析后的最高值和最低值差异没有大于容许误差 2 倍时,则填报 3 者的平均值。如果其中的 1 次或 n 次显然是由于差错造成的,那么该结果须去除。

表 6-9　同一送验样品重复间净度分析的容许差距

(5% 显著水平的两尾测定)

两次结果平均		不同测定之间的容许差距			
50% 以上	50% 以下	半试样		试样	
		无稃壳种子	有稃壳种子	无稃壳种子	有稃壳种子
99.95~100.00	0.00~0.04	0.20	0.23	0.1	0.2
99.90~99.94	0.05~0.09	0.33	0.34	0.2	0.2
99.85~99.89	0.10~0.14	0.40	0.42	0.3	0.3
99.80~99.84	0.15~0.19	0.47	0.49	0.3	0.4
99.75~99.79	0.20~0.24	0.51	0.55	0.4	0.4
99.70~99.74	0.25~0.29	0.55	0.59	0.4	0.4
99.65~99.69	0.30~0.34	0.61	0.65	0.4	0.5
99.60~99.64	0.35~0.39	0.65	0.69	0.5	0.5
99.55~99.59	0.40~0.44	0.68	0.74	0.5	0.5
99.50~99.54	0.45~0.49	0.72	0.76	0.5	0.5

续表 6-9

两次结果平均		不同测定之间的容许差距			
		半试样		试样	
50%以上	50%以下	无稃壳种子	有稃壳种子	无稃壳种子	有稃壳种子
99.40～99.49	0.50～0.59	0.76	0.80	0.5	0.6
99.30～99.39	0.60～0.69	0.83	0.89	0.6	0.6
99.20～99.29	0.70～0.79	0.89	0.95	0.6	0.7
99.10～99.19	0.80～0.89	0.95	1.00	0.7	0.7
99.00～99.09	0.90～0.99	1.00	1.06	0.7	0.8
98.75～98.99	1.00～1.24	1.07	1.15	0.8	0.8
98.50～98.74	1.25～1.49	1.19	1.26	0.8	0.9
98.25～98.49	1.50～1.74	1.29	1.37	0.9	1.0
98.00～98.24	1.75～1.99	1.37	1.47	1.0	1.0
97.75～97.99	2.00～2.24	1.44	1.54	1.0	1.1
97.50～97.74	2.25～2.49	1.53	1.63	1.1	1.2
97.25～97.49	2.50～2.74	1.60	1.70	1.1	1.2
97.00～97.24	2.75～2.99	1.67	1.78	1.2	1.3
96.50～96.99	3.00～3.49	1.77	1.88	1.3	1.3
96.00～96.49	3.50～3.99	1.88	1.99	1.3	1.4
95.50～95.99	4.00～4.49	1.99	2.12	1.4	1.5
95.00～95.49	4.50～4.99	2.09	2.22	1.5	1.6
94.00～94.99	5.00～5.99	2.25	2.38	1.6	1.7
93.00～93.99	6.00～6.99	2.43	2.56	1.7	1.8
92.00～92.99	7.00～7.99	2.59	2.73	1.8	1.9
91.00～91.99	8.00～8.99	2.74	2.90	1.9	2.1
90.00～90.99	9.00～9.99	2.88	3.04	2.0	2.2
88.00～89.99	10.00～11.99	3.08	3.25	2.2	2.3
86.00～87.99	12.00～13.99	3.31	3.49	2.3	2.5
84.00～85.99	14.00～15.99	3.52	3.71	2.5	2.6
82.00～83.99	16.00～17.99	3.69	3.90	2.6	2.8
80.00～81.99	18.00～19.99	3.86	4.07	2.7	2.9
78.00～79.99	20.00～21.99	4.00	4.23	2.8	3.0
76.00～77.99	22.00～23.99	4.14	4.37	2.9	3.1
74.00～75.99	24.00～25.99	4.26	4.50	3.0	3.2
72.00～73.99	26.00～27.99	4.37	4.61	3.1	3.3
70.00～71.99	28.00～29.99	4.47	4.71	3.2	3.3
65.00～69.99	30.00～34.99	4.61	7.86	3.3	3.4
60.00～64.99	35.00～39.99	4.77	5.02	3.4	3.6
50.00～59.99	40.00～49.99	4.89	5.16	3.5	3.7

c.结果的校正与修约。各种成分的最后填报结果应保留一位小数。各种成分之和应为100.0%,小于0.05%的微量成分应将该数字除去,填报"微量"。如果其和是99.9%或100.1%,那么从最大值(通常是净种子部分)增减0.1%。如果修约值大于0.1%,那么应检查

计算有无差错。送验样品中有重型混杂物时,最后净度分析结果按下式计算:

净种子 $$P_2 = P_1 \times \frac{M-m}{M}$$

其他植物种子 $$OS_2 = OS_1 \times \frac{M-m}{M} + \frac{m_1}{M} \times 100\%$$

杂质 $$I_2 = I_1 \times \frac{M-m}{M} + \frac{m_2}{M} \times 100\%$$

式中:M——送验样品的重量(g);

m——重型混杂物的重量(g);

m_1——重型混杂物中其他植物种子重量(g);

m_2——重型混杂物中杂质重量(g);

P_1——除去重型混杂物后的净种子重量百分率(%);

OS_1——除去重型混杂物后的其他植物种子重量百分率(%);

I_1——除去重型混杂物后的杂质重量百分率(%)。

最后应检查:$P_2 + OS_2 + I_2 = 100.0\%$

[例] 对某批小麦种子 1 000 g 送验样品净度分析数据如下:重型杂质 3.5 g,重型其他植物种子 2.0 g,试样 120.1 g,净种子 118.1 g,杂质 1.2 g,其他植物种子 0.7 g,试计算各成分的百分率。

将各成分相加为 118.1 + 1.2 + 0.7 = 120 g 与原 120.1 g 相比在 5% 的误差内,根据计算公式:

$$P_2 = P_1 \times \frac{M-m}{M} = \frac{118.1}{120} \times 100\% \times \frac{1\ 000 - 5.5}{1\ 000} = 97.88\%$$

$$OS_2 = OS_1 \times \frac{M-m}{M} + \frac{m_1}{M} \times 100\% = \frac{0.7}{120} \times 100\% \times \frac{1\ 000 - 5.5}{1\ 000} + \frac{2.0}{1\ 000} \times 100\% = 0.78\%$$

$$I_2 = I_1 \times \frac{M-m}{M} + \frac{m_2}{M} \times 100\% = \frac{1.2}{120} \times 100\% \times \frac{1\ 000 - 5.5}{1\ 000} + \frac{3.5}{1\ 000} \times 100\% = 1.34\%$$

$$P_2 + I_2 + OS_2 = 97.9\% + 1.3\% + 0.8\% = 100.0\%$$

3 种成分之和恰好为 100.0%,不需修正,即该样品净度分析的最终结果为:净种子为 97.9%,杂质 1.3%,其他植物种子 0.8%。

d. 结果报告。净种子、其他植物种子和杂质的百分率必须填在检验证书规定的空格内。若一种成分的结果为零,必须在相应的空格内用"—0.0—"表示。若其中一种成分少于 0.05%,则填报"微量"。最终结果要达到表 6-9 规定的容许差距内。若需将净度分析结果 (x) 与规定值 (a) 相比较,其容许差距见表 6-10。$|a-x| \geqslant$ 容许差距,则结果不符合规定结果。

表 6-10 净度分析结果与标准规定值比较的容许差距

(5%显著水平的两尾测定)

标准规定值		容许差距	
50%以上	50%以下	无稃壳种子	有稃壳种子
99.95～100.00	0.00～0.04	0.10	0.11
99.90～99.94	0.05～0.09	0.14	0.16
99.85～99.89	0.10～0.14	0.18	0.21
99.80～99.84	0.15～0.19	0.21	0.24
99.75～99.79	0.20～0.24	0.23	0.27
99.70～99.74	0.25～0.29	0.25	0.30
99.65～99.69	0.30～0.34	0.27	0.32
99.60～99.64	0.35～0.39	0.29	0.34
99.55～99.59	0.40～0.44	0.30	0.35
99.50～99.54	0.45～0.49	0.32	0.38
99.40～99.49	0.50～0.59	0.34	0.41
99.30～99.39	0.60～0.69	0.37	0.44
99.20～99.29	0.70～0.79	0.40	0.47
99.10～99.19	0.80～0.89	0.42	0.50
99.00～99.09	0.90～0.99	0.44	0.52
98.75～98.99	1.00～1.24	0.48	0.57
98.50～98.74	1.25～1.49	0.52	0.62
98.25～98.49	1.50～1.74	0.57	0.67
98.00～98.24	1.75～1.99	0.61	0.72
97.75～97.99	2.00～2.24	0.63	0.75
97.50～97.74	2.25～2.49	0.67	0.79
97.25～97.49	2.50～2.74	0.70	0.83
97.00～97.24	2.75～2.99	0.73	0.86
96.50～96.99	3.00～3.49	0.77	0.91
96.00～96.49	3.50～3.99	0.82	0.97
95.50～95.99	4.00～4.49	0.87	1.02
95.00～95.49	4.50～4.99	0.90	1.07
94.00～94.99	5.00～5.99	0.97	1.15
93.00～93.99	6.00～6.99	1.05	1.23
92.00～92.99	7.00～7.99	1.12	1.31
91.00～91.99	8.00～8.99	1.18	1.39
90.00～90.99	9.00～9.99	1.24	1.46
88.00～89.99	10.00～11.99	1.33	1.56
86.00～87.99	12.00～13.99	1.43	1.67
84.00～85.99	14.00～15.99	1.51	1.78

续表 6-10

标准规定值		容许差距	
50%以上	50%以下	无稃壳种子	有稃壳种子
82.00~83.99	16.00~17.99	1.59	1.87
80.00~81.99	18.00~19.99	1.66	1.95
78.00~79.99	20.00~21.99	1.73	2.03
76.00~77.99	22.00~23.99	1.78	2.10
74.00~75.99	24.00~25.99	1.84	2.16
72.00~73.99	26.00~27.99	1.83	2.21
70.00~71.99	28.00~29.99	1.92	2.26
65.00~69.99	30.00~34.99	1.99	2.33
60.00~64.99	35.00~39.99	2.05	2.41
50.00~59.99	40.00~49.99	2.11	2.48

(五)其他植物种子数目测定

1.测定目的

其他植物种子是指样品中除去净种子以外的任何植物种类的种子单位,包括杂草和异作物种子两类。测定的目的是估测送验人所提出的其他植物种子数,包括泛指的种(如所有的其他植物的种)、专指某一类(如在一个国家里列为有害种)、特定的植物种(如匍匐冰草)。在国际贸易中这项分析主要用于测定有害或不受欢迎种子存在的情况。

根据送验者的不同要求,可分为完全检验、有限检验和简化检验 3 种。完全检验是指从整个试验样品中找出所有其他植物种子的测定方法。有限检验是指从整个试验样品中只限于找出送验者指定种的测定方法。简化检验是指仅检验一部分试验样品中指定种的测定方法。样品最少为规定试验样品重量的 1/5。

2.测定方法

【操作技术 6-2-8】试样重量

供测定其他植物种子的试样通常为净度分析试样重量的 10 倍,即约 25 000 粒种子的重量,或与送验样品重量相同。但当送验者所指定的种较难鉴定时,可减少至规定试样量的 1/5。

【操作技术 6-2-9】分析测定

分析时可借助扩大镜和光照设备。根据送验人的要求对试样逐粒观察,取出所有其他植物的种子或某些指定种的种子,并数出每个种的种子数。当发现有的种子不能准确确定所属种时,可鉴定到属。如为有限检验,那么只要找到与送验人要求相符合的一个或全部指定种的种子后,即可停止分析。

【操作技术 6-2-10】结果计算

结果用实际测定试样重量中所发现的种子数表示。但通常折算为样品单位重量(每千克)所含的其他植物种子数,以便比较。最后结果计入种子净度分析记录表(表6-11)。

$$其他植物种子含量(粒/kg) = \frac{其他植物种子数}{试验样品重量(g)} \times 1\,000$$

表 6-11   种子净度分析记录表

（5％显著水平的一尾测定）

编号：

样品登记号			作物名称		品种（组合）名称				
送验样品重/g			重型混杂物/g		其他植物种子/g				
					杂质重/g				
类别	重复	试样重/g	净种子		其他植物种子		杂质		各成分重量之和/g
			重量/g	百分数/%	重量/g	百分数/%	重量/g	百分数/%	
全试样									
半试样	1								
	2								
	平均								
	实际差/%								
	容许误差/%								
其他植物种子名称及个数									
杂质种类									
净度分析结果	净种子/%			其他植物种子/%			杂质/%		
检测依据									
主要仪器及编号									

说明：全试样或半试样只需选择其中一种方法进行检测。

检验员：   日期：   校核人：   日期：   审核人：   日期：

你知道吗？

净度检验时重型混杂物为什么还要细分为其他植物种子和杂质？净度分析时大豆种皮破裂的、被虫蛀的、籽粒不饱满的和水稻种子中的糙米应属于净种子，还是属于杂质？为什么？

三、水分测定

种子水分是种子生命活动必不可少的重要成分，其含量多少直接影响种子的寿命和安全贮藏。因此，种子水分是种子检验的必检项目之一。

（一）种子水分概念

种子水分也称种子含水量，是指种子样品中含有的水分重量占种子样品重量的百分率。通常是按规定程序把种子样品烘干所失去的重量，用失去重量占供检样品原始重量的百分率来表示。

(二)仪器设备

恒温烘箱:装有可移动多孔的铁丝网架和可测到 0.5℃的温度计。

粉碎(磨粉)机:备有 0.5 mm、1.0 mm 和 4.0 mm 的金属丝筛子。

样品盒、干燥器、干燥剂等。

天平:感量达到 0.001 g。

(三)程序与方法

1.低恒温烘干法

低恒温烘干法是将样品放置在(103±2)℃的烘箱内烘干 8 h,适用于大豆、萝卜、花生、棉属、亚麻、向日葵、芝麻、茄子等种子的烘干,但必须在相对湿度 70%以下的室内进行,否则结果偏低。

【操作技术 6-2-11】铝盒恒重

在水分测定之前,将待用铝盒(含盒盖)洗净后,在 130℃的条件下烘干 1 h,取出后冷却称重,再继续烘干 30 min,取出后冷却称重,当两次烘干结果误差小于或等于 0.002 g 时,取两次重量平均值;否则,继续烘干至恒重。

【操作技术 6-2-12】预调烘箱温度

按规定要求调好所需温度,使其稳定在(103±2)℃,如果环境温度较低时,也可适当预置稍高的温度。

【操作技术 6-2-13】样品处理

用于水分测定的送验样品必须装在密封防湿容器中,并尽可能排除容器中的空气。当收到样品后应立即进行测定,以防样品水分发生变化。取样时先将密封容器内的样品充分混匀。方法是取一个与送验样品容器相同的空样品瓶,瓶口与送验样品的瓶口对准,把种子在两个容器间往返倾倒或是用匙在样品瓶内搅拌,使样品充分混合。从中分别取出两个独立的试验样品 15~25 g,立即放入另一磨口瓶中,样品不得在空气中暴露时间过长。按照表 6-12 的方法进行烘前处理。

表 6-12　必须磨碎的种子种类及磨碎细度

作物种类	磨碎细度
燕麦(*Avena* spp.) 水稻(*Oryza sativa* L.) 甜荞(*Fagopyrum esculentum*) 苦荞(*Fagopyrum tataricum*) 黑麦(*Secale cereale*) 高粱属(*Sorghum* spp.) 小麦属(*Triticum* spp.) 玉米(*Zea mays*)	至少有 50%的磨碎成分通过 0.5 mm 筛孔的金属丝筛,而留在 1.0 mm 筛孔的金属丝筛子上不超过 10%

续表 6-12

作物种类	磨碎细度
大豆(*Glycine max*) 菜豆属(*Phaseolus* spp.) 豌豆(*Pisum sativum*) 西瓜(*Citrullus lanatus*) 巢菜属(*Vicia* spp.)	需要粗磨,至少有 50% 的磨碎成分通过 4.0 mm 筛孔
棉属(*Gossypium* spp.) 花生(*Arachis hypogaea*) 蓖麻(*Ricinus communis*)	磨碎或切成薄片

样品处理后最好立即称样,以减少样品水分变化,不能马上称量的应立即装入磨口瓶中备用。剩余的送验样品应继续存放在密封的容器内,以备复检。

【操作技术 6-2-14】称样烘干

将处理好的样品在磨口瓶内充分混匀,用感量 0.001 g 的天平准确称取 4.000～5.000 g 试样两份,分别放入预先烘至恒重的铝盒内,分别记录盒号、盒重和样品的实际重量,摊平样品,立即将烘盒(不带盖)放入已调至 110～115℃ 的烘箱内,铝盒距温度计水银球 2～2.5 cm,然后关闭箱门。当箱内温度在 5～10 min 内回升至(103±2)℃ 时开始计时,烘干 8 h。取出烘盒,盖好盒盖,放在干燥器中冷却至室温(需 30～45 min)后称重。

必须磨碎的种子种类及磨碎细度见表 6-12。

【操作技术 6-2-15】结果计算

根据烘干后样品减少的重量计算种子含水量,结果保留 1 位小数。计算公式:

$$种子水分=\frac{M_2-M_3}{M_2-M_1}\times100\%$$

式中:M_1——样品盒和盖的重量(g);

M_2——样品盒和盖及样品的烘前重量(g);

M_3——样品盒和盖及样品的烘后重量(g)。

2.高恒温烘干法

高恒温烘干法是将样品放在 130～133℃ 的条件下烘干 1 h,此法适用于水稻、小麦、菜豆、高粱、玉米、豌豆、甜菜等作物。

【操作技术 6-2-16】预调烘箱温度

预调烘箱温度在 140～145℃,取样,磨碎,在 130～133℃ 下烘 1 h。

【操作技术 6-2-17】控制温度与时间

在高恒温烘干时,必须严格掌握规定的温度和时间,否则易造成种子内有机物质分解变质,样品变色,烘干失重增加,水分测定结果偏高。

3.高水分种子预先烘干法

当需磨碎的禾谷类作物种子水分超过 18%;豆类和油料作物种子水分超过 16% 时,必须采用预烘法。因为高水分种子不易在粉碎机上磨至规定细度,若要磨到规定细度,则需时间较长,加上高水分种子自由水含量高,磨碎时水分容易散发,影响种子水分测定结果,所以先将整粒种子作初步烘干,然后进行磨碎或切片,测定种子水分,具体步骤如下:

【操作技术 6-2-18】第一次烘干

称取整粒种子(25.00±0.02)g,放在直径大于 8 cm 的样品盒内,两次重复,放入(103±2)℃的烘箱内预烘 30 min(油料种子在 70℃条件下预烘 1 h),取出后放在室温下冷却并称重。

【操作技术 6-2-19】第二次烘干

将预烘过的两个种子样品按照表 6-12 的规定分别进行处理,然后按低恒温或高恒温烘干法分别进行烘干测定。

【操作技术 6-2-20】计算结果

样品的总水分含量可用第一次烘干和第二次烘干所得的水分结果计算。

$$种子水分 = S_1 + S_2 - \frac{S_1 \times S_2}{100}$$

式中:S_1——第一次整粒种子烘干后失去的水分(%);

S_2——第二次磨碎种子烘干后失去的水分(%)。

(四)结果报告

若一个样品的两次测定值之间的差距不超过 0.2%,其结果可用两次测定值的算术平均数表示。否则,需重做两次测定。结果填报在检验结果报告单的规定空格内,精确度为 0.1%。

你知道吗?

水分测定的时间为什么不能过长?谈谈你对种子水分测定重要性的看法。禾谷类作物种子水分超过 18%,豆类和油料作物种子水分超过 16% 时,必须采用预烘法,为什么这两类作物所要求的含水量不同?

四、发芽试验

(一)种子发芽概念

种子发芽是指在适宜条件下种子萌发和发育到一定程度,其幼苗构造表明在田间适宜条件下能进一步生长成为正常的植株。

因此,依据幼苗鉴定标准,种子的这种在适宜条件下发芽并长成正常植株的能力称之为发芽力,通常用发芽势和发芽率来表示。

发芽势是指在规定的条件下,初次计数时间内长成的正常幼苗数占供检种子数的百分率。发芽势高,则表示种子活力强,发芽迅速、整齐,增产潜力大。

发芽率是指在规定的条件下,末次计数时间内长成的正常幼苗数占供检种子数的百分率。发芽率高,则表示有生活力的种子多,播种后出苗率高。

(二)幼苗鉴定标准

1.正常幼苗

正常幼苗是指在良好的土壤及适宜的水分、温度和光照条件下,具有继续生长发育成正常植株的幼苗。我国把正常幼苗分为 3 类,即完整正常幼苗、带有轻微缺陷幼苗和次生感染幼苗。

(1)完整正常幼苗　幼苗的主要构造生长良好、完全、匀称和健康。具体表现在:

①具有发育良好的根系,其组成如下:

a.细长的初生根,通常长满根毛,末端细尖。

b.在规定试验时期内产生的次生根。

c.在燕麦属、大麦属、黑麦属、小麦属和小黑麦属中,由数条种子根代替 1 条初生根。

②具有发育良好的幼苗茎轴,其组成如下:

a.子叶出土型发芽的幼苗,应具有 1 个直立、细长并有伸长能力的下胚轴。

b.子叶留土型发芽的幼苗,应具有 1 个发育良好的胚轴。

c.在出土型发芽的一些属(如菜豆属、花生属)中,应同时具有伸长的上胚轴和下胚轴。

d.在禾本科的一些属(如玉米属、高粱属)中,应具有伸长的中胚轴。

③具有特定数目的子叶,其组成如下:

a.单子叶植物具有 1 片子叶,子叶可为绿色和呈圆管状(葱属),或变形而全部或部分遗留在种子内(如石刁柏、禾本科)。

b.双子叶植物具有 2 片子叶,在子叶出土型发芽的幼苗中,子叶为绿色,展开呈叶状;在子叶留土型发芽的幼苗中,子叶为半球形和肉质状,并保留在种皮内。

c.在针叶树中,子叶数目 2～18 枚不定,通常其发育程度因种而不同。子叶呈绿色而狭长。

④具有展开、绿色的初生叶,其组成如下:

a.在互生叶幼苗中有 1 片初生叶,有时先发生少数鳞状叶,如豌豆属、石刁柏属、蚕豆属。

b.在对生叶幼苗中有 2 片初生叶,如菜豆属。

⑤具有 1 个顶芽或苗端,其发育程度因所检验的种的不同而不同。

⑥在禾本科植物中有 1 个发育良好、直立的芽鞘,其中包着一片绿色初生叶延伸到顶端,最后从芽鞘中伸出。

(2)带有轻微缺陷幼苗　幼苗的主要构造出现某种缺陷,但在其他方面能均衡生长,并与同一试验中的完整幼苗相当。有下列缺陷者为带有轻微缺陷的幼苗。

①初生根,其缺陷如下:

a.初生根局部损伤,或生长稍迟缓。

b.初生根有缺陷,仅次生根发育良好,特别是豆科中一些大粒种子的属(如菜豆属、豌豆属、巢菜属、花生属、豇豆属和扁豆属)、禾本科中的一些属(如玉米属、高粱属和稻属)、葫芦科所有属(如甜瓜属、南瓜属和西瓜属)和锦葵科所有属(如棉属)。

c.燕麦属、大麦属、黑麦属、小麦属和小黑麦属中只有 1 条强壮的种子根。

②下胚轴、上胚轴和中胚轴局部损伤。

③子叶(采用"50%规则"),其缺陷如下:

a.子叶局部损伤,子叶组织总面积的 1/2 或 1/2 以上仍保持着正常的功能,并且幼苗顶端或其周围组织没有明显的损伤或腐烂。

b.双子叶植物仅有 1 片正常子叶,但其幼苗顶端或其周围组织没有明显的损伤或腐烂。

c.具有 3 片子叶而不是 2 片子叶(采用"50%规则")。

④初生叶,其缺陷如下:

a.初生叶局部损伤,但其组织总面积的 1/2 或 1/2 以上仍保持着正常的功能(采用"50%规则")。

b.顶芽没有明显的损伤或腐烂,有 1 片正常的初生叶,如菜豆属。

c.菜豆属的初生叶形状正常,大于正常大小的 1/4。

d.具有 3 片初生叶而不是 2 片,如菜豆属(采用"50%规则")。

⑤芽鞘,其缺陷如下:

a.芽鞘局部损伤。

b.芽鞘从顶端开裂,但其裂缝长度不超过芽鞘的 1/3(对于玉米,如果胚芽鞘有缺陷,但第 1 叶完整或仅有轻微缺陷的幼苗仍可认为是正常幼苗)。

c.受内外稃或果皮的阻挡,芽鞘轻度扭曲或形成环状。

d.芽鞘内的绿叶,虽然没有延伸到芽鞘顶端,但至少要达到胚芽鞘的 1/2。

(3)次生感染幼苗 由真菌或细菌感染引起,使幼苗主要构造发病和腐烂,但有证据表明病源不是来自种子本身。

2.不正常幼苗

不正常幼苗是指在良好土壤及适宜的水分、温度和光照条件下,不能生长成为正常植株的幼苗。我国规程把不正常幼苗分为 3 类,即受损伤幼苗、畸形或不匀称幼苗和腐烂幼苗。

(1)受损伤幼苗 由机械处理、加热、干燥、昆虫损害等外部因素引起,使幼苗构造残缺不全或受到严重损伤以至于不能够均衡生长者。如叶或苗端破裂或幼苗其他部分完全分离,引起不正常;下胚轴、上胚轴或子叶有裂缝和裂口;胚芽鞘损伤或顶端破损;初生叶有裂口、缺失或发育受阻等症状。

(2)畸形或不匀称幼苗 由于内部因素引起生理紊乱,幼苗生长细弱,或存在生理障碍,或主要构造畸形、不匀称者。

(3)腐烂幼苗 由初生感染(病源来自种子本身)引起,使幼苗主要构造发病和腐烂,并妨碍其正常生长者。

在实践中,带有下列一种或多种缺陷的幼苗均为不正常幼苗。

①初生根和种子根发育不全、短粗、停滞、残缺、破裂、纵裂、缩缢、蜷缩在种皮内、负向地性生长、玻璃状、由初生感染引起的腐烂、仅有 1 条且生长力弱或没有种子根等(图 6-3)。

②胚轴短粗、破裂、缩缢、细长、玻璃状、扭曲、过度弯曲、形成环状或螺旋形、由初生感染引起的腐烂(图 6-4)。

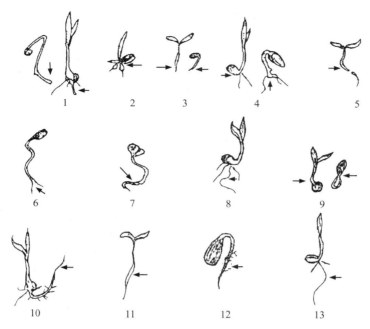

图 6-3　初生根和种子根不正常幼苗类型

1.残缺　2.短粗　3.停滞　4.缺失　5.破裂　6.从顶端开裂　7.缩缢　8.纤细　9.蜷缩在种皮内
10.负向地生长　11.水肿状　12.由初生感染引起的腐烂　13.仅有一条且生长力弱或没有种子根

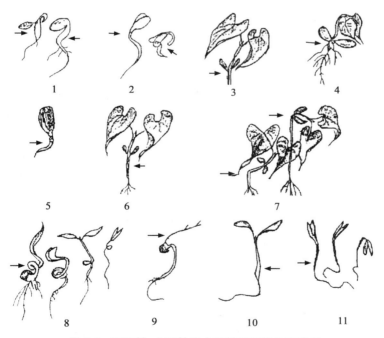

图 6-4　下胚轴、上胚轴或中胚轴不正常幼苗类型

1.缩短而变粗　2.深度横裂或破裂　3.纵向裂缝(开裂)　4.缺失　5.缩缢　6.严重扭曲
7.过度弯曲　8.形成环状　9.纤细　10.水肿状　11.由初生感染引起的腐烂

③子叶和初生叶肿胀卷曲、畸形、变色、坏死、玻璃状、由初生感染引起的腐烂,初生叶形状正常但小于正常大小的1/4(图 6-5 和图 6-7)。葱属子叶缩短变粗、纤细、过度弯曲,形成环状或螺旋状,无明显的"膝"(图 6-6)。

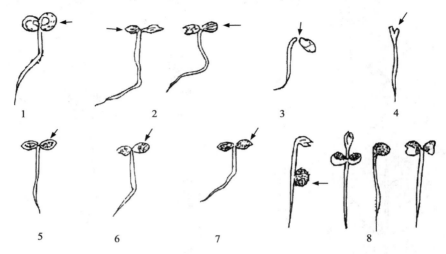

图 6-5　除葱属外的所有属的子叶缺陷不正常幼苗类型(采用 50％规则)

1.肿胀卷曲　2.畸形　3.断裂或其他损伤　4.分离或缺失

5.变色　6.坏死　7.水肿状　8.由初生感染引起的腐烂

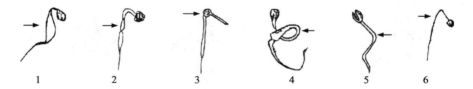

图 6-6　葱属子叶的特有缺陷不正常幼苗类型(采用 50％规则)

1.缩短变粗　2.缩缢　3.过度弯曲　4.形成环状或螺旋状　5.无明显的"膝"　6.纤细

④顶芽及其周围组织畸形、损伤,残缺及由初生感染引起的腐烂(图 6-8)。

⑤整个幼苗畸形、断裂、黄化、白化、纤细、水肿状、由初生感染引起的腐烂;两株幼苗连在一起(图 6-9)。

⑥禾本科的芽鞘和第一片叶畸形、残缺,损伤,芽鞘严重过度弯曲或扭曲成环状或螺旋状,由初生感染引起的腐烂,第一叶延伸长度不足芽鞘的一半(图 6-10)。

3.不发芽种子

在发芽试验末期仍不发芽的种子,可分为以下几种情况:

(1)硬实　由于不能吸水而在试验末期仍保持坚硬的种子。

(2)新鲜不发芽种子　在发芽试验条件下,既非硬实,又不发芽而保持清洁和坚硬,具有生长成为正常幼苗潜力的种子。此类种子的不发芽由生理休眠所引起。

(3)死种子　在试验末期,既不坚硬,又不新鲜,也未产生生长迹象的种子。

(4)其他类型　如空的、无胚或虫蛀的种子。

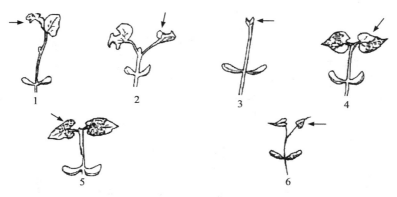

图 6-7 初生叶不正常幼苗类型（采用 50％规则）

1.畸形 2.损伤 3.缺失 4.变色 5.由初生感染引起的腐烂

6.虽形状正常,但小于正常叶片大小的 1/4

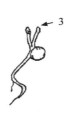

图 6-8 顶芽及周围组织不正常幼苗（采用 50％规则）

1.畸形 2.损伤 3.缺失 4.由初生感染引起的腐烂

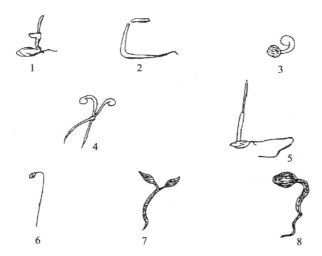

图 6-9 整株幼苗畸形类型

1.畸形 2.断裂 3.子叶比根先长出 4.两株幼苗连在一起 5.黄化或白化

6.纤细 7.水肿状 8.由初生感染引起的腐烂

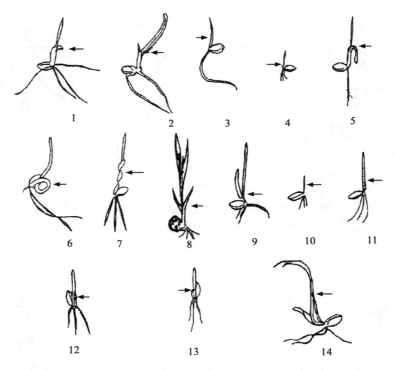

图 6-10　胚芽鞘、顶芽及周围组织不正常幼苗（采用 50% 规则）

1.畸形　2.损伤　3.缺失　4.顶端损伤或缺失　5.严重过度弯曲　6.形成环状或螺旋状　7.严重扭曲
8.裂缝长度超过从顶端量起的 1/3　9.基部开裂　10.纤细　11.由初生感染引起的腐烂
12.延伸长度不及胚芽鞘的一半　13.缺失　14.撕裂或其他畸形

(三)仪器设备

数种设备、发芽器具、冰箱和硝酸、硝酸钾、赤霉素、双氧水等。

(四)程序与方法

【操作技术 6-2-21】数取试样

在净种子中随机数取,中小粒种子 100 粒/次,重复 4 次;大粒种子或带有病原菌的种子 25～50 粒/次,重复 8～16 次。

【操作技术 6-2-22】准备发芽床

按 GB/T 3543.4—1995 检验规程规定(表 6-2),根据作物种类选择适宜的发芽床。其中大粒种子宜用砂床或纸床,中、小粒种子宜用纸床。

【操作技术 6-2-23】种子置床

(1)砂床　砂土,种子置于湿润砂的表层。

(2)砂中　种子置于平整的湿润砂上,再覆盖一层 10～20 mm 的松散砂。

(3)纸床　纸上,将滤纸等平铺在发芽皿内,加水至饱和,摆上种子,盖上盖。

(4)纸间　把种子放在两层纸中间发芽。

【操作技术 6-2-24】贴标签

在发芽皿底盘的外侧贴上标签,写明样品号码、置床日期、品种名称、重复次数、产地等,并登记在发芽试验记录簿上,盖好发芽皿盖来保持湿度。

【操作技术 6-2-25】发芽

根据作物种子种类预先将发芽箱调至发芽所需温度,然后将置床的发芽皿放入发芽箱内支架上。为保持箱内湿度,也可在发芽箱内底部放一水盘。

【操作技术 6-2-26】检查管理

每天检查一次,定时定量补水,表面生霉应取出洗涤后放回,必要时更换芽床,腐烂的种子及时取出并记载。

【操作技术 6-2-27】幼苗鉴定

初期、中间记载时,将符合标准的正常幼苗,腐烂种子取出,并记载,未达标小苗、畸形苗、未发芽种子要继续发芽。末次记载时,正常幼苗、硬实、新鲜不发芽的种子、不正常幼苗、腐烂霉变等死种子都如数记载。

【操作技术 6-2-28】结果计算

种子发芽试验结果要以正常幼苗、不正常幼苗、硬实、新鲜不发芽种子和死种子的百分率表示。各部分百分率的总和应为100%,各百分率修约至最近似的整数,0.5修约进入最大值。计算时,以100粒种子为一次重复,如采用50粒或25粒的副重复,则应将相邻的副重复合并成100粒的重复。如4次重复间最低和最高正常幼苗的百分率(发芽率%)之差未超过表6-13的容许差距,则认为结果是可靠的。正常幼苗的平均发芽率即为试验的发芽百分率;如果超过最大容许差距,要进行重新试验。

表 6-13 同一发芽试验 4 次重复间的最大容许差距

(2.5%显著水平的两尾测定)

平均发芽率		最大容许差距
50%以上	50%以下	
99	2	5
98	3	6
97	4	7
96	5	8
95	6	9
93~94	7~8	10
91~92	9~10	11
89~90	11~12	12
87~88	13~14	13
84~86	15~17	14
81~83	18~20	15
78~80	21~23	16
73~77	24~28	17
67~72	29~34	18
56~66	35~45	19
51~55	46~50	20

结果须填报正常幼苗、不正常幼苗、硬实、新鲜不发芽种子和死种子的平均百分率,若其中有任何 1 项结果为零,则需填入符号"—0—"。填写种子发芽试验记录表 6-14。

表 6-14　种子发芽试验记录表

No:

样品编号:　　　　　作物名称:　　　　　发芽温度:

置床日期:(　　年　月　日　时)发芽床:____处理方法

箱号	重复	月　日							月　日		月　日	合　计
		发芽种子数	霉烂种子数	未发芽种子数	正常幼苗数	不正常幼苗数	死种子数	新鲜不发芽种子	硬实种子			
平　均												
检验结果		正常幼苗/% 硬实种子/%			不正常幼苗/% 死种子/%				新鲜不发芽种子/%			
正常幼苗重复间的最大差距				最大容许差距					差距判定			
备　注												

检测室负责人:　　　　　校核人:　　　　　检验员:　　　　　年　月　日

你知道吗?

种子发芽除标准发芽方法外,还可采用水培法、沙培法、土培法等,这几种方法哪种最能真实地检验种子发芽率?哪种发芽方法最不科学?哪种发芽方法最快速?哪种发芽方法农民最常采用?哪种发芽方法种业公司最常用?哪种发芽方法种子执法部门最常用?

五、品种真实性与品种纯度室内测定

(一)品种纯度概念

品种纯度检验包括两方面的内容,即种子的真实性和品种纯度。种子的真实性是指一批种子所属品种、种或属与文件记录是否相符。如果种子真实性有问题,品种纯度检验就毫无意义了。品种纯度是指品种在特征特性方面典型一致的程度,用本品种的种子数(或株、穗数)占供检本作物样品种子数的百分率表示。在品种纯度检验时主要鉴别与本品种不同的异型株。异型株是指一个或多个性状(特征特性)与原品种育成者所描述的性状明显不同的植株。国际种子检验规程中明确指出,品种纯度检验的适用范围是:当送验者对报检的种或品种已有说明,并且具有一个可供比较的、可靠的标准样品时,鉴定才是有效的。品种纯度检验的对象可以是种子、幼苗或较成熟的植株。

(二)仪器设备

其仪器和设备也随方法的差异而不同。

（1）在实验室中测定　配备适宜的仪器（如体视显微镜、扩大镜、解剖镜）与试剂，以供种子形态、生理及细胞学的检查、化学测定及种子发芽之用。

（2）在温室和培养室中测定　配备能调节环境条件的设备（如生长箱），以利诱导鉴别性状的发育。

（3）在田间小区里鉴定　需具有能使鉴定性状正常发育的气候、土壤及栽培条件，并对防治病虫害有相对的保护措施。

（三）程序与方法

1.送验样品的重量

品种纯度测定的送验样品的最小重量应符合表6-5的规定。

2.种子形态测定

籽粒形态鉴定特别适合于籽粒形态性状丰富、粒型较大的作物。

随机从送验样品中数取400粒种子，鉴定时需设重复，每个重复不超过100粒种子。鉴定时根据标准样品或鉴定图片和有关资料，借助扩大镜等仪器逐粒观察种子的形态特征。

水稻种子根据谷粒形状、长宽比、大小、稃壳和稃尖色、稃毛长短、稀密、柱头夹持率等进行鉴定。

玉米种子根据粒型、粒色深浅、粒顶部形状、顶部颜色及粉质多少、胚的大小、形状、胚部皱褶的有无、多少、花丝遗迹的位置与明显程度、稃色（白色、浅红、紫红）深浅、籽粒上棱角的有无及明显程度等进行区别。

小麦种子根据粒色深浅、形状（短柱形、卵圆形、椭圆形、线形）、质地、种子背部性状（宽窄、光滑与否）、腹沟（宽窄、深浅）、茸毛（长短、多少）、胚的大小、突出与否、籽粒横切面的模式、籽粒的大小等性状进行区分。

大豆种子可根据种子大小、形状、颜色、光泽、光滑度、蜡粉多少及种脐形状颜色等特征鉴定；葱类可根据种子大小、形状、颜色、表面构造及脐部特征等鉴定。

3.幼苗鉴定

从送验样品中随机数取400粒种子，设置重复，每重复为100粒种子。在培养室或温室中，可以用100粒。2次重复。幼苗鉴定可以通过2个主要途径：一种途径是提供给植株以加速发育的条件，当幼苗达到适宜评价的发育阶段时，对全部或部分幼苗进行鉴定；另一种途径是让植株生长在特殊的逆境条件下，测定不同品种对逆境的不同反应来鉴别不同品种。

（1）禾谷类　禾谷类作物的芽鞘、中胚轴有紫色与绿色两大类，它们是受遗传基因控制的。将种子播在沙中（玉米、高粱种子间隔 $1.0\ cm\times4.5\ cm$，燕麦、小麦种子间隔 $2.0\ cm\times4.0\ cm$，播种深度 $1.0\ cm$），在 $25\ ℃$ 恒温下培养，24 h 光照。玉米、高粱每天加水，小麦、燕麦每隔 4 d 施加缺磷的 Hoagland1 号培养液（在 1 L 蒸馏水中加入 4 mL 1 mol/L 硝酸钙溶液，2 mL 1 mol/L 硫酸镁溶液和 6 mL 1 mol/L 硝酸钾溶液），在幼苗发育到适宜阶段，高粱、玉米 14 d，小麦 7 d，燕麦 10～14 d，鉴定芽鞘的颜色。

（2）大豆　将种子播于沙中（种子间隔 $2.5\ cm\times2.5\ cm$，播种深度 $2.5\ cm$），在 $25\ ℃$ 下培养，24 h 光照，每隔 4 d 施加 Hoagland 1 号培养液〔在 1 L 蒸馏水中加入 1 mL 1 mol/L 磷酸二氢钾溶液（KH_2PO_4）、5mL 1 mol/L 硝酸钾溶液（KNO_3）、5mL 1 mol/L 硝酸钙溶液

[(Ca(NO₃)₂)和 2 mL 1 mol/L 硫酸镁溶液（MgSO₄）]，至幼苗各种特征表现明显时，根据幼苗下胚轴颜色（生长 10～14 d）、茸毛颜色（21 d）、茸毛在胚轴上着生的角度（21 d）、小叶形状（21 d）等进行鉴定。

（3）莴苣　将莴苣种子播在沙中（种子间隔 1.0 cm×4.0 cm，播种深度 1 cm），在 25℃恒温下培养，每隔 4 d 施加 Hoagland 1 号培养液，3 周后（长有 3～4 片叶）根据下胚轴颜色、叶色、叶片卷曲程度和子叶等形状进行鉴别。

（4）甜菜　有些栽培品种可根据幼苗颜色（白色、黄色、暗红色或红色）来区别。将种球播在培养皿湿砂上，置于温室的柔和日光下，经 7 d 后，检查幼苗下胚轴的颜色。根据白色与暗红色幼苗的比例，可在一定程度上表明糖用甜菜及白色饲料甜菜栽培品种的真实性。

4.品种纯度的快速测定

从送验样品中随机数取 400 粒种子进行鉴定，设置重复，每个重复不超过 100 粒种子。

（1）苯酚染色法　该法主要适用于小麦、大麦、燕麦和水稻。

小麦、大麦、燕麦：将种子浸入清水中 18～24 h，用滤纸吸干表面水分，放入垫有 1% 苯酚溶液湿润滤纸的培养皿内（腹沟朝下）。在室温下，小麦保持 4 h，燕麦 2 h，大麦 24 h 后即可鉴定染色深浅。小麦观察颖果染色情况，大麦、燕麦观察种子内外稃染色情况。通常颜色分为五级，即不染色、淡褐色、褐色、深褐色和黑色。把与基本颜色不同的种子取出作为异品种。

水稻：将种子浸入清水中 6 h，倒去清水，注入 1% 苯酚溶液，室温下浸 12 h，取出用清水洗涤，放在湿润的滤纸上，24 h 后观察谷粒或米粒染色程度。谷粒染色分为不染色、淡茶褐色、茶褐色、黑褐色和黑色五级；米粒染色分不染色、淡茶褐色、褐色三级。

（2）愈伤木酚染色法　将每粒大豆种子的种皮剥下，分别放入小试管内，注入 1 mL 蒸馏水，在 30℃下浸泡 1 h，再在每支试管中加入 10 滴 0.5% 愈伤木酚溶液，10 min 后，每支试管加入 1 滴 0.1% 过氧化氢溶液。1 min 后根据溶液呈现颜色的差异区分本品种和异品种。

使用该方法时应注意，剥种皮时的碎整程度要一致，否则影响染色的深浅，进而影响测定结果。最好使用小的打孔器，将种皮打下，这样克服了种皮大小及碎整程度的影响。

你知道吗？

品种纯度的室内测定有种子形态测定、幼苗鉴定和品种纯度的快速测定等几种方法，在这几种方法中哪一种方法测定的结果最准确？其结果能否作为最终结果，参与种子质量的评定？

模块三　种子田间检验

一、田间检验

（一）田间检验内容

田间检验的内容因作物而异，其侧重点有所不同，一般来说，必须进行下列项目的检验：

1.农作物常规作物种子

①种子田是否符合要求;

②播种的种子批与标签是否相符;

③从整体上看,属于被检的该品种,并进行品种纯度检测;

④鉴定杂草和其他作物种子,特别是难以加工分离的种子;

⑤隔离条件符合要求;

⑥种子田的倒伏、健康等情况。

2.农作物杂交种子

①隔离条件符合要求;

②父本花粉转移至母本理想条件;

③父、母本品种纯度高;

④雄性不育程度高;

⑤要先收获父本再收母本。

(二)田间检验时期

田间纯度检验是在种子田内在作物生育期间根据品种特征特性进行鉴定,田间检验最好在品种特征特性表现最明显的时期进行。一般在苗期、花期、成熟期进行,常规种至少在成熟期检验一次,杂交水稻、杂交玉米、杂交高粱和杂交油菜等杂交种花期必须检验2～3次,蔬菜作物在商品器官成熟期(如叶菜类在叶球成熟期,果荚类在果实成熟期,根茎类在直根、根茎、块茎、鳞茎成熟期)必须检验。具体时期与要求见表6-15。

表 6-15　主要大田作物品种纯度田间检验时期

作物	田间检验时期			备注
小麦	苗期(出苗1个月内)	抽穗期	蜡熟期	临时约定或复检
水稻	苗期(出苗1个月内)	抽穗期	蜡熟期	临时约定或复检
高粱	苗期(出苗1个月内)	抽穗期	蜡熟期	开花期应检3次
谷子	苗期(出苗1个月内)	抽穗期	蜡熟期	临时约定或复检
玉米	苗期(出苗1个月内)	抽穗期	成熟期	开花期应检3次
大豆	苗期(2～3片叶)	开花期	成熟期	临时约定或复检
马铃薯	苗期(苗高15～20 cm)	开花期	成熟期	开花期应检3次

(三)田间检验程序与方法

【操作技术6-2-29】田间取样

①了解情况。检验人员必须熟悉和掌握被检品种的特征特性及在当地的表现情况,通过面谈与检查,全面了解种子田背景、种子的来源、世代、上代纯度、种子批号、种植面积、前茬作物及栽培管理情况等,确认品种的真实性,观察种子田与所描述的品种特征特性是否一致;种子田隔离条件是否符合标准要求,对种子田的总体印象等,检验人员应绕视种子田

一圈,以决定环境条件是否适宜或需要进行检验,如遭受严重倒伏、杂草严重侵害,出现病虫害诱发的矮化和发育不良等情况,种子田不能进行正常的品种鉴定,则应拒绝田间检验。

②划区设点。同一品种、同一来源、同一繁殖世代、耕作制度和栽培管理相同而又连在一起的地块可划分为一个检验区。一个检验区的最大面积为 33.3 hm²。大于 33.3 hm² 以上的地块,可根据种子田各方面条件的均匀程度,分设检验区,或选 3～5 块代表田,代表田的面积不少于供检面积的 5%,代表田的取样点数与株数参看表 6-16。原种繁殖田,亲本繁殖田,杂交制种田等种子级别较高的地块,取样点数应加倍。

表 6-16　各种作物的取样点和株(穗)数

作物种类	面积/ hm²	取样点数	每点最低株(穗)数
稻、麦、粟(稷)	0.67 以下	5	500
	0.73～6.67	8	
	6.73～13.33	11	
	13.4～33.3	15	
玉米、高粱、大豆、薯类、油菜、花生、棉花、黄麻、红麻、芝麻、亚麻、向日葵	0.67 以下	5	200
	0.73～6.67	8	
	6.73～13.33	11	
	13.4～33.3	15	
蔬菜	0.33 以下	5	80～100
	0.4～1	9～14	
	1 hm² 以上	每增加 0.67 hm²,增加 1 点	

③取样方法。取样点要均匀设置,常用的方法有:

a.对角线取样。取样点分布在一条或两条对角线上等距离设点,适用于面积较大的正方形或长方形地块。

b.梅花形取样。在田块的中心和四角共设 5 点,适用于较小的正方形或长方形地块。

c.棋盘式取样。在田间的纵横方向,每隔一定距离设一取样点,适用于不规则地块。

d.大垄(畦)取样。垄(畦)作地块,先数总垄数,再按比例每隔一定的垄(畦)设一点,各垄(畦)的点要错开不在一条直线上。国际上常用的取样方法见图 6-11。

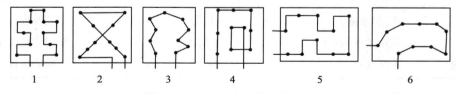

图 6-11　国际上常用的取样方法

·为取样点　1.观察 75% 的田块　2.观察 60%～70% 的田块　3.随机观察
4.顺时针路线　5.观察 85% 的田块　6.观察 60% 的田块

【操作技术 6-2-30】检验与计算

通常是边设点边检验,直接在田间进行分析鉴定,在熟悉供检品种特征特性的基础上逐株观察鉴定,最好有标准样品作对照。检验员应沿着样区的行进行缓慢检查行走,应避免在阳光强烈或不良的天气下进行检查,在大雨中检查更无意义。每点分析结果按本品种、异品种、异作物、杂草和感染病虫株(穗)数分别记载。

对于玉米杂交制种田,抽雄前至少要进行两次检验,重点检查隔离条件、种植规格和去杂情况是否符合要求。苗期检验主要依据的性状有叶鞘色、叶形、叶色和长势等。

开花期至少要检验三次,检验内容主要有母本去雄情况、父本去杂情况。母本花丝抽出后萎缩前,如果发现植株上出现花药外露的花在 10 个以上时,即定为散粉株,检验的主要性状有株型、叶形、叶色、雄穗形状和分枝多少、护颖色、花药色和花丝色等。

检验完毕,将各点检验结果汇总,计算品种纯度及各项成分的百分率。

公式如下:

$$品种纯度 = \frac{本品种株(穗)数}{供检本作物总株(穗)数} \times 100\%$$

$$异品种率 = \frac{异品种株(穗)数}{供检本作物总株(穗)数} \times 100\%$$

$$异作物率 = \frac{异作物株(穗)数}{供检本作物总株(穗)数 + 异作物株(穗)数} \times 100\%$$

$$杂草率 = \frac{杂草株(穗)数}{供检本作物总株(穗)数 + 杂草株(穗)数} \times 100\%$$

$$病虫感染率 = \frac{感染病虫株(穗)数}{供检本作物总株(穗)数} \times 100\%$$

$$母本散粉株数率 = \frac{母本散粉株数}{供检母本总株数} \times 100\%$$

$$父(母)本散粉杂株率 = \frac{父(母)本散粉杂株数}{供检父(母)本总株数} \times 100\%$$

【操作技术 6-2-31】田间检验报告

田间检验完成后,田间检验人员应及时填报田间检验结果单(表 6-17 和表 6-18)。田间检验报告应包括以下三方面内容。

表 6-17 农作物品种田间检验结果单

字第   号

繁种单位				
作物名称			品种名称	
繁种面积			隔离情况	
取样点数			取样总株(穗)数	
田间检验结果	品种纯度/%		杂草率/%	
	异品种率/%		病虫感染率/%	
	异作物率/%			
田间检验结果建议或意见				

检验单位(盖章):

检验员:

检验日期: 年   月   日

①基本情况。主要包括种子田编号、申请者姓名、作物、品种、类别（等级）、农户姓名和电话、田块号码、种子田位置、面积、前作详情（档案）、种子批号。

②检验结果。根据作物的不同要求填报：前作、隔离条件、品种真实性和纯度（包括母本散粉株率）、异作物和杂草及总体状况。

③田间检验员签署意见。根据检验结果提出建议和意见，最后对照国家质量分级标准，确定被检种子田能否作种用和种子等级。如不符合最低标准，就不应作为种子。

表 6-18　杂交种田间检验结果单

字第　　　号

繁种单位				
作物名称			品种名称	
繁种面积			隔离情况	
取样点数			取样总株（穗）数	
田间检验结果	父本杂株率/%		母本杂株率/%	
	母本散粉株率/%		异作物率/%	
	杂草率/%		病虫感染率/%	
田间检验结果建议或意见				

检验单位（盖章）：　　　　　　　　　　　　　　　　检验员：

检验日期：　　年　　月　　日

你知道吗？

田间检验和品种纯度的室内测定都是测定品种纯度的，那么哪一种方法测定的结果最接近于真实情况？应该用哪一结果来评价这一批种子的质量，为什么？这两种方法各有何特点？在种子经营中何时采用？

二、田间小区种植鉴定

田间小区种植是鉴定品种真实性和测定品种纯度的最为可靠、准确的方法，可作为种子贸易中的仲裁检验，并作为赔偿损失的依据。田间小区种植鉴定的送验样品的数量见表 6-5。

(一)标准样品

田间小区种植鉴定为了鉴定品种真实性，应在鉴定的各个阶段与标准样品进行比较。对照的标准样品为栽培品种提供全面的、系统的品种特征特性的现实描述。要求标准样品最好是育种家种子，或者能充分代表品种原有特征特性的原种。标准样品的数量应足够多，以便能持续使用多年，并在低温干燥条件下贮藏，更换时最好从育种家处获取。

(二)田间小区设置

为使品种特征特性充分表现，试验的设计和布局上要选择气候环境条件适宜的、土壤均匀、肥力一致、前茬无同类作物和杂草的田块,并有适宜的栽培管理措施。每个样品(一般2～4个)最少有2个重复,为了避免失败,重复应适当布置在不同田块上。小区的大小要为准确鉴定提供足够的植株。

(三)小区管理

进行小区种植时应有足够的行距和株距,大株作物也可适当增加行距、株距,以保证植株生长良好。可以采用点播和点栽。试验设计种植株数必须与实施的国家标准《农作物种子质量标准》相符,一般来说,若品种纯度标准为 X,$X=\dfrac{N-1}{N}\times100\%$,种植株数 $4N$ 即可获得满意结果。如标准规定纯度为98%,即 N 为50,种植200株即可达到要求。

小区种植鉴定的栽培管理与商品作物生产相似。为避免倒伏,尽量少施化肥,有必要把肥料水平减到最低程度。使用除草剂和植物生长调节剂必须要小心,以免影响植株的特征特性。

(四)小区鉴定

检验员应拥有丰富的经验,熟悉被检品种的特征特性,能正确判别植株是属于本品种还是变异株。许多种在幼苗期就有可能鉴别出品种真实性和纯度,但成熟期(常规种)、花期(杂交种)和食用器官成熟期(蔬菜种)是品种特征特性表现最明显的时期,必须进行鉴定。

(五)结果计算和表示

品种纯度结果表示有以百分率表示和以变异株数目表示两种方法。

1. 以百分率表示

将所鉴定的本品种、异品种、异作物和杂草等均以所鉴定植株的百分率表示。小区种植鉴定的品种纯度结果可用下式计算:

$$品种纯度=\frac{本作物的总株数-变异株(非典型株)数}{本作物的总株数}\times100\%$$

2. 以变异株数目表示

国家种子质量标准规定纯度要求很高的种子,如育种家种子、原种是否符合要求,可利用淘汰值。淘汰值是在考虑种子生产者利益和有较少可能判定失误的基础上,把在一个样本内观察到的变异株数与质量标准比较,做出接受符合要求的种子批或淘汰该种子批,其可靠程度与样本大小密切相关(表6-19)。

表6-19 不同样本大小符合标准99.9%接收含有变异株种子批的可靠程度

样本大小(株数)	淘汰值	接受种子批的可靠程度/%		
		1.5/1 000*	2/1 000*	3/1 000*
1 000	4	93	85	65
4 000	9	85	59	16
8 000	14	68	27	1
12 000	19	56	13	0.1

注:* 是指每1 000株中所实测到的变异株。

不同规定标准与不同样本大小下的淘汰值见表 6-20,如果变异株大于或等于规定的淘汰值,就应淘汰该种子批。

表 6-20　不同规定标准与不同样本大小的淘汰值

(0.05%显著水平的两尾测定)

规定标准/%	不同样本(株数)大小的淘汰值						
	4 000	2 000	1 400	1 000	400	300	200
99.9	9	6	5	4	—	—	—
99.7	19	11	9	7	4	—	—
99.0	52	29	21	16	9	7	6

注:下方有"—"的数字或"—"均表示样本的数目太少。

田间小区种植鉴定结果除品种纯度外,可能还须填报所发现的异作物、杂草和其他栽培品种的百分率。

我国的田间小区种植鉴定的原始记录统一按表 6-21 的格式填写。

表 6-21　真实性和品种纯度鉴定原始记载表(田间小区种植鉴定)

样品登记号:　　　　　　　　　　种植地区:　　　　　　　　　　编号:

作物名称	小区号	品种或组合名称	鉴定日期	鉴定生育期	供检株数	本品种株数	杂株种类及株数		品种纯度/%	病虫危害株数	杂草种类	检验员	校核人	审核人
			平均											
检测依据														
备注:														

你知道吗?

如何保证小区种植检验结果的准确性? 田间检验和田间小区种植鉴定二者有何区别? 分别在种子经营中的哪些环节应用?

【本项目小结】

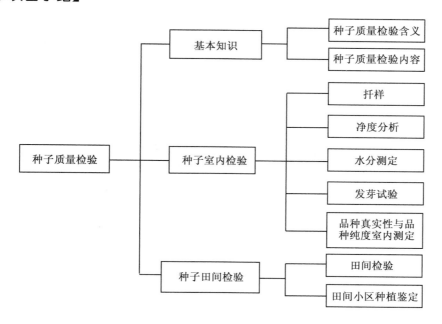

【复习题】

一、名词解释

扦样 种子批 初次样品 送验样品 试验样品 净度 发芽率 种子水分 种子检验
硬实 正常幼苗 品种纯度

二、简答题

1.扦样时为什么要随机选取样点？

2.净度检验时重型混杂物为什么还要细分为其他植物种子和杂质？

3.发芽试验时不正常的种子如何处理？

4.水分测定的时间为什么不能过长？

5.形态鉴定法与快速测定法是如何进行的？各种作物怎么进行幼苗鉴别？

6.种子田间检验内容是什么？

7.种子检验程序有哪些？

8.不同面积的种子田取样设点的标准是什么？

思政园地

1.为什么种业公司经营的种子哪些指标要达标？

2.经营的种子,哪项指标是具有一票否决的？

项目七

种子加工贮藏

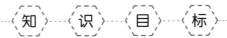

- 理解种子清选和精选的原理；
- 理解种子干燥的原理；
- 掌握种子干燥的影响因素；
- 理解种子包衣和丸化的作用；
- 理解种子各包装材料的差异；
- 掌握影响种子贮藏的环境条件；
- 理解种子贮藏前的具体要求；
- 掌握种子发热的原因、部位及预防方法。

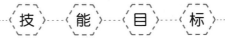

- 熟练掌握种子清选加工机械的使用方法；
- 学会针对不同类型的种子使用不同的干燥方法；
- 掌握种子包装材料的选用方法；
- 学会种子在贮藏过程中水分、温度、发芽率等的检查方法；
- 熟练掌握我国主要农作物种子的贮藏技术；
- 学会袋装种子和散装种子的堆放方式。

【项目导入】

我国种子加工机械的发展,起步较晚,20 世纪 70 年代起从国外引进单机并研学和仿制。80 年代开始从国外引进种子加工成套设备进行研学和仿制。自 80 年代后期到现在,我国种子加工机械行业的发展经历了从引进、仿制、消化、吸收到自主技术开发、研制生产到普及推广的发展过程。从单机到机组,再发展成种子加工成套设备,研制出了一批能够适合我国国情的精选机械和种子加工成套设备等多种类型机械,在实际生产中得到了普遍的推广应用。种子加工机械科研、生产单位在国家财政资金的支持下,适应社会发展需要,坚持与种子性能要求相结合,不断提高种子加工机械质量,完善种子加工机械性能。目前,我国种子加工机械已经具有相当的规模,能够适应当前种子加工生产需要。种子加工机械生产厂已发展到 20 多家,能够生产 11 类 120 多种种子加工机械,可组成 15 种不同形式的种子加工成套设备。

我国当前普遍推广应用的机型大多是在消化吸收国外 20 世纪七八十年代产品的基础上发展起来的机型或者国外样机的仿制产品。产品成型后,国内各个生产厂家再互相模仿,很少有设计者根据实际用途进行技术创新,改进机械,结果导致市场上机械大同小异,产品科技含量低。另外,我国种子加工机械生产厂家,大多数规模小、设施落后、技术力量薄弱,不同程度存在着追求生产利润忽视产品质量的现象,结果造成国产种子加工机械存在着制造工艺落后、性能不稳定、工作可靠性差、寿命短、能耗大等问题,不能满足种子加工业的发展需要。表现为清选机械加工过的种子破碎率高、除杂率低。另外,多数民营种子生产企业,规模小,资金实力不足,难以购置大型种子加工机械。

> **你知道吗?**
> 在你的周围企业中有哪些种子加工机械?

模块一　种子加工技术

一、种子清选与精选

(一)种子清选、精选目的

清选的目的:种子清选主要是清除混入种子中的茎、叶、穗和损伤种子的碎片、异作物种子、杂草种子、泥沙、石块、空瘪种子等掺杂物,以提高种子纯净度,并为种子安全干燥和包装贮藏做好准备。

精选分级的目的:主要是剔除混入的异作物或异品种种子,不饱满的、虫蛀或劣变的种子,以提高种子的精度级别和利用率,即可提高纯度、发芽率和种子活力。

(二)种子清选、精选原理

未经清选的种子堆,成分相当复杂,其中不仅含有各种不同大小、不同饱满度和完整度的本品种种子,还含有相当数量的混杂物,包括植株碎片、稃壳、泥砂、小石块及虫尸、菌瘿和杂草种子等。各类种子或各种混杂物所具有的物理特性不同,如形状、大小、比重、表面结构及色泽等。种子的清选和分级就是根据种子群体的这些物理特性以及种子与混杂物之间的差异性，在机械操作过程中(如运转、振动、鼓风等)将饱满、完整的种子与瘦瘪种子以及种子与混杂物分离开来。

1.根据种子大小进行分离

种子的大小以其长度 l、宽度 b 和厚度 a 来表示。各种作物种子的长、宽、厚之间的关系可以有如下 4 种情况：

$l>b>a$，种子呈扁长形，如水稻、小麦种子；

$l>b=a$，种子呈圆柱形，如小豆；

$l=b>a$，种子呈扁圆形，如野豌豆；

$l:b:a=1$，种子呈球形，如豌豆。

根据种子的大小，可用不同形状和规格的筛孔，把种子与夹杂物分离开，也可以将长短和大小不同的本品种种子进行分级。

(1)依长度分离　种子可用圆窝眼筒将长短不同的种子分离。其方法如将一些长度不同的种子，放在钻有窝眼的平板上(图 7-1)，窝眼的直径要大于短粒种子的长度而小于长粒种子的长度，这样可使短粒种子落入窝眼内，长粒种子则不能。然后逐渐使平板的一端提高，长粒种子的重心随着发生位移，由于重力作用而下落，而短粒种子则下落较迟。窝眼筒实际上就是将平板制成圆筒，筒内壁制成 U 形窝眼，筒内装有出种槽(图 7-2)。工作时，将需要进行分离的种子置于筒内，并使圆筒做回转运动。落入窝眼中的短粒种子，靠窝筒的旋转被带到一定高度后，由于本身重力而坠入出种槽内。长粒种子则直接从窝眼筒流到另一出口而与短粒种子分开。

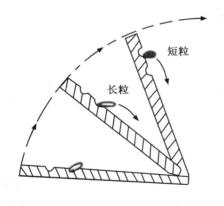

图 7-1　种子按长度分离的原理

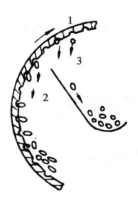

图 7-2　窝眼筒工作原理

1.转动方向　2.长谷粒流动方向　3.短谷粒流动方向

为了使种子分离正确，必须选用适当大小的窝眼(表 7-1)。此外，还必须选用一定的旋转速度，才能得到良好的效果。如果圆窝筒运转速度太快，种子的离心力大于重力，其合力的方向朝筒外，种子便贴着窝眼底部而不能下坠。因此，种子离心力的数值必须小于重力。一般常用的圆窝筒转速为 30～45 r/min。

表 7-1　各种作物的窝眼参考尺寸

mm

作物名称	窝眼直径		作物名称	窝眼直径	
	分离长混杂物	分离短混杂物		分离长混杂物	分离短混杂物
水稻	8.5,9	6.3,5.6	玉米	11.8,12.5	11.2,10.5,9.5
小麦	8,8.5,9	5,4.75	荞麦	8.5	5
大麦	11.2,11.8	7.1,6.3,5.6	亚麻	5	3.5,
黑麦	8.5,9,9.5	6,5.6,5	大麻	5,5.6	4,3.5,3.15

(2)依宽度分离　种子可用圆孔筛将宽度不同的种子与杂物进行分离。但是种子必须在直立状态下才能通过(图 7-3)。

(3)依厚度分离　种子一般采用长方形筛孔。孔径长度应大大超过种子长度,而孔径宽度应小于种子的宽度,这样才能保证厚度适宜的种子通过筛孔(图 7-4)。

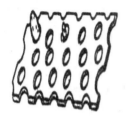

图 7-3　圆孔筛

图 7-4　长孔筛

除上述两种筛子孔外,其他如正方形、菱形的筛孔都不能正确地分离种子。为提高精选效果,选择筛孔尺寸要均匀,筛面要平直的冲孔筛。至于编织筛、交织筛(图 7-5),由于织丝容易变形,造成筛孔大小不匀而影响精选质量。

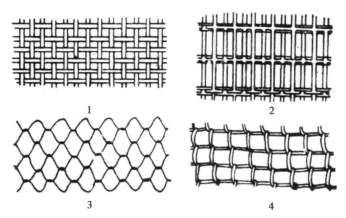

图 7-5　编织筛
1.竹篾编织的方孔筛　2.竹篾编织的长方孔筛　3.铁丝编织的菱形孔筛　4.铁丝编织的方孔筛

2.根据空气动力学原理进行分离

这种方法按种子和杂物对气流产生的阻力大小进行分离。任何一个处在气流中的种子或杂物,除受本身的重力外,还承受气流的作用力,重力大而迎风面小的,对气流产生的阻力就小,反之则大(表7-2)。而气流对种子和杂物压力的大小,又取决于种子和杂物与气流方向成垂直平面上的投影面积、气流速度、空气密度以及它们的大小、形状和表面状况。

表7-2 种子流动时间的阻力系数及空气临界速度

作物名称	阻力系数(ε)	临界速度/(m/s)
小麦	0.184~0.265	8.9~11.5
大麦	0.191 9~0.272	8.4~10.8
玉米	0.162~0.236	12.5~14.0
黍	0.045~0.073	9.8~11.8
豌豆	0.190~0.229	15.5~17.5

气流对种子的压力 P 的大小,可用下列公式表示:

$$P = \varepsilon \cdot p \cdot f \cdot v^2$$

式中:p——空气密度;

ε——阻力系数(表7-2);

f——物体的承风面积(m^2);

v——气流速度(m/s)。

当物体(种子)重量 $g > P$ 时,则种子落下,$g < P$ 时,则种子被气流带走(图7-6)。目前利用空气动力分离种子的方式有如下几种:

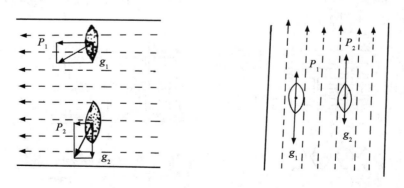

图7-6 种子按气体动力学分离的原理

(1)垂直气流 垂直气流分离,一般配合筛子进行,其工作原理如图7-7所示。当种子沿筛面下滑时,受到气流作用,轻种子和轻杂物的临界速度小于气流速度,使随气流一起上升运动,到气道上端,断面扩大,气流速度变小,轻种子和轻杂物落入沉积室中,而重量较大的种子则沿筛面下滑,从而起到分离作用。

（2）平行气流 目前农村使用的木风车就属此类(图7-8)。它一般只能用作清理轻杂物和瘪谷,不能起到种子分级的作用。

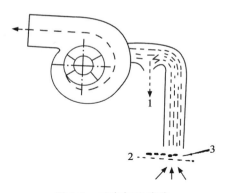

图7-7 垂直气流清选
1.轻杂质 2.筛网 3.谷粒

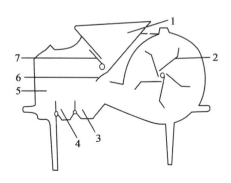

图7-8 人力木风车
1.喂料斗 2.风扇 3.净种出口 4.不实粒及较重杂质出口
5.轻杂质出口 6.缓冲板 7.流量调节板

（3）倾斜气流 根据种子本身的重力和所受气流压力的大小而将种子分离(图7-9)。在同一气流压力作用下,轻种子和轻杂物被吹得远些,重的种子就近落下。

（4）将种子抛扔进行分离 目前使用的带式扬场机属于这类分离机械(图7-10)。当种子从喂料斗中下落到传动带上,种子借助惯性向前抛出,轻质种子或迎风面大的杂物,所受气流阻力较大落在近处;重质和迎风面小的,则受气流阻力较小落在远处。这种分离也只能作初步分级,不能达到精选的目的。

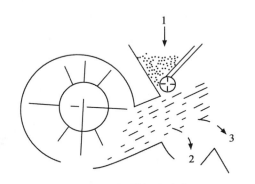

图7-9 倾斜气流清选
1.喂料斗 2.谷粒 3.轻杂质

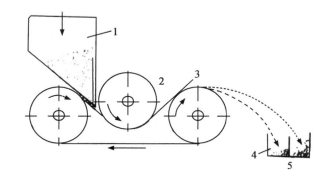

图7-10 带式扬场机工作示意图
1.喂料斗 2.滚筒 3.皮带 4.轻的种子 5.重的种子

3.根据种子表面结构进行分离

如果种子混杂物中的某些成分,难以依尺寸大小或气流作用分离时,可以利用它们表面的粗糙程度进行分离。采用这种方法,一般可以剔除杂草种子和谷类作物中的野燕麦。但是,设计这种机械主要用于豆类中剔除石块和泥块,也能分离未成熟和破损的种子。例如清除豆类种子中的菟丝子和老鹳草,可以把种子倾倒在一张向上移动的布上,随着布的向上转动,杂草种子被带向上,而光滑的种子向倾斜方向滚落到底部(图7-11)。另外,根据分离的要求和被分离物质状况采用不同性质的斜面。对形状不同的种子,可选择光滑的斜面;对表面状况不同的种子,可采用粗糙不同的斜面。斜面的角度与分离效果密切相关,若需要分离的物质,其自流角与种子的自流有显著差异的,分离效果越明显。

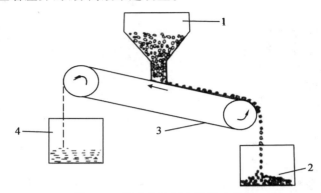

图 7-11 按种子表面光滑程度分离

1.种子漏斗 2.圆的或光滑种子 3.粗帆布或塑料布带 4.扁平的或粗糙种子

4.利用种子色泽进行分离

用颜色分离是根据种子颜色明亮或灰暗的特征分离的。要分离的种子在通过一段照明的光亮区域,在那里每粒种子的反射光与事先在背景上选择好的标准光色进行比较。当种子的反射光不同于标准光色时,即产生信号,这种子就从混合群体中被排斥落入另一个管道。

各种类型的颜色分离器在某些机械性能上有不同,但基本原理是相同的。有的分离机械在输送种子进入光照区域方式不同,可以由真空管带入或用引力流导入种子,由快速气流吹出种子。在引力流导入的类型中,种子从圆锥体的四周落下(图7-12)。另一种是在管道中种子在平面槽中鱼贯地移动,经过光照区域,若有不同颜色种子即被快速气流吹出。在所有的情况下,种子都是被一个或多个光电管的光束单独鉴别的,不至于直接影响邻近的种子。

这类分离方法多半用于豆类作物中因病害而变色的种子和其他异色种子。

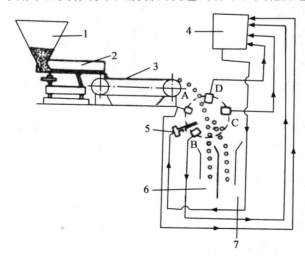

图 7-12 光电色泽种子分离仪图解

1.种子漏斗 2.振动器 3.输送器 4.放大器 5.气流喷口 6.优良种子 7.废物 A、B、C、D.光电管

5.根据种子的比重进行分离

种子的比重因作物种类、饱满度、含水量以及受病虫害程度的不同而有差异,比重差异越大,其分离效果越显著。

(1)应用液体进行分离　利用种子在液体中的浮力不同进行分离,当种子的比重大于液体的比重时,种子就下沉;反之则浮起,然后将浮起部分捞去,即可将轻、重不同的种子分离开。一般用的液体可以是水、盐水、黄泥水等。这是静止液体的分离法。此外还可利用流动液体分离(图7-13)。种子在流动液体中是根据种子的下降速度(C)与液体流速(C_2)的关系而决定种子流动得近还是远,即种子比重大的流动得近,比重小的被流送得远;当液体流速快时种子也被流送得远。一般所用的液体流速约为 50 cm/s。

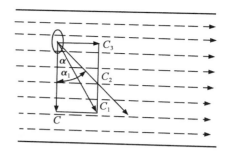

图 7-13　按种子的比重在液体中分离

用液体进行分离出来的种子,如果生产上不是立即用来播种,则应洗净、干燥,否则容易造成发热变质。

(2)重力筛选　目前国内外广泛应用的有两种类型,一种是采用负压(即吸风);另一种是用正压(即吹风),将轻重粒分开。这两种形式结构不同,其基本原理一致。我国生产的 5XZ-1.0 型重力式种子精选机是采用负压形式。

重力筛也叫振动筛,筛面不起筛理作用,筛孔仅作通过气流用。当种子在筛面上时,由于吸力作用,使轻种子瞬时处于悬浮状态。当风的吸力近似于轻种子的重量时,轻种子不按振动筛振动而产生有规律的运动。据此,可将轻重不同的种子分离。当没有吸力作用时,不论种子轻重一律随振动筛的作用向上移动。振动筛的倾斜角愈大,则上升力愈大,即向上移动得愈快。如果要分离种子与砂石时,可调节风的吸力和筛面的倾斜角。因为种子的比重小于砂石,只要风的吸力能略大于种子的重量,使种子瞬时处于悬浮状态,砂石在倾斜的筛面向上移动,即可达到种子与砂石分开的目的。

综上所述,种子可根据其本身的各种物理性质,采用不同的机械进行清选和分级。表 7-3 列出可供选用的各种类型的清选、分级机械。

表 7-3　根据不同物理性质可供选用的清选分级机械

种子的物理性质	清选分级机械	种子的物理性质	清选分级机械
种子大小	气、筛清选机	种子形状	螺旋分离机
	筛选机		皱褶带分离机
	宽厚分级机	种子表面结构	滚轮分离机
种子重量	比重分离机		磁性分离机
	分筛清选机		角状分离机
	吸风机	种子颜色	电色分离机
	分级吹风机		磁性分离机
	去石机		角状分离机
种子长度	盘式窝眼分离机		
	滚筒式窝眼分级机		
	盘、筒联合分离机		

(三)种子加工程序

种子加工通常要经过几道特定的工序才能得到满意的结果,机器和加工程序的选择取决于种子的种类及种子中杂质的性质和类别。常用的加工程序是预先准备、基本清选和精加工。

1.预先准备

为种子基本清选做好准备和创造条件,如脱粒、预清和除芒。

(1)脱粒 所有玉米均采用摘穗机或人工采收果穗的,因此玉米脱粒几乎是每个玉米加工厂的必要的一道工序。脱粒是一道关键的工序,应尽量防止脱粒损伤,玉米种子水分在16%～17%时对损伤不太敏感。

(2)预清 是对种子进行粗清选,将较大的杂质进行清除,并将重量轻、体积小的颗粒除去,通常采用多筛预清机或粗选机进行预清。人工收割的种子很少需要预清,机械收获的种子根据需要进行预清,如果种子中混杂有对种子流动有显著不良影响的物质则必须预清。种子在进入烘干机之前则应先行预清。

(3)去芒 有芒的作物如大麦和禾本科牧草种子应先去掉芒和茸毛,因为芒影响种子的流动和分级。对于带有大量未脱粒的小粒作物的穗头,使用去芒机可收到良好的效果,但应小心操作,否则会损伤种子。

2.基本清选

基本清选是一切种子加工中必要的工序。其目的是清除比清选种子的宽度或厚度过大过小的杂质和重量更轻的物质。因此主要根据种子大小和密度两项物理特性进行分离,有时也根据种子形状进行分离。基本清选是采用风筛清选机进行。粗加工的种子进入这种机器后即将种子送入气流之中,使谷壳等重量轻的物质除去;然后进入顶层筛上剔除大的杂质,进入第二层筛子后将种子按大小分类,第三层筛子对种子进行更细的剔除,最后经过第四层筛子进行种子精细分级,最后种子经过气流而留下饱满的种子。适当的筛选和空气吹扬是获得满意结果的关键。

3.精加工

在基本清选之后再进行加工的工序叫精加工。因单用风筛清选机对种子加工不能达到要求的种子质量标准。精加工包括按种子长度分类,按种子宽度和厚度分级,按容重分级和处理。

二、种子干燥

(一)种子干燥目的和作用

1.种子干燥的目的

一般新收获的种子水分高达25%～45%,这么高水分的种子,呼吸强度大,放出的热量和水分多,种子易发热霉变,或者很快耗尽种子堆中的氧气而因缺氧呼吸产生的酒精致死,或者遇到零下低温受冻害而死亡。因此,必须及时将种子干燥,把其水分降低到安全包装和安全贮藏的水分,以保持种子旺盛的生命力和活力,提高种子质量,使种子能安全经过从收获到播种的贮藏期。

2.种子干燥原理

(1)种子的平衡水分和空气相对湿度　种子是活的有机体,又是一团凝胶,具有吸湿特性。但处在某种条件下,也会释放出水分。种子的吸湿和解吸是在一定的空气条件下进行的。当空气中的水蒸气压超过种子所含水分的蒸汽压时,种子就向空气中吸收水分,直到种子所含水分的蒸汽压与该条件下空气相对湿度所产生的蒸汽压达到平衡时,种子水分才不再增加,此时种子所含的水分称为平衡水分。反之,当空气相对湿度低于种子平衡水分时,种子便向空气中释放水分,直到种子水分与该条件下的空气相对湿度达到新的平衡时,种子水分才不再降低。暴露在空气中的种子,其水分与相对湿度所产生的蒸汽压相等时,种子水分不发生增减,处在吸附和解吸的平衡状态中,不能起到干燥作用。只有当种子水分高于当时的平衡值时,水分才会从种子内部不断散发出来,使种子逐渐失去水分而干燥。种子内部的蒸汽压超过空气的蒸汽压愈大,干燥作用愈明显。种子干燥就是不断降低空气蒸汽压,使种子内部水分不断向外散发的过程。

种子干燥的条件主要决定于相对湿度、温度和空气流动的速度。而温度和空气流动的速度,都能直接影响相对湿度的大小。在一定条件下,1 kg 空气所含的水分是有限度的。当空气中的水分达到最大含量时,称为饱和状态,此时的含水量叫作饱和含水量。空气的饱和含水量是随着温度的递升而增加的(表 7-4)。

表 7-4　空气在不同温度下的饱和含水量

温度/℃	4.5	10.0	15.5	26.6	30.0
单位空气饱和含水量/kg	0.005 2	0.007 4	0.010 9	0.022 2	0.027 4

由表 7-4 可知,当温度由 4.5℃升到 15.5℃时,单位空气饱和含水量可由 0.005 2 kg 增加到 0.010 9 kg;同样情况,当温度由 15.5℃升到 26.6℃时,单位空气的饱和含水量由 0.010 9 kg 增加到 0.022 2 kg。如果原空气含水量不变,只升高温度,相对湿度就会发生变化。相对湿度随着温度的升高而降低。温度升高越多,相对湿度降低越多(表 7-5)。因此,在较高的相对湿度条件下干燥种子,恰当地增加空气温度,是提高干燥功效的有效措施。

表 7-5　由于温度升高引起的相对湿度降低　　　　　　　　　　%

空气温度/℃	温度升高/℃											
	0	6	11	17	22	28	33	39	45	50	55	61
43	95	72	55	42	33	26	21					
38	95	71	53	40	31	24	19	15				
32	95	70	52	40	30	23	18	14	12			
27	95	70	50	38	29	22	17	13	10	8		
21	95	69	49	36	27	21	16	12	9	7	6	
15	95	67	49	36	26	19	14	11	9	7	5	4
10	95	66	47	32	24	18	13	10	8	6	4	4
4	95	64	45	31	22	16	12	9	7	5	3	4

空气流动的速度影响种子内部和空气两者蒸汽压的变化。流动速度越快,空气中被带走的水汽越多,两者的蒸汽压差也越大,种子易被干燥。因此,当温度越高,相对湿度越低,空气流动速度愈快时,干燥效果越好;相反,干燥效果就差。但必须指出,提供种子干燥条件必须在确保不影响种子生活力的前提下进行,否则即使种子达到极度干燥也是枉然。

(2)影响种子干燥的内在因素

①种子的生理状态。刚收获的种子,水分一般都偏高(表7-6),这时生理代谢作用相当旺盛,种子本身呼吸作用所释放出来的热量较大。对这一类种子进行干燥时,所提供的干燥条件应适当放宽,干燥速度应缓慢些:一般采用先低温后高温或二次干燥法进行干燥。如果采用高温快速一次干燥,反而会破坏种子内的毛细管结构,引起种子表面硬化,内部水分不能通过毛细管向外蒸发。在这种情况下,种子持续处在高温中,会使种子体积膨胀或胚乳变为松软,丧失种子生活力。

表 7-6　谷物种子收获时与安全贮藏期的水分含水量范围　　　　　　　　　　%

谷物种类	收获时最高水分	收获时一般水分	收获时最适水分（损耗最低）	安全贮藏水分	
				1 年	5 年
水稻	30	16～25	25～27	12～14	10～12
小麦	38	9～17	18～20	13～14	11～12
大麦	30	10～18	18～20	13	11
玉米	35	14～30	28～32	13	10～11
高粱	35	10～20	30～35	12～13	10～11
燕麦	32	10～20	15～20	14	11
黑麦	25	12～18	16～20	13	11

注:上表为谷类的一般生长气候。例如,燕麦在温带气候的安全水分为10%～11%,黑麦在苏联则为13%～15%。

②种子的化学成分。种子的化学成分不同,其组织结构差异很大,因此,干燥时也应区别对待。

粉质种子:以水稻、小麦(软粒)种子为例,这些种子胚乳由淀粉组成,组织结构较疏松,籽粒内毛细管粗大,传湿力较强,因此容易干燥。可以采用较严的干燥条件,干燥效果也较明显。

蛋白质种子:以大豆、菜豆种子为例,这类种子的肥厚子叶中含有大量的蛋白质,其组织结构较致密,毛细管较细,传湿力较弱。然而这类种子的种皮却很疏松易失水。如果放在高温、快速的条件下进行干燥,子叶内的水分蒸发缓慢,种皮内的水分蒸发很快,很易使种皮破裂,给贮藏工作带来困难。而且在高温条件下,蛋白质容易变性降低亲水性,影响种子生活力。因此必须采用低温慢速的条件进行干燥。生产上干燥大豆种子往往带荚曝晒,当种子充分干燥后再脱粒。

油质种子:以油菜种子为例,这类种子的子叶中含有大量的脂肪,为不亲水性物质,其余大部分为蛋白质。相对地讲,这类种子的水分比上述两类种子容易散发,并且有很好的生理耐热性,因此可以用高温快速的条件进行干燥。据段宪明(1986)试验报道,油菜种子干燥的种温用55～60℃比常用的45～50℃为好。在曝晒时,考虑到油菜籽粒小,种皮松脆易破,可采用籽粒与荚壳混晒的方法,减少翻动次数,既能防止种子破损,又能起到促进干燥的效果。

你知道吗？

种子干燥的作用和原理有哪些？这些原理分别适合哪些作物种子的干燥？

(二)种子干燥方法

1. 自然干燥

广义的自然干燥是指一切非机械的干燥,通常自然干燥的种类有利用干风自然干燥和太阳干燥两大类。

(1)干风自然干燥　这种干燥是指狭义的自然干燥,即指自然通风干燥。即在种子成熟后进行收获,将种子放入仓库后不需要人工辅助就会自然失去水分,这与种子收获前后空气的温湿度有密切关系。某种情况是种子在收获之前在田间已进行自然干燥,种子收获时种子水分已相当低。种子充分成熟之前,干热风会引起种子过速干燥而遭受严重的干燥损伤,而适当温度和适当湿度的自然干燥则会产生高质量的种子。

自然干燥还包括自然通风干燥,北方玉米果穗收获后,由于温度较低,不能及时干燥,就可将玉米果穗搭架悬挂起来,进行缓慢的通风自然干燥,也可悬挂在屋檐下进行自然干燥。南方麦类、油菜收获季节遇雨时,无法进行太阳干燥,则可采用阴凉通风干燥,适当地降低种子水分。

(2)太阳干燥　凡是有条件进行太阳干燥的地方,最好采用太阳进行干燥。太阳干燥又分两种,一种是少量种子干燥,可将种子摊在多孔的浅框内,用低架搁起放在太阳下,或者放在平顶屋的屋顶上,这是北方农村常用的方法。这一方法对种皮较硬、水分较高的瓜类、番茄种子特别适用。大量谷类作物种子则采用另一种太阳干燥方法,即将种子摊在晒场上进行干燥。太阳干燥主要优点是不必用人工加温,故成本较低,但其主要缺点是劳力花费较大,且受天气条件的限制。

2. 人工机械干燥

(1)机械干燥的原理　此法降水快,工作效率高,不受自然气候条件的限制。但必须有配套设备,操作技术要求严格,掌握不当容易使种子丧失生活力。如采用热空气干燥种子,种温太高容易杀死胚芽。据柯列格试验,在不同的平衡相对湿度下,各种谷物干燥的临界温度是不同的(表 7-7)。

表 7-7　小粒禾谷作物在不同平衡相对湿度下的临界种温　　　　　　　　℃

作物种类	相对湿度/%			
	60	70	80	90
小麦	62.8(145)	61.7(143)	58.3(137)	52.2(126)
玉米	51.7(125)	50.6(123)	47.8(118)	46.1(115)
黑麦	53.3(128)	50.0(122)	45.0(113)	40.6(105)
燕麦	58.9(138)	55.0(131)	50.0(122)	

注:括号内为华氏温度。生活力的降低小于5%。

为了确保种子具有旺盛的生活力,Tarrington(1972)指出,安全干燥上限温度,谷类、甜菜及牧草类为45℃,大部分蔬菜种子为35℃。但是根据种子本身的耐热性和原始水分,决定具体温度,更能提高干燥效率和效果。

①自然风干燥。这种方法较为简便,只要有一个鼓风机就能进行工作(图7-14)。

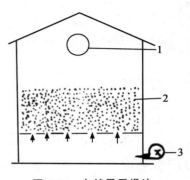

图7-14　自然风干燥法
1.排风口　2.种子　3.鼓风机

但干燥性能有一定限度,当种子水分降到一定程度时,就不能再继续降低。这是因为种子与任何物质一样,具有一定限度的持水能力。当种子的持水力与空气的吸水力达到平衡时,种子既不向空气中散发水分,也不从空气中吸收水分。假设种子水分是17%,这时种子与相对湿度为78%、温度为4.5℃的空气相平衡。如果这时空气的相对湿度超过78%,就不能进行干燥。此外,达到平衡的相对湿度是随种子水分的减少而变低。因此,当种子水分是15%时,空气的相对湿度必须低于68%,否则无法进行干燥。

通风干燥效果还与种子堆厚度和进入种子堆的风量有关。种子堆厚度低,进风量大,干燥效果明显,种子干燥速度也快;反之则慢。在实践时可参考表7-8中的参数。

表7-8　各类种子常温通风干燥作业的推荐工作参数

推荐通风干燥工作参数		种子堆最大厚度/m	在前述厚度时所需最低风量/(m³/s)	机械常温通风将种子干燥至安全水分时空气的最大允许相对湿度/%	推荐通风干燥工作参数		种子堆最大厚度/m	在前述厚度时所需最低风量/(m³/s)	机械常温通风将种子干燥至安全水分时空气的最大允许相对湿度/%
稻谷干燥前水分	25%	1.2	0.054		高粱干燥前水分	25%	1.2	—	
	20%	1.8	0.04	60		20%	1.2	0.054	60
	18%	2.4	0.027			18%	1.8	0.04	
	16%	3	0.013			16%	2.4	0.027	
小麦干燥前水分	20%	1.2	0.04		大麦干燥前水分	20%	1.2	0.04	
	18%	1.8	0.027	60		18%	1.8	0.027	60
	16%	2.4	0.013			16%	2.4	0.013	
玉米干燥前水分	30%	1.2	—		大豆干燥前水分	25%	1.2	—	
	25%	1.5	0.067	60		20%	1.8	0.054	60
	20%	1.8	0.04			18%	2.4	0.04	
	18%	2.4	0.027			16%	3.0	0.027	

②加温干燥。在一定条件下,提高空气的温度可以改变种子水分与空气相对湿度的平衡关系。温度越高,空气的持水量也随之增多,相对湿度却随之降低,所以干燥效果越明显。在过高温度下种子会失去生活力,尤其是高水分种子。因此,采用加温干燥,必须在保证不影响种子生活力的前提下,适当地提高温度。在干燥机内的热空气温度不一定恰好等于种温,一般

热空气的温度要高于种温。热空气温度愈高,则种子停留在机内的时间应愈短。而且,种子在干燥机内所受的温度,应根据种子水分进行适当调节,当种子水分较高时,种温应低一些;反之则可高些。

水稻种子的耐高温能力与原始水分和品种有关,原始水分越高越不耐高温。原始水分较低,又是较耐高温的品种,烘干温度可提高到50℃。

小麦种子较水稻种子耐高温。水分为18%的小麦种子能在50℃温度受热时间较长的情况下,对发芽率影响不大。对于绝大多数作物种子的烘干温度,一般宜掌握在43℃,随着种子水分的降低可适当提高烘干温度。烘干作业的具体参数可参考表7-9。

用热空气进行种子干燥应注意以下事项:

A.切忌将种子与加热器接触,以免种子烤焦、灼伤而影响生活力。

B.严格控制种温,水稻种子水分在17%以上时,种温掌握在43～44℃。小麦种子种温一般不宜超过46℃。

C.种子在干燥过程中,一次降水不宜太多;如果种子水分过高,可采用二次间隙干燥法。这样,种子不致因受热时间过长、温度过高和降水过快而发生籽粒龟裂现象。

D.经烘干后的种子,需冷却到常温后才能入仓,以防止种子堆发生局部性结露现象或长期受热而导致化学物质变性,降低播种品质。

表 7-9　各类种子烘干作业的推荐工作参数

推荐烘干工作参数		烘干机进口热风的最大允许温度/℃	种子堆最大厚度/m	在前述厚度时所需的最低风量/(m³/s)	推荐烘干工作参数		烘干机进口热风的最大允许温度/℃	种子堆最大厚度/m	在前述厚度时所需的最低风量/(m³/s)
稻谷烘干前水分	25%	43	1.2	0.054	高粱烘干前水分	25%	43	1.2	0.067
	20%		1.8	0.04		20%		1.2	0.054
	18%		2.4	0.027		18%		1.8	0.04
	16%		3	0.013		16%		2.4	0.027
小麦烘干前水分	20%	43	1.2	0.04	大麦烘干前水分	20%	40	1.2	0.04
	18%		1.8	0.027		18%		1.8	0.027
	16%		2.4	0.013		16%		2.4	·0.013
玉米烘干前水分	30%	43	1.2	0.08	大豆烘干前水分	25%	43	1.2	0.067
	25%		1.5	0.067		20%		1.8	0.054
	20%		1.8	0.04		18%		2.4	0.04
	18%		2.4	0.027		16%		3	0.027

(2)加温干燥的设备

①分层干燥设备。分层干燥通常在仓库内进行。仓库可以是方形或圆形,圆仓构造见图7-15。在贮藏场所配备一套网状通气管与大型风扇相连接的工作系统。通气管应安装在低矮的仓库结构的地坪上,对整个种子堆供给相当均匀的气流以便冷却和干燥。通气管的接头应尽可能与墙壁靠近(图7-16)。风扇的大小和速率取决于仓库面积、种子种类和厚度、空气的温度和空气的流动量。每层种子达到部分干燥后再添入另一层种子,陆续增加层次直至仓库达

到适当高度为止。添入种子的速度由排除水分的数量和快慢决定。由于干燥的种子仍旧留在干燥设备内，所以这种干燥机不适用于大量操作或干燥条件需要变化的种子。该设备适用于农场中的玉米、大豆及禾谷类种子的干燥。

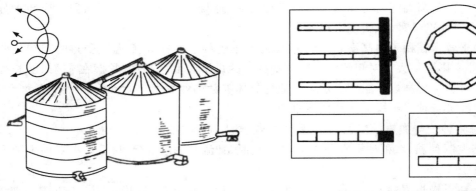

图 7-15 供分层干燥用的圆仓　　　　图 7-16 种子仓干燥机的空气导管安装

　　②分批干燥设备。分移动式和固定式两类。移动式干燥机是特别设计的装有多孔垫板的四轮货车。这种多孔垫板可使加热的空气或冷空气向上鼓入通过种子。这种移动式干燥机可以拉到田间装入种子。分批干燥机每次干燥一定量的种子。种子干燥后必须经过冷却，然后送去贮藏。

　　固定式分批干燥机的种类很多，如简易堆放式干燥设备、斜床式干燥室、多用途堆放式干燥设备等。

　　简易堆放干燥设备，是一种最简单的干燥设备。它由一个燃煤炉和一台通风机及堆放种子的干燥床组成。通过燃煤炉加热后的空气，由通风机压送到干燥床下部的孔隙，穿过种子层将水分蒸发并带走。常见的简易堆放式干燥设备有圆仓式干燥仓和平床式干燥床(图 7-17)。这种干燥设备不足之处是气流在干燥床上分配不均匀，上下层水分差异较大，进出仓不够方便，劳动强度较大，故仅适于小批量种子干燥。但由于其结构简单，操作方便，目前仍广泛应用。

　　单层堆放换向干燥设备，是在平床堆放式干燥仓基础上，结合上下交替通风干燥设计的。其工作原理见图 7-18。冷空气经过风机的吸引作用穿过煤炉侧壁与高温炉气混合成一定温度的热气流，被强制鼓入热风室，然后穿过干燥床与静止的种子充分接触，使种子表面水分获得热量而汽化蒸发，并将降低了温度的气流带到大气中。与此同时，种子内部的水分向外转移，并再被蒸发带入大气。如此循环，使种子逐步干燥到要求的水分。由于热空气穿过一定厚度的种子时，温度逐渐降低，有可能造成上下层降水速度的差异，为了保证均匀干燥，可每隔一定时间后操纵换向机构(换向手柄及上、下换向门)，改变通风方向，形成上下交替通风以消除上下层水分的差异。该干燥机的优点是干燥均匀性较好，能保证种子品质，成本较低，结构紧凑，拆装容易，使用可靠，劳动强度较低。并可配用间接加热空气装置，从而适合多种作物的干燥处理。

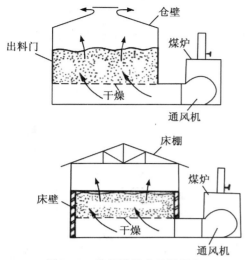
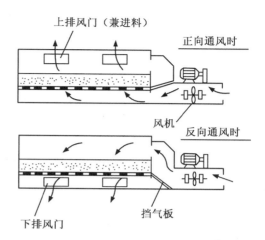

图 7-17　简易堆放式干燥设备
上：圆仓式干燥仓结构
下：平床式干燥仓

图 7-18　单层堆放换向通风式干燥机工作原理

③连续流动式干燥设备。此类设备种类较多。有圆仓式循环干燥机、径向通风干燥机、塔式干燥机和通风带式干燥机等。通风带式干燥机是一种用途较广的连续流动式干燥设备，尤其适合于散落性差和形状不规则的种子。其主要结构由空气加热器、鼓风机、冲孔通风板、百叶板式通风传送带及刮板式输送机组成(图 7-19)。

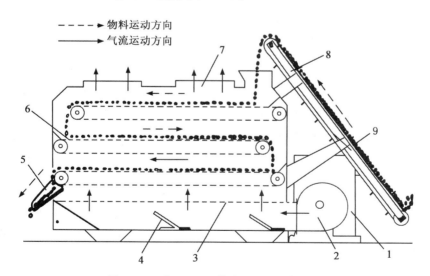

图 7-19　(多层)通风带式干燥机结构示意图
1.空气加热器　2.通风机　3.冲孔通风板　4.均风板　5.出料斗
6.百叶板式通风传输带　7.排风口　8.刮板式输送机　9.物料

你知道吗？

分层干燥、分批干燥和连续流动式干燥的优缺点有哪些？各种干燥设备的适用范围是否相同？

（3）其他干燥设备

①太阳能干燥装置。由于世界能源日趋紧张，人们对太阳能的利用日益重视。传统的日晒干燥法，种子直接受太阳辐射，这种方法有以下缺点，一是花费劳力多，二是晒场面积大，且干燥种子不够均匀，有的种子干燥过度，有的则干燥不足。利用燃料加热干燥，效果虽好，但成本较高。利用太阳能干燥则能量效率高，损耗少，烘干质量好，有较大的发展前途。

较为简单的太阳能谷物干燥装置由太阳能空气加热器、鼓风机、干燥仓（或通风室）组成（图7-20、图7-21）。

太阳能空气加热器的结构较为简单，一般有下列3种：无透明层遮蔽的太阳能加热器；有透明层遮蔽的太阳能加热器；有透明层遮蔽和吸热板处于悬吊的太阳能加热器，其结构较前两种复杂。

第一种由吸热板和保温层组成，第二种由透明层和保温层组成，第三种则由透明层、吸热板和保温层组成。以后两种热效率较高，尤以第三种最高。常用的吸热板用薄钢板涂黑漆制成。另一种方法是将3 mm厚的不锈钢板浸在含60%硫酸、8%的重铬酸溶液中15～18 min，表面形成一层1～2 mm厚的氧化膜，使太阳能吸收率高。这种方法工艺简单、成本较低，且膜的耐久性也好。

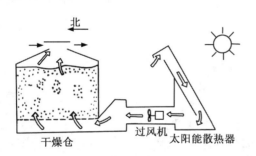

图7-20　太阳能圆仓干燥装置示意图

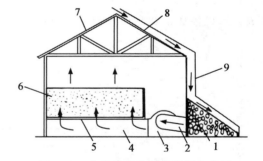

图7-21　太阳能方仓干燥装置示意图

1.小石头块　2.风管　3.通风机　4.压力通风室　5.通风板
6.农作物　7.屋顶　8.吸热板　9.透光板

②高频电场干燥装置。在高频电流产生的高频电场的作用下，潮湿种子的极化分子随电场的极性而迅速改变极化方向，从而引起类似摩擦作用的热运动，使种子加温而水分蒸发，汽化水分再由空气带走以达到干燥目的。使用这一方法有利于种子内水分向外移动，加速干燥过程。高频机一般采用1～10 MHz的电流频率。

高频电场法的优点是：高频能的穿透性高，加热速度快，干燥均匀；干燥室的真空度使水沸点降低，使种子在整个干燥过程中处于较低的温度，有利于保持种子品质，并减少对环境的污染。

此外还有辐射干燥法，这种干燥靠辐射元件将可见或不可见的辐射能传送到潮湿种子上，种子吸收了辐射能后,就转化成热能,红外线和远红外线干燥均属此类。

3.干燥剂干燥

干燥剂是一种化学物质,具有吸湿能力,可以将空气中的水汽分子吸收掉,使种子水分降到相当于相对湿度25%以下的平衡含水量。用干燥剂干燥种子优于加热干燥,只要使用得当,不会使种子发生老化作用。

当前使用的干燥剂有氯化锂、硅胶、氯化钙、活性氧化铝、生石灰和五氧化二磷等。现就常用的几种分述如下:

(1)氯化锂(LiCl)　中性盐类,固体在冷水中溶解度大,可达45%的重量浓度。吸湿能力很强。化学性质稳定,一般不分解、不蒸发,可回收再生重复使用,对人体无毒害。

氯化锂一般用于大规模除湿装置,将其微粒保持与气流充分接触来干燥空气,每小时可输送17 000 m^3 以上的干燥空气。可使干燥室内相对湿度最低降至30%以下,能达到低温、低湿、干燥的要求。

(2)硅胶　玻璃状半透明颗粒,无味、无臭、无害、无腐蚀性和不会燃烧。化学性质稳定,不溶解于水,直接接触水便成碎粒不再吸湿。硅胶的吸湿能力随空气相对湿度不同而不同,最大吸湿量可达自身重量的40%(表7-10)。

硅胶吸湿后在150~200℃条件下加热干燥,性能不变,仍可重复使用。但烘干温度超过250℃时,开裂粉碎,丧失吸湿能力。

表 7-10　不同相对湿度条件下硅胶的平衡水分　　　　%

相对湿度	含水量	相对湿度	含水量
0	0.0	55	31.5
5	2.5	60	33.0
10	5.0	65	34.0
12	7.5	70	35.0
20	10.0	75	36.0
25	12.5	80	37.0
30	15.0	85	38.0
35	18.0	90	39.0
40	22.0	95	39.5
45	26.0	100	40.0
50	28.0		

一般的硅胶不能辨别其是否还有吸湿能力,使用不便。在普通硅胶内掺入氯化锂或氯化钴成为变色硅胶。干燥的变色硅胶呈深蓝色,随着逐渐吸湿而呈粉红色。当相对湿度达到40%~50%时就会变色。

(3)生石灰(CaO)　通常是固体,吸湿后分解成粉末状的氢氧化钙:$CaO + H_2O = Ca(OH)_2$,失去吸湿作用。但是生石灰价廉,容易取材,吸湿能力较硅胶强。生石灰的吸湿能力因品质不同而不同,使用时需要注意。

(4)氯化钙(CaCl₂)　通常是白色片剂或粉末,吸湿后呈疏松多孔的块状或粉末。吸湿性能基本上与氧化钙相同或稍稍超过。

（5）五氧化二磷（P_2O_5）　一种白色粉末，吸湿性能极强，能很快潮解，有腐蚀作用。潮解的五氧化二磷通过干燥，蒸发其中的水分，仍可重复使用。

你知道吗？
干燥剂干燥法中常使用哪些干燥剂？其干燥效果是否有差异？

三、种子处理

广义的种子处理（seed treatment）包括清选、干燥、分级、化学药剂处理控制病虫害、破除休眠，以及各种提高活力、促进萌发和幼苗生长的措施。狭义的种子处理则不包括清选、干燥、分级等技术措施，而把这些内容另行分别列出。

（一）丸化及包衣处理

种子的丸化及包衣在国际上是重要的处理方法，很多地区已经得到普及。经丸化处理后的种子称为丸化种子或种子丸，其各个种子颗粒在大小和形状上没有明显差别，都呈球形或比较接近球形；经包衣处理的种子则称为包衣种子，其形状与原来的种子相似。

丸化处理和包衣处理是将某些化学物质（如肥料、微量元素、激素、杀虫杀菌剂、抗生素、固氮菌或根瘤菌、除莠剂、驱鼠剂等）混入经研细的作为介质的惰性物质中，用胶液作为黏合剂，做成种衣或包衣，使之牢固地附着在种子表面，以改善出苗和促进幼苗生长。种衣肥厚的可使种子体积显著增大呈丸粒状，因此称之为丸化处理。这种处理对机械播种和播种均匀特别有利，对防止病、虫、鼠、雀的危害亦具良好效果。

作为介质的惰性物质可采用黏土、硅藻土、泥炭、炉灰等物质；黏合用的胶液则可采用阿拉伯树胶或聚乙烯醇等物质，如莴苣用5％聚乙烯醇黏合。棉花种子也可采用淀粉进行简单的处理，使之具有良好的移动性，这比去绒后进行播种（尤其是机械播种）要方便得多，而且并不影响田间出苗。

丸化或包衣物质的成分应根据土壤性质、病虫害状况等加以确定。丸化处理的过程大致上是先使种子表面附着胶液（一般可先在胶液中浸渍），然后在处理剂（处理物质加泥炭之类的介质）中滚动，使种子均匀地包上种衣，再将包衣种子与处理剂分离即成。若按以上程序多次重复处理，则可成为丸化种子，种子显著变大变重，成有规则的（一般是球形）颗粒状。

处理用的机器可用旋转的坚固圆筒，也可在水泥搅拌器中进行，十分简单方便。

处理中需要注意的是，处理剂中化学物质的配方和比例，目的是达到最佳效果而不使种子受到药害，特别要检查化学药剂和种子是否搅拌均匀。

处理必须在播种以前进行，因为经处理的种子水分提高，不易安全贮藏。如果不能立即播种，贮存期亦不能超过1～2周，而且种子需保存在1～5℃的低温条件下，种子水分不宜超过14％～16％。

丸化种子的出苗一般稍迟于未经处理的种子，出苗率在某些条件下可能略低。用多种蔬菜丸化种子试验，发现其田间出苗率比一般种子更依赖于土壤水分，甜菜也有类似情况。

国外推行的过氧化钙处理稻种,也是采用包衣处理。过氧化钙的用量通常为 40％ 左右。过氧化钙在土壤中能释放氧气,处理后,可使淹水条件下的水稻种子萌发对氧的需求得到满足而大大提高出苗率,并能防虫防霉。但由于过氧化钙具有碱性,因此在非淹水的田间条件下使用会使田间出苗率显著降低。

(二)液体条播

采用催过芽的种子播种,可以避免种子在萌发期间因田间环境条件不良而大大降低种子的发芽率和出苗率,并有利于缩短生长期。但在机械播种的情况下,发芽的种子会受到机械损伤,因此发展了一种特殊的机械播种方法——液体条播。

液体条播是将发芽种子(幼胚露出种皮 1～2 mm)与胶液混合后在特制的条播机中播种,发芽种子受到胶液的保护而避免了伤害。胶液需具有一定的黏度,促使种子均匀地悬存其中,因此在配制胶液时必须仔细地调节加入的水分,使其达到最适宜的浓度。采用的胶液可从海藻等物质中提取,胶液中还可加入一些肥料、微量元素、激素或其他物质。

(三)棉籽脱绒处理

棉籽表面附着的短绒密布在种子外围,影响种皮的透性,延缓或阻滞种子的吸水和发芽;短绒中容易携带种子病虫,而且造成散落性很差,影响种子播种均匀。此外有短绒的种子比重减轻,浸在水中时浮于水面,无法进行水选,因而成为种子萌发、幼苗生长和田间密度的重要不利因素。为了防止这种弊病,目前许多地区已采用脱绒种子播种。

棉籽的脱绒有机械脱绒和硫酸脱绒两种。硫酸脱绒的具体方法是用 92.5％ 的工业用硫酸 1 000 mL,均匀地洒在 10 kg 棉籽中,边洒边拌,直到棉籽变黑为止。在常温下一般经 20 min 即可脱绒完成。经脱绒的种子须立即放在水池或水缸中淘洗,然后再在清水中充分冲洗,直至用石蕊试纸试时,试纸不变红色为止。随即捞出浮于液面的棉籽,再把比重较大的沉于底面的种子取出晒干。

棉籽的机械脱绒可用脱绒机进行。一般而言,机械脱绒容易使种子产生机械损伤,在多次通过脱绒机的情况下更易发生严重的伤害,使棉籽的发芽率显著降低。

无论是硫酸脱绒或是机械脱绒,脱绒处理时间均宜在播种前进行,因为经处理的种子随种皮状况改变而耐藏性下降,受损伤的种子影响更大。

经硫酸脱绒的种子,如在处理后不能立即播种,必须注意及时降低其含水量。以免生活力和活力受到损害。

四、种子包装

(一)包装材料选用

种子在贮藏、运输和销售过程中,绝大多数情况下需经过包装。包装材料的种类很多,其性能差异很大。现代的包装材料常采用黄麻、棉、塑料、金属及各种材料的组合物(叠层),有的防湿性能较好,有的防湿性能很差。不同的包装材料适用于不同的情况,如根据作物种类(种子的耐藏性、种子的大小、种子表面的光滑程度)、种子的数量、贮藏目的、预定贮藏期的长短等,还需考虑机械损伤的程度,气候条件的影响,在运输、贮藏和销售等过程中可能遭到的危险,以及考虑材料的来源、经济费用以及销售时的外观吸引力等问题。

选择包装材料首先取决于分装的单位容量。中国仓库中存放的大量粮食种子,多选用麻袋包装。对于较大量的种子来说,黄麻、棉、纸、塑料和各种材料的组合物均可适用,选用时主要根据种子的大小和种子的经济价值。少量名贵的作物种子尤其是蔬菜种子,其分装的单位容量在 0.5～2.5 kg 的,最好采用防湿性强的罐装或用聚乙烯铝箔片包装。这种包装只有在自动化装置的条件下才能应用,在手工或半手工条件下则是难于采用的。

总之,在需要容纳数量较多的种子,并保护成批种子大多数物理品质的包装容器,宜采用具有足够抗张力、抗破力和抗撕力的材料制成的容器,使之耐受正常的装卸操作。但是这些材料不能保护种子避免昆虫、鼠类为害或水分变化的影响,不过在掺入某些具有特殊保护性能的物质后,可以显著提高防护性能。在多孔纸袋或针织物袋中贮藏的种子,只有在短期贮藏或是低温、干燥条件下贮藏,才能保持安全,否则种子容易发生劣变。在热带条件下如不进行严密防潮,就会很快丧失生活力。

(二)包装材料性能

1.多孔包装材料麻袋

多孔包装材料麻袋是用优质黄麻线编织而成,粗麻布非常结实,所以贮藏时麻袋堆成高垛不成问题,粗放的搬运中也很安全,而且还可反复多次使用。棉布种子袋一般用平布制成,性能与麻袋近似而孔隙很小,适于盛装小粒种子。纸质材料广泛用于种子包装,小种子袋多用亚硫酸盐纸或牛皮纸。纸袋基本上要求能容纳一定量的种子而不会有所损失,但对种子生活力的保持缺乏有利的作用。

许多纸质种子袋是多层结构的,由数层纸张制成。普通纸袋的抗破力差,堆垛较高时会造成底部纸袋胀破。纸袋的摩擦力小,在高堆时顶部的袋子常易滑下。在极干燥的条件下,多层袋还会干化发脆,并容易沿折叠线或在磨损处破裂。

纸板盒和纸板罐亦用于种子包装。纸板容器能保护种子的大多数物理品质,并适于采用自动装包和封口。

以上这些多孔包装材料虽可充分容纳种子,并使种子免受机械混杂,但却没有防潮性能。

2.防潮和抗湿材料金属容器

如严密封口,可以绝对防止受潮和隔绝空气,还可完全防止光线的影响。金属容器对昆虫、鼠类、湿度变化、淹水及有害烟雾和气体等都能起完全防护作用。金属罐还便于采用高速自动包装和封口。

玻璃容器在种子包装中使用不广,虽然它的防护性能与金属容器基本相同,但因容易破碎而不适用于商业包装。在研究部门或陈列种子时,玻璃容器盛装种子则是可取的。

铝箔、聚乙烯薄膜、聚酯膜以及它们的叠层制品都是抗湿的包装材料。聚乙烯薄膜是用途最广的热塑性薄膜。市场上供应的聚乙烯可分为三类:①比重为 0.914～0.925(g/cm^3)的常用低密度型。②比重为 0.93～0.94 的中密度型。③比重为 0.95～0.96 的高密度型。

密度的差异是由于分子结构不同,而分子结构决定了其物理结构,薄膜的性质正是由物理性质和挤压方式决定的,包括抗张、抗撕、抗裂的强度,对水汽、二氧化碳和氧气的透过速率、密闭性、延伸性和耐折性等。这些性能决定了它们的用途。

　　一般认为低密度薄膜比中密度和高密度的薄膜更适于种子包装,因为前者的抗裂、抗撕强度及薄膜延伸性较好,但中密度和高密度薄膜对水汽和其他气体的通透性比常用的低密度薄膜明显较低,中密度和高密度薄膜的通透性分别为低密度薄膜的 $1/3\sim1/2$ 和 $1/5\sim1/4$,因此通过不断改进中密度和高密度薄膜的抗裂、抗撕强度及延伸性,使之适用于种子包装是很有前途的。一种中密度(比重 0.938)的聚乙烯薄膜已有生产,其抗张性及延伸性均比常用的聚乙烯薄膜较好,抗戳穿力很强。

　　聚乙烯薄膜在强烈日光或紫外线的直接照射下容易逐渐变质,因此包装材料在贮运中因受压等情况而发生破裂并不罕见。若在薄膜中掺入炭或其他颜料,使之吸收紫外线,则可以延缓其变质。

　　在密封条件下,薄的聚乙烯薄膜不能避免被某些昆虫蛀破,但 10 密耳的常用聚乙烯或 7 密耳的中密度聚乙烯作为包装材料,几乎能完全防止仓虫危害。常用的聚乙烯薄膜不能防止鼠害,但中密度聚乙烯制成的容器可以避免这种损失。

　　聚乙烯薄膜可以叠层使用,也可和其他薄膜、纸、纺织品和纤维板叠层使用,以改进防潮及其他物理性能。叠层制品中不同的薄膜性能可在不同程度上得到相互补偿。有些叠层膜甚至完全不能透过各种气体,而且基本上亦不透水汽;有些叠层材料便于在自动包装机上操作;有些则宜于手工操作。

　　聚酯薄膜是一种可以热封的透明、柔韧的塑料,对水汽、二氧化碳和氧气的通透率很低,抗张强度很大,而且它不含增塑剂,不会随时间延长而老化发脆。这种材料可以数层压叠制成包装材料,也可以和其他材料叠层使用。

　　铝箔是一种优良的抗湿材料,具有较好的抗张强度。铝箔厚度增加,温度降低则抗张强度增高。硬化箔的抗张强度和抗撕、抗裂性能超过同样厚度的退火金属箔。

　　铝箔有许多小孔,但水汽的透过率很低。小孔的数目和大小随着箔片的增厚而缩减,水汽的通透率亦随之而降低,厚箔片几乎完全不能透过水汽。

　　铝箔一般用作叠层结构的包装材料,单独使用效果不佳,如果结合其他材料制成叠层品,几乎可获得任何需要的特性。当它和各种支持材料如纸和塑料薄膜等制成叠层制品后,可以成为水汽和气体透过的有效屏障。用于各种种子包装的这类优良的叠层制品如铝箔/玻璃纸/铝箔/热封漆,铝箔/砂纸/聚乙烯薄膜,牛皮纸/聚乙烯薄膜/铝箔/聚乙烯薄膜等。

(三)种子包装和封口

　　需要包装的种子要送往自动或半自动装填机的加料箱中,或者进行手工装填。多数包装设备中都装备有种子度量工具,当种子达到预定的重量或体积时,可以切断种子流。种子流在注入容器前,需注意对准包装设备。输送机可将每个容器自动安置在适当的位置。

　　包装材料的封口方法取决于包装的种类,麻袋或棉布袋一般均用缝合法,大多采用机缝,但亦有手工缝合的。聚乙烯和其他热塑塑料通常将薄膜加压并加热至 $93.3\sim204.4℃$,经一定时间即可封固。在以上温度范围内,各种不同厚度的材料都要求一定的温度、时间和压力以便于适当的封口(表 7-11)。

表 7-11　几种热塑料的热封要求近似值

材料		温度/℃	时间/s	压力/(g/cm²)
薄膜	低密度聚乙烯	120～205		
	中密度聚乙烯	150～205		
	高密度聚乙烯	120～220		
	聚酯 0.25 密耳	150～205	0.2～2	9.8～19.5
	硬化聚酯 0.2 密耳	135～205	0.2～2	9.8～19.5
薄片制品	棉麻布/聚乙烯/金属箔/聚乙烯	275	±3	19.5～29.3
	纸/树脂/聚乙烯	150	1	19.5
	牛皮纸/聚乙烯/0.05 密耳金属箔聚乙烯	190	±7	19.5～29.3

注：所有温度、时间和压力因薄膜和种类、厚度和薄片制品中的薄膜种类而异。

　　热封设备有小型的手工操作的滚筒或棒条，也有复杂的自动装包和封包机。有些封口设备控制滚筒或棒条使之保持恒温，也有用高强度短时间的热脉冲进行封口。

　　非金属或玻璃之类的非硬质或硬质容器，常用冷胶或热胶通过手工和机器进行封口，封口前需先将盖子盖紧。金属罐的封口可以人工操作或采用半自动或全自动操作。

你知道吗?

可用于种子防湿包装的材料有哪些?

模块二　种子贮藏技术

　　近年来，在各国科学家的共同努力下，种子贮藏加工科学的发展达到了更高的阶段，在种子生命活动及劣变过程中的亚细胞结构变化和分子生物学，种子活力的测定，种子寿命的预测，顽拗型种子的贮藏，种子的超干贮藏，种子的超低温贮藏，核心种质的构建和保存等方面的研究均达到了一定的深度。

　　1995 年我国提出创建种子工程。实施种子工程，目的是为加速建设我国现代化种子产业，提高我国良种的综合生产力、推广覆盖率和市场占有率，提高种子的商品质量和科技含量，促进农业和农村经济持续快速健康发展。实施种子工程的目标是建立起适应社会主义市场经济体制的现代化种子产业发展体制和法制管理体制。实现五化：种子生产专业化、育繁推一体化、种子商品化、管理规范化、种子集团企业化。种子工程的主要内容包括新品种选育和引进、种子繁殖和推广、种子加工和包装、种子推广和销售及宏观管理 5 个方面，具体包括种质资源收集和利用、新品种选育和引进、品种适应性区域试验、新品种审定和管理、原种繁殖、良种生产、种子加工精选、种子包衣、种子挂牌包装、种子贮藏保管、种子收购销售、种子调拨运输、种子检疫、种子检验和种子管理 15 项内容。我国还制定了一系列种子的规程和法规。1989 年国务院颁布了《中华人民共和国种子管理条例》，1991 年提出了实施细则。2000 年 7 月 8 日第九届全国人民代表大会常务委员会通过了《中华人民共和国种子法》，自同年 12 月 1 日起施行,国务院发布的种子管理条例同时废止。种子法提出"国家建立种子贮备制度,主要用于发生灾害时的生产需要,保障农业生产安全。对贮备的种子应当定期检验和更新"。同时在种子法中将"具有能够正确识别所经营的种子、检验种子质量、掌握种子贮藏、保管技术的人员"和"具有与经营种子的种类、数量相适应的营业场所及加工、包装、贮藏保管设施和检验种子质量的仪器设备";作为申请领取种子经营许可证的单位和个人应当具备的条件。种子法还明确规定"销售的种子应当加工、分级、包装"。从而,在法律上对种子贮藏加工提出了更高的要求。

可见,种子贮藏加工是提高种子质量水平,推动种子产业化,促进种植业和林业的发展的重要内容,能为种子工作提供科学的理论依据和先进实用技术。随着现代科学技术的进步,种子贮藏加工对我国农业的持续发展将会发挥更大的作用。

一、种子贮藏条件

种子脱离母株之后,进入仓库,即与贮藏环境构成统一整体并受环境条件影响。经过充分干燥而处于休眠状态的种子,其生命活动的强弱主要随贮藏条件而起变化。种子如果处在干燥、低温、密闭的条件下,生命活动非常微弱,消耗贮藏物质极少,其潜在生命力较强;反之,生命活动旺盛,消耗贮藏物质也多,其潜在生命力就弱。所以,种子在贮藏期间的环境条件,对种子生命活动及播种品质起决定性的作用。

影响种子贮藏的环境条件,主要包括空气相对湿度、温度及通气状况等。

(一)空气相对湿度

种子在贮藏期间水分的变化,主要决定于空气中相对湿度的大小。当仓库内空气相对湿度大于种子平衡水分的相对湿度时,种子就会从空气中吸收水分,使种子内部水分逐渐增加,其生命活动也随水分的增加由弱变强。在相反的情况下,种子向空气释放水分则渐趋干燥,其生命活动将进一步受到抑制。因此,种子在贮藏期间保持空气干燥即低相对湿度是十分必要的。

对于耐干藏的种子保持低相对湿度是根据实际需要和可能而定的。种质资源保存时间较长,种子水分很干,要求相对湿度很低,一般控制在30%左右;大田生产用种贮藏时间相对较短,要求相对湿度不是很低,只要达到与种子安全水分相平衡的相对湿度即可,大致在60%~70%。从种子的安全水分标准和目前实际情况考虑,仓内相对湿度一般以控制在65%以下为宜。

(二)仓内温度

种子本身没有固定的温度,是受仓温影响而起变化;而仓温又受空气影响而变化,但是这三种温度常常存在一定差距。在气温上升季节里,气温高于仓温和种温;在气温下降季节里,气温低于仓温和种温。仓温不仅使种温发生变化,而且有时因为两者温差悬殊,会引起种子堆内水分转移,甚至发生结露现象;特别是在气温剧变的春秋季节,这类现象的发生更多。如种子在高温季节入库贮藏,到秋季由于气温逐渐下降影响到仓壁,使靠仓壁的种温和仓温随之降低。这部分空气的密度增大发生自由对流,近墙壁的空气形成一股气流向下流动,经过底层,由种子堆的中央转而向上,通过种温较高的中心层,再到达顶层中心较冷部分,然后离开种子堆表面,与四周的下降气流形成回路。在此气流循环回路中,空气不断从种子堆中吸收水分随气流流动,遇冷空气凝结于距上表面层以下 35～70 cm 处(图 7-22)。若不及时采取措施,顶部种子层将会发生败坏。

另一种情况是发生在春季气温回升时,种子堆内气流状态刚好与上图相反。此时种子堆内温度较低,空气自中心层下降,并沿仓壁附近上升,因此,气流中的水分凝集在仓底(图 7-23)。所以春季由于气温的影响,不仅能使种子堆表层发生结露现象,而且底层种子容易增加水分,时间长了也会引起种子败坏。为了避免种温与气温之间造成悬殊差距,一般可采取仓内隔热保温措施,使种温保持恒定不变。或采用通风方法,使种温随气温变化。

一般情况下,仓内温度升高会增强种子的呼吸作用,同时促使害虫和霉菌为害。所以,在夏季和春末秋初这段时间,最易造成种子败坏变质。低温则能降低种子生命活动和抑制出霉的危害。种质资源保存时间较长,常采用很低的温度如 0℃、－10℃甚至－18℃。大田生产用种数量较多,从实际考虑,一般控制在 15℃即可。

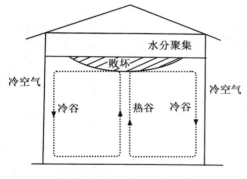

图 7-22 外界气温较低时,引起上层
种子水分的增加

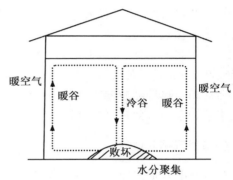

图 7-23 外界气温较高时,引起底层
种子水分的增加

(三)通气状况

空气中除含有氮气、氧气和二氧化碳等各种气体外,还含有水汽和热量。如果种子长期贮藏在通气条件下,由于吸湿增温使其生命活动由弱变强,很快会丧失生活力。干燥种子以贮藏在密闭条件下较为有利,密闭是为了隔绝氧气,抑制种子的生命活动,减少物质消耗,保持其生命的潜在能力。同时密闭也是为了防止外界的水汽和热量进入仓内。但也不是绝对的,当仓内温、湿度大于仓外时,就应该打开门窗进行通气,必要时采用机械鼓风加速空气流通,使仓内温、湿度尽快下降。

除此之外,仓内应保持清洁干净,如果种子感染了仓虫和微生物,则由于虫、菌的繁殖和活动的结果,放出大量的水和热,使贮藏条件恶化,从而直接和间接危害种子。仓虫、微生物的生命活动需要有一定的环境条件,如果仓内保持干燥、低温、密闭,则可对它们起抑制作用。综上所述,种子在符合入库质量的基础上,积极创造干燥、低温、密闭的贮藏条件,则完全可能使种子在贮藏期间达到安全稳定,并保持旺盛生活力的目的。

你知道吗？
春季气温回升和秋季气温下降时仓库中温度是如何变化的？

二、种子贮藏要求

(一)种子入库标准与分批

1.种子入库标准

种子贮藏期间的稳定性因作物的种类、成熟度及收获季节等而有显著差异。例如,在相同的水分条件下,一般油料作物种子比含淀粉或蛋白质较多的种子不易保藏。对贮藏种子水分的要求也不相同,如籼稻种子的安全水分在南方必须在 13% 以下,才能安全度过夏季;而含油分较多的种子如油菜、花生、芝麻、棉花等种子的水分必须降低到 8%～10% 及以下。破损粒或成熟度差的种子,由于呼吸强度大,在含水量较高时,很易遭受微生物及仓虫危害,种子生活力也极易丧失,因此,这类种子必须严格加以清选剔除。凡不符合入仓标准的种子,都不应急于进仓,必须重新处理(清选或干燥),经检验合格取得合格证后,才能进仓贮藏。

我国南北各省气候条件相差悬殊,种子入库的标准也不能强求一律。但华中、华南的标准显然要比华北、东北及西北要严格。在 1984 年国家标准局颁发的农作物种子分级标准中规定,分级范围是以国家供应的原种,预约繁殖种和一般良种为限。划分种子等级的依据因作物而不同,粮食作物与油料作物为发芽率与净度,棉花为发芽率、净度及损伤种子;甘薯为薯块的整齐,不完整薯块及净度。此外,各级种子要求有正常的色泽、气味和千粒重(或容重)。种子水分不得超过安全标准的要求。

2.种子入库前的分批

农作物种子在进仓以前,不但要按不同品种严格分开,还应根据产地、收获季节、水分及纯净度等情况分别堆放和处理。每批(囤)种子不论数量多少,都应具有均匀性。要求从不同部位所取得的样品都能反映出每批(囤)种子所具有的特点。

通常不同批的种子都存在着一些差异,如差异显著,就应分别堆放,或者进行重新整理,使其标准达到基本一致时,才能并堆,否则就会影响种子的品质。如纯净度低的种子,混入纯净度高的种子堆,不仅会降低后者在生产上的使用价值,而且还会影响种子在贮藏期间的稳定性。纯净度低的种子,容易吸湿回潮。同样,把水分悬殊太大的不同批的种子,混放在一起,会造成种子堆内水分的转移,致使种子发霉变质。又如种子感病状况、成熟度不一时,均宜分批堆放。同批种子数量较多时(如稻麦种子超过 2.5×100 kg)也以分开为宜。

种子入库前的分批,对保证种子播种品质和长期安全贮藏十分重要,不能草率从事。

(二)清仓和消毒

做好清仓和消毒工作,是防止品种混杂和病虫滋生的基础,特别是那些长期贮藏种子而又年久失修(包括改造仓)的仓库更为重要。

1.清仓

清仓工作包括清理仓库和仓内外整洁两方面。清理仓库不仅是将仓内的异品种种子、杂质、垃圾等全部清除,而且还要清理仓具,剔刮虫窝,修补墙面,嵌缝粉刷。仓外应经常铲除杂草,排去污水,使仓外环境保持清洁。具体做法如下:

(1)清理仓具　仓库里经常使用的竹席、箩筐、麻袋等器具,最易潜藏仓虫,须采用剔、刮、敲、打、洗、刷、曝晒、药剂熏蒸和开水煮烫等方法,进行清理和消毒,彻底清除仓具内嵌着的残留种子和潜匿的害虫。

(2)剔刮虫窝　木板仓内的孔洞和缝隙多,是仓虫栖息和繁殖的好场所,因此仓内所有的梁柱、仓壁、地板必须进行全面剔刮,剔刮出来的种子应予清理,虫尸及时焚毁,以防感染。

(3)修补墙面　凡仓内外因年久失修发生壁灰脱落等情况,都应及时补修,防止种子和害虫藏匿。

(4)嵌缝粉刷　经过剔刮虫窝之后,仓内不论大小缝隙,都应该用纸筋石灰嵌缝。当种子出仓之后或在入仓之前,对仓壁进行全面粉刷,粉刷不仅能起到整洁美观的作用,还利于在洁白的墙壁上发现虫迹。

2.消毒

不论旧仓或已存放过种子的新建仓,都应该做好消毒工作。方法有喷洒和熏蒸两种。消毒必须在补修墙面及嵌缝粉刷之前进行,特别要在全面粉刷之前完成。因为新粉刷的石灰,在没有干燥前碱性很强,容易使药物分解失效。

空仓消毒可用敌百虫或敌敌畏等药处理。用敌百虫消毒,可将敌百虫原液用水稀释至0.5%~1%,充分搅拌后,用喷雾器均匀喷雾,用药量为 3 kg 的 0.5%~1% 水溶液可喷雾100 m² 面积。也可用 1% 的敌百虫水溶液浸渍锯木屑,晒干后制成烟剂进行烟熏杀虫。

用药后应关闭门窗,以达到杀虫目的。存放种子前一定要经过清扫。

(三)种子堆放

1.袋装堆放

袋装堆垛适用于大包装种子,其目的是仓内整齐、多放和便于管理。袋装堆垛形式依仓房条件、贮藏目的、种子品质、入库季节和气温高低等情况灵活运用。为了管理和检查方便起见,堆垛时应距离墙壁 0.5 m,垛与垛之间相距 0.6 m 留操作道(实垛例外)。垛高和垛宽根据种子干燥程度和种子状况而增减。含水量较高的种子,垛宽越狭越好,便于通风散去种子内的潮气和热量;干燥种子可垛得宽些。堆垛的方法应与库房的门窗相平行,如门窗是南北对开,则垛向应从南到北,这样便于管理,打开门窗时,有利空气流通。

袋装堆垛法有如下几种:

(1)实垛　袋与袋之间不留距离,有规则地依次堆放,宽度一般以 4 列为多,有时放满全仓(图 7-24)。此法仓容利用率最高,但对种子品质要求很严格,一般适宜于冬季低温入库的种子。

(2)"非"字形及半非字形堆垛　按照非字或半非字排列堆成。如"非"字堆法,第一层中间并列两排各直放两包,左右两侧各横放 3 包,形如非字。第二层则用中间两排与两边换位,第三层堆法与第一层相同(图 7-25)。半"非"字形是"非"字形的减半。

(3)通风垛　这种堆垛法空隙较大,便于通风散湿散热,多半用于保管高水分种子。夏季采用此法,便于逐包检查种子的安全情况。通风垛的形式有"井"字形、"口"字形、金钱形和"工"字形等多种。堆时难度较大,应注意安全,不宜堆得过高,宽度不宜超过两列。

2.散装堆放

在种子数量多,仓容不足或包装工具缺乏时,多半采用散装堆放。此法适宜存放充分干燥、净度高的种子。

(1)全仓散堆及单间散堆 此法堆放种子数量可以堆得较多,仓容利用率较高。也可根据种子数量和管理方便的要求,将仓内隔成几个单间。种子一般可堆高2～3 m,但必须在安全线以下,全仓散堆数量大,必须严格掌握种子入库标准,平时加强管理,尤其要注意表层种子的结露或出汗等不正常现象。

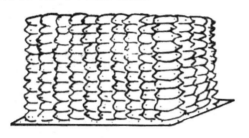

图 7-24 实垛

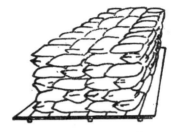

图 7-25 "非"字形堆垛

(2)围包散堆 对仓壁不十分坚固或没有防潮层的仓库,或堆放散落性较大的种子(如大豆、豌豆)时,可采用此法。堆放前按仓房大小,以一批同品种子做成麻袋包装,将包沿壁四周离墙 0.5 m 堆成围墙,在围包以内就可散放种子。堆放高度不宜过高,并应注意防止塌包(图 7-26)。

(3)围囤散堆 在品种多而数量又不大的情况下采用此法,当品种级别不同或种子水分还不符合入库标准而又来不及处理时,也可作为临时堆放措施。堆放时边堆边围囤,囤高一般在 2 m 左右。

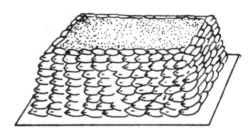

图 7-26 围包散堆方式

> **你知道吗?**
> 种子入库前需做哪些准备工作?

三、种子贮藏期间管理

种子进入贮藏期后,环境条件由自然状态转为干燥、低温、密闭。尽管如此,种子的生命活动并没有停止,只不过随着条件的改变而进行得更为缓慢。由于种子本身的代谢作用和受环境的影响,致使仓内的温度状况逐渐发生变化,如吸湿回潮、发热和虫霉等异常情况出现。因此,种子贮藏期间的管理工作十分重要,应该根据具体情况建立各项制度,提出措施,勤加检查,以便及时发现和解决问题,避免损失。

(一)种子温度和水分变化

种子处在干燥、低温、密闭条件下,其生命活动极为微弱。但隔湿防热条件较差的仓库,会对种子带来不良影响。根据观察,种子的温度和水分是随着空气的温湿度而变化的,但其变化比较缓慢。一天中的变幅较小,一年中的变幅较大。种子堆的上层变化较快,变幅较大,中层次之,下层较慢。图 7-27 为平房仓散装稻谷温度年变化的规律,在气温上升季节(3—8 月),种温也随之上升,但种温低于仓温和气温;在温度下降季节(9 月至翌年 2 月),种温也随之下降,但略高于仓温和气温。种子水分则往往是在低温期间和梅雨季节较高,而在夏秋季较低。

(二)种子发热预防

在正常情况下,种温随着气温、仓温的升降而变化。如果种温不符合这种变化规律,发生异常高温时,这种现象称为发热。

1.种子发热的原因

种子发热主要由以下原因所引起各层温度的年变化。

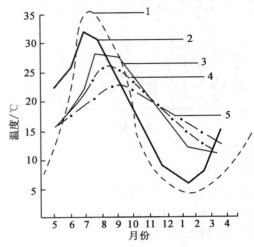

图 7-27　平房仓大量散装稻谷
各层温度的年变化
1.气温　2.仓温　3.上层温度
4.中层温度　5.下层温度

①种子贮藏期间新陈代谢旺盛,释放出大量的热能,积聚在种子堆内。这些热量又进一步促进种子的生理活动,放出更多的热量和水分,如此循环往返,导致种子发热。这种情况多半发生于新收获或受潮的种子。

②微生物的迅速生长和繁殖引起发热。在相同条件下,微生物释放的热量远比种子要多。实践证明,种子发热往往伴随着种子发霉。因此,种子本身呼吸热和微生物活动的共同作用结果,是导致种子发热的主要原因。

③种子堆放不合理,种子堆各层之间和局部与整体之间温差较大,造成水分转移、结露等情况,也能引起种子发热。

④仓房条件差或管理不当。

总之,发热是种子本身的生理生化特点、环境条件和管理措施等综合因素造成的结果。但是,种温究竟达到多高才算发热,不可能规定一个统一的标准,如夏季种温达 35℃ 不一定是发热。而在气温下降季节则可能就是发热,这必须通过实践加以仔细鉴别。

2.种子发热的种类

根据种子堆发热部位,发热面积的大小可分为以下 5 种:

(1)上层发热　一般发生在近表层 15～30 cm 厚的种子层。发生时间一般在初春或秋季。初春气温逐渐上升,而经过冬季的种子层温度较低,两者相遇,上表层种子容易造成结露而引起发热。

(2)下层发热　发生状况和上层相似,不同的是发生部位是在接近地面一层的种子。多半由于晒热的种子未经冷却就入库,遇到冷地面发生结露引起发热,或因地面渗水使种子吸湿返潮而引起发热。

（3）垂直发热　在靠近仓壁、柱子等部位，当冷种子遇到热仓壁或热种子接触到冷仓壁或柱子形成结露，并产生发热现象，称为垂直发热。前者发生在春季朝南的近仓壁部位，后者多发生在秋季朝北的近仓壁部位。

（4）局部发热　这种发热通常呈窝状形，发热的部位不固定，多半由于分批入库的种子品质不一致，如水分相差过大，整齐度差或净度不同等所造成。某些仓虫大量聚集繁殖也可以引起发热。

（5）整仓（整囤）发热　上述 4 种发热现象中，无论哪种发热现象发生后，如不迅速处理或及时制止，都有可能导致整仓（整囤）种子发热。尤其是下层发热，由于管理上造成的疏忽，最容易发展为全仓发热。

3.种子发热的预防

根据发热原因，可采取以下措施加以预防。

①严格掌握种子入库的质量。种子入库前必须严格进行清选、干燥和分级，不达到标准，不能入库，对长期贮藏的种子，要求更加严格。入库时，种子必须经过冷却（热进仓处理的除外）。这些都是防止种子发热、确保安全贮藏的基础。

②做好清仓消毒，改善仓贮条件。贮藏条件的好坏直接影响种子的安全状况。仓房必须具备通风、密闭、隔湿、防热等条件，以便在气候剧变阶段和梅雨季节做好密闭工作；而当仓内温湿度高于仓外时，又能及时通风，使种子长期处在干燥、低温、密闭的条件下，确保安全贮藏。

③加强管理，勤于检查。应根据气候变化规律和种子生理状况，订出具体的管理措施，及时检查，及早发现问题，采取对策，加以制止。种子发热后，应根据种子结露发热的严重情况，采用翻耙、开沟、扒塘等措施排除热量，必要时进行倒仓、摊晾和过风等办法降温散湿。发过热的种子必须经过发芽试验，凡已丧失生活力的种子，即应改作他用。

（三）合理通风

通风是种子在贮藏期间的一项重要管理措施，其目的是：维持种子堆温度均一，防止水分转移；降低种子内部温度，以抑制霉菌繁殖及仓虫的活动；促使种子堆内的气温对流，排除种子本身代谢作用产生的有害物质和熏蒸杀虫剂的有毒气体等。

通风方式有自然通风和机械通风两种。自然通风是指开启仓库门窗，使空气能自然对流，达到仓内降温散湿的目的；机械通风速度快效率高，但需要一套完整的机械设备。

无论采用哪种通风方式，通风之前均须测定仓库内外的温度和相对湿度的大小，以决定能否通风，主要有如下几种情况：

①遇雨天、刮台风、浓雾等天气，不宜通风。

②当外界温湿度均低于仓内时，可以通风。但要注意寒流的侵袭，防止种子堆内温差过大而引起表层种子结露。

③仓外温度与仓内温度相同，而仓外湿度低于仓内；或者仓内外湿度基本上相同而仓外温度低于仓内时，可以通风。前者以散湿为主，后者以降温为主。

④仓外温度高于仓内而相对湿度低于仓内；或者仓外温度低于仓内而相对湿度高于仓内，这时能不能通风，就要看当时的绝对湿度，如果仓外绝对湿度高于仓内，不能通风，反之就能通风。

⑤一天内，傍晚可以通风，后半夜不能通风。

(四)管理制度

种子入库后,建立和健全管理制度十分必要。管理制度包括:

(1)生产岗位责任制　要挑选责任心、事业心强的人担任这一工作。保管人员要不断钻研业务,努力提高科学管理水平。有关部门要对他们定期考核。

(2)安全保卫制度　仓库要建立值班制度,组织民兵配合巡逻,及时消除不安全因素,做好防火、防盗工作,保证不出事故。

(3)清洁卫生制度　做好清洁卫生工作是消除仓库病虫害的先决条件。仓库内外须经常打扫、消毒,保持清洁。要求做到仓内六面光,仓外三不留(杂草、垃圾、污水)。种子出仓时,应做到出一仓清一仓,出一囤清一囤,防止混杂和感染病虫害。

(五)检查制度

检查内容包括以下几方面:

1.温度

检查种温可将整堆种子分成上、中、下 3 层,每层设 5 个点,共 15 处。也可根据种子堆的大小适当增减,如堆面积超过 100 m² ,需相应增加点数,对于平时有怀疑的区域,如靠壁、屋角,近窗处或曾漏雨等部位增设辅助点,以便全面掌握种子堆安危状况。种子入库完毕后的半个月内,每 3 d 检查一次(北方可减少检查次数,南方对油菜籽、棉籽要增加检查次数),以后每隔 7~10 d 检查一次。二、三季度,每月检查一次。

2.水分

检查水分同样采用 3 层 5 点 15 处的方法,把每处所取的样品混匀后。再取试样进行测定。取样一定要有代表性,对于感觉上有怀疑的部位所取得的样品,可以单独测定。检查水分的周期取决于种温,第一、第四季度,每季检查一次,第二、第三季度,每月检查一次,在每次整理种子以后,也应检查一次。

3.发芽率

种子发芽率一般每 4 个月检查一次,但应根据气温变化,在高温或低温之后,以及在药剂熏蒸后,都应相应增加一次。最后一次不得迟于种子出仓前 10 d 做完。

4.虫、霉、鼠、雀危害

检查害虫的方法一般采用筛检法,经过一定时间的振动筛理,把筛下来的活虫按每千克头数计算。检查周期决定于种温,种温在 15℃ 以下每季一次;15~20℃ 每半个月一次;20℃ 以上每 5~7 d 检查一次。检查霉烂的方法一般采用目测和鼻闻,检查部位一般是种子易受潮的壁角、底层和上层或沿门窗、漏雨等部位。查鼠雀是观察仓内是否有鼠雀粪便和足迹,平时应将种子堆表面整平以便发现足迹。一经发现予以捕捉消灭,还需堵塞漏洞。

5.仓库设施

检查仓库地坪的渗水、房顶的漏雨、灰壁的脱落等情况,特别是遇到强热带风暴、台风、暴雨等天气,更应加强检查。同时对门窗启闭的灵活性和防雀网、闸鼠板的坚牢程度进行检查。

(六)建立档案制度

每批种子入库,都应将其来源、数量、品质状况等逐项登记入册(表7-12),每次检查后的详细结果必须记录,便于对比分析和查考,发现变化原因和及时采取措施,改进工作。

表 7-12 仓贮种子情况记录表

品种名称	入仓年月	种子数量	检查日期			气温/℃	仓温/℃	种温/℃																	种子水分/%	种子纯度/%	发芽率/%	害虫情况/(头/kg)		处理意见	检查员
			月	日	时			东			南			西			北			中							米象	锯谷盗		
								上层	中层	下层	上层	中层	下层	上层	中层	下层	上层	中层	下层	上层	中层	下层								

本记录表必须挂在种子垛上。　　　　　　　　　管理员

(七)财务会计制度

每批种子进出仓库,必须严格实行审批手续和过磅记账,账目要清楚,对种子的余缺做到心中有数,不误农时,对不合理的额外损耗要追查责任。

> **你知道吗?**
> 种子贮藏期间需检查哪些内容?如何检查?

四、主要农作物种子贮藏方法

(一)水稻种子贮藏方法

水稻是我国分布范围较广的一种农作物,类型和品种繁多,种植面积很大。为了预防缺种,留种数量往往超过实际需用量数倍,这就给贮藏工作带来十分艰巨的任务。

1.水稻种子的贮藏特性

水稻种子称为颖果,子实由内外稃包裹着,稃壳外表面被有茸毛。某些品种的外稃尖端延长为芒。由于种子形态的这些特征,形成的种子堆一般较疏松,孔隙度较禾谷类的其他作物种子为大,在50%～65%。因此,贮藏期间种子堆的通气性较其他种子好;同时由于种子表面粗糙,其散落性较一般禾谷类种子为差,静止角为33°～45°,对仓壁产生的侧压力较小,一般适宜高堆,以提高仓库利用率。水稻种子的吸湿性因内外稃的保护而吸湿缓慢,水分相对地比较稳定,但是当稃壳遭受机械损伤、虫蚀、或气温高于种温且外界相对湿度又较高的情况下,则吸湿性显著增加。

水稻种子的耐高温性较麦种差,如在人工干燥或日光曝晒时,对温度控制失当,均能增加爆腰率,引起变色,损害发芽率。种子高温入库,处理不及时,种子堆的不同部位会发生显著温

差,造成水分分层和表面结顶现象,甚至导致发热霉变。在持续高温的影响下,水稻种子所含的脂肪酸会急剧增高。据中国科学院上海植物生理研究所研究结果:含有不同水分的稻谷放在不同温度条件下贮藏 3 个月表明,在 35℃ 下,脂肪酸均有不同程度的增加。这种贮藏在高温下的稻谷,由于内部已经质变,不适宜作种子用。

2.水稻种子贮藏技术要点

(1)清理晒场,防止混杂　水稻种子品种繁多,有时在一块晒场上同时要晒几个品种,如稍有疏忽,容易造成品种混杂。因此种子在出晒前,必须清理晒场,扫除垃圾和异品种种子。出晒后,应在场地上标明品种名称,以防差错。入库时要按品种有次序地分别堆放。

(2)掌握曝晒种温　早晨收获的早稻种子,由于朝露影响,种子水分可达 28%～30%,午后收割的在 25% 左右。一般情况下,曝晒 2～3 d 即可使水分下降到符合入库标准。曝晒时如阳光强烈,要多加翻动,以防受热不匀,发生爆腰现象,水泥晒场尤应注意这一问题。早晨出晒不宜过早,事先还应预热场地,否则由于场地与受热种子温差过大发生水分转移,影响干燥效果。这种情况对于摊晒过厚的种子更为明显。

(3)严格控制入库水分　水稻种子的安全水分标准,应随类型、保管季节与当地气候特点分别考虑拟订。一般情况粳稻可高些,籼稻可较低;晚稻可高些,早中稻可较低;气温低可高些,气温高可较低。据试验证明,种子水分降低到 6% 左右,温度在 0℃ 左右,可以长期贮藏而不影响发芽率。种子水分在 13% 以下,可以安全过夏;水分在 14% 以上,不论籼、粳稻种子贮藏到翌年 6 月以后,发芽率均有下降趋势;水分在 15% 以上,贮藏到翌年 8 月份以后,种子发芽率几乎全部丧失。这就说明种子水分与温度密切相关。根据各地实践经验表明,在不同温度条件下种子的安全水分应有差异(表 7-13)。

表 7-13　水稻种子安全贮藏最高限度水分

温度/℃	最高限度水分/%
35	13 以下
30	13.5 以下
20～25	15
15	16
10	17
5	18(只能保持短期安全)

(4)预防种子结露和发芽　水稻种子散装时,表层与空气直接接触,水分变化较快,一昼夜间的变化也很显著。据江苏省昆山县的观察结果:稻谷表层的水分变化在 24 h 内,以晚上 2～4 时为最高,达 14.2%,至下午 4～6 时为最低,为 11.95%,两者相差 2.25%。除表层外,其他部位变化不显著,甚至 1 个月也察觉不出明显的差异。因此充分干燥的稻谷,为了防止吸湿回潮,应采取散装密闭贮藏法。

水稻种子的休眠期,大多数品种比较短促,间或有超过 1～2 个月以上的。这说明一般稻谷在田间成熟收获时,不仅种胚已经发育完成,而且已达到生理成熟阶段。由于稻谷具有这一生理特点,在贮藏期间如果仓库防潮设施不够严密,有渗水、漏雨情况,或入库后发生严重的水分转移与结露现象,就可能引起发芽或霉烂。这种现象在早、中籼和早、中粳中发生较为严重。

稻谷回潮所以容易发芽,主要由于它的萌发最低需水量远较其他作物种子为低,一般仅需23%～25%。

(5)治虫防霉

①治虫。我国产稻地区的特点是高温多湿,仓虫容易滋生。通常在稻谷入仓前已经感染,如贮藏期间条件适宜,就会迅速大量繁殖,造成极大损害。仓虫对稻谷危害的严重性,一方面取决于仓虫的破坏性,同时也随仓虫繁殖力的强弱为转移。一般情况,每千克稻谷中有玉米象20头以上时,就能引起种温上升,每千克内超过50头时,种温上升更为明显。单纯由于仓虫危害而引起的发热,种温一般不超过35℃,由于谷蠹危害而引起的发热,则种温可高达42℃。

仓虫大量繁殖,除引起贮藏稻谷的发热外,还能剥蚀稻谷的皮层和胚部,使稻谷完全失去种用价值,同时降低酶的活性和维生素含量,并使蛋白质及其他有机营养物质遭受严重损耗。

仓内害虫可用药剂熏杀。目前常用的杀虫药剂有磷化铝,用药量按种子体积计算为6～9片/m³(粉剂4～6 g/m³)。投药后密闭120～168 h,然后通风72 h散毒。磷化铝为剧毒药剂,使用时应注意人体安全。另外,还可用防虫磷防护。防虫磷即优质马拉硫磷,纯度为97%以上。有效用药量为20 mg/kg,使用方法为防虫磷原液用超低量喷雾器均匀喷雾。种子厚度不超过30 cm,每10 kg种子用药量0.2 g。

②防霉。种子上寄附的微生物种类较多,但是危害贮藏种子的主要是酵母菌以外的真菌类,俗称霉菌,亦可称贮藏真菌。它们的生活条件较宽,只有当温度高于60℃或低于0℃时,大多数霉菌的活动才会受到抑制;大多数微生物对水分的适应范围也相当大,只有当相对湿度低于65%,种子水分低于13.5%时,才会受到抑制。霉菌对空气的要求不一,有好气性和嫌气性等不同类型。虽然采用密闭贮藏法对抑制好气性霉菌能有一定效果,但对能在缺氧条件下生长活动的霉菌如白曲霉、毛霉之类则无效。所以密闭贮藏必须在稻谷充分干燥、空气相对湿度较低的前提下,才能起到抑制霉菌的作用。

(二)小麦种子贮藏方法

小麦收获时正逢高温多湿气候,即使经过充分干燥,入库后如果管理不当,仍易吸湿回潮、生虫、发热、霉变,贮藏较为困难,必须引起重视。

1.小麦种子的贮藏特性

小麦种子称为颖果,稃壳在脱粒时分离脱落,果实外部没有保护物。果种皮较薄,组织疏松,通透性好,在干燥条件下容易释放水分;在空气湿度较大时也容易吸收水分,而且软粒小麦较硬粒小麦更容易吸湿。因此,麦粒在曝晒时降水快,干燥效果好;反之,在相对湿度较高的条件下,容易吸湿提高水分,种子的平衡水分较其他麦类为高。

小麦种皮颜色不同,耐藏性存在差异,一般红皮小麦的耐藏性强于白皮小麦。

危害小麦种子的主要害虫有玉米象、米象、谷蠹、印度谷螟和麦蛾等,其中以玉米象和麦蛾为害最多。被害的麦粒往往形成空洞或蛀蚀一空,完全失去种用价值。

2.小麦种子贮藏技术要点

(1)严格控制入库种子水分　小麦种子贮藏期限的长短,取决于种子的水分、温度及贮藏设备的防湿性能。据各地试验证明,种子水分不超过12%,如能防止吸湿回潮,种子可以进行较长时间贮藏而不生虫,不长霉,不降低发芽率;如果水分为13%,种温到30℃,则发芽率会有所下降,水分在 14％～14.5％,种温升高到 21～23℃,如果管理不善,发霉可能性很大;水分为16％,即使种温在 20℃,仍有很多发霉。因此,小麦种子贮藏时的水分应控制在 12％以下,种温不超过 25℃。

(2)采用密闭防湿贮藏 根据小麦种子吸湿性强的特性,种子在贮藏期间应严密封闭,防止外界水汽进入仓库。对于贮存量较大的仓库除密闭门窗外,种子堆上面还可以压盖簟垫或麻袋等物。压盖要平整、严密、压实。如条件许可,宜采用干燥的砻糠灰压盖,灰厚 9～15 cm。这种方法不仅能防湿,还可起到防虫作用。农村用种量较少,根据上述原则,可以应用内外壁涂釉的瓮、坛、缸等器具存放种子。存放前种子必须充分干燥,存放后注意封口,在容器底部和种子表面如放一层干燥砻糠灰更为有利。器具放在屋内靠北阴凉处或埋入地内 2/3,可使种子安全保藏较长时间。

(3)热进仓杀虫 小麦种子耐热性较强,可以利用这一特点,将种子晒热后趁热进仓,不仅可以达到杀虫的目的,还可以促进麦种加快通过休眠。具体做法:选择晴朗天气,将麦种曝晒,使种温达 46℃以上而不超过 52℃,然后迅速入库堆放,面层加覆盖物,并将门窗密封保温。这样,持续高温密闭 7～10 d,进行通风冷却,使种温下降到与仓温相近,然后进入常规贮藏。运用此法应掌握保温期间种温不宜太高,种子水分必须低于 12％;还需设法防止地面与种子温差过大而引起底层结露;对于通过休眠的种子来说,由于耐热性有所减弱,一般不宜采用此法。

(三)玉米种子贮藏方法

玉米是一种高产作物,适应性强,在我国各地几乎都有种植。玉米又是异花授粉作物,自然杂交率很高,保纯较难。因此,做好玉米种子的贮藏工作具有很重要的意义。

1. 玉米种子的贮藏特性

玉米果穗由籽粒和穗轴两部分组成,籽粒着生在穗轴上,排列紧密而整齐。玉米籽粒为颖果,外层有坚韧而光滑的果皮包裹着,透水性较弱,水分主要从胚部和发芽口进入。当种子水分在 20％以上时,胚部水分大于胚乳,而干燥的种子胚部水分却小于胚乳。据试验,玉米水分高于 17％时易受冻害,发芽率迅速下降。

玉米籽粒的胚较大,其体积因品种不同约占整个籽粒的 1/5～1/3,因此种子的呼吸量比其他谷类种子大得多,在贮藏期间稳定性差,容易引起种子堆发热。玉米胚部组织柔软疏松,内含营养物质丰富,易受环境条件的影响。尤其是胚部脂肪含量高,约占全粒含量的 4/5,这些物质易受温湿度和氧气的影响发生水解与氧化,尤其是胚部受损伤之后,更易氧化酸败变质。不仅如此,玉米胚部也易遭虫霉为害。危害玉米的害虫主要是玉米象和谷蠹,为害玉米的霉菌多半是青霉和曲霉,当玉米水分适宜于霉菌生长繁殖时,胚部长出许多菌丝体和不同颜色的孢子,被称为"点翠"。玉米在脱粒加工过程中易受损伤,据统计,一般损伤率在 15％左右,最高可达 30％以上。损伤籽粒易遭虫、霉危害,经历一定时间会波及全部种子。所以,入库前应将这些破碎粒及不成熟粒清除,以提高玉米贮藏的稳定性。

生产上常用的玉米变种为硬粒种、马齿种和甜玉米,其耐藏性依次降低。

2. 玉米种子贮藏技术要点

(1)果穗贮藏 这种贮藏方式占仓容量大,不便运输,通常用以干燥或短暂贮存。采用时均须先将水分降低,使果穗含水量低于 17％,若含水量高于这一水平,容易遭受冻害。

(2)籽粒贮藏 采用籽粒贮藏可以提高仓容量,便于管理。玉米脱粒后胚部外露,是造成贮藏稳定性差的主要原因。因此,籽粒贮藏必须控制入库水分,并减少损伤粒和降低贮藏温度。玉米种子水分必须控制在13%以下才能安全过夏,而且种子在贮藏中不耐高温,在高温下会加速脂肪酸败。据各地经验,夏季南方玉米水分宜在13%以下,种温不高于30℃;北方玉米水分则可在14%以下,种温不高于25℃。

(四)大豆种子贮藏方法

大豆除含有较高的油分外,还含有非常丰富的蛋白质。因此,其贮藏特性不仅与禾谷类作物种子大有差别,而与其他一般豆类比较也有所不同。

1.大豆种子的贮藏特性

大豆种皮薄、粒大,含有35%~40%的蛋白质,吸湿性很强。在贮藏过程中,容易吸湿返潮,水分较高的大豆种子易发热霉变,过分干燥时,容易损伤破碎和种皮脱落。

大豆种子含油量17%~22%,其中不饱和脂肪酸占80%以上,在含水量较高的情况下,易发生氧化酸败现象。

大豆种子耐热性较差,蛋白质易变性,在25℃以上的贮藏条件下,种子的蛋白质易凝固变性,破坏了脂肪与蛋白质共存的乳胶状态,使油分渗出,发生浸油现象。同时,由于脂肪中色素逐渐沉淀而引起子叶变红,有时沿种脐出现一圈红色,俗称"红眼"。子叶变红和种皮浸油,使大豆种子呈暗红色,俗称"赤变"。因此,大豆种子贮藏要注意控制温度,防止蛋白质缓慢变性。

影响大豆安全贮藏的主要因素是种子水分和贮藏温度,水分18%的种子,在20℃条件下几个月就完全丧失发芽率;水分8%~14%的种子,在-10℃和2℃条件下贮藏10年后,能保持90%以上的发芽率。在普通贮藏条件下,控制种子水分是大豆种子安全贮藏的关键。

2.大豆种子贮藏技术要点

(1)带荚曝晒,充分干燥 大豆种子干燥以脱粒前带荚干燥为宜。大豆种子粒大、皮薄,耐热性较差,脱粒后的种子要避免烈日曝晒,火力干燥时要严格控制温度和干燥度,以免因干燥不均匀而导致破裂和脱皮。

大豆安全贮藏的水分应在12%以下,水分超过13%就有霉变的危险。大豆种子的吸水性较强,在入仓贮藏后要严格防止受潮,保持种子的干燥状态。

(2)低温密闭 由于大豆脂肪含量高,而脂肪的导热率小,所以大豆导热不良,在高温情况下不易降温,又易引起赤变,所以应采取低温密闭的贮藏方法。一般可趁寒冷冬季将大豆转仓或出仓冷冻,使种温充分下降后再低温密闭。具体做法是:在冬季入仓的表层上面压盖一层旧麻袋,以防大豆直接从大气吸湿,旧麻袋预先经过清理和消毒。在多雨季节,靠种子堆表层10~20 cm深处,仍有可能发生回潮现象,此时应趁晴朗天气将覆盖的旧麻袋取出仓外晾干,再重新盖上。覆盖的旧麻袋不仅可以防湿,并且有一定的隔热性能。

(3)合理堆放 水分低于12%的种子可以堆高至1.5~2 m,采用密闭贮藏管理。水分在12%以上,特别是新收获的种子应根据含水量的不同适当降低堆放高度,采用通风贮藏。一般水分在12%~14%,堆高应在1 m以下;水分在14%以上,堆高应在0.5 m以下。

(五)油菜种子贮藏方法

油菜种子含油率较高,在35%~40%之间,一般认为不耐贮藏。但如能掌握它的贮藏特

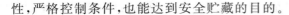

性,严格控制条件,也能达到安全贮藏的目的。

1.油菜种子的贮藏特性

油菜种子种皮脆薄,组织疏松,且籽粒细小,暴露的比面大。油菜收获正近梅雨季节,很容易吸湿回潮;但是遇到干燥气候也容易释放水分。据浙江省的经验,在夏季比较干燥的天气,相对湿度在50%以下,菜籽水分可降低到7%~8%及以下;而当相对湿度在85%以上时,其水分很快回升到10%以上。菜籽含油率高,胚细胞在物质代谢过程中耗氧很快,在相同的温湿条件下,其呼吸强度较其他作物种子为大,释放出来的热量多,在高温季节很容易发热霉变,尤其在高水分情况下,只要经过1~2 d时间就会引起严重的发热酸败现象。由于菜籽细小而密度大,收获时所夹带的泥沙又较多,因此种子堆孔隙度特别小,不易散湿散热。据上海、苏南等地经验,菜籽发热的种温,有时可高达70~80℃。

2.油菜种子贮藏技术要点

(1)适时收获,及时干燥　菜籽收获以在花薹上角果有70%~80%呈现黄色时为宜。太早嫩子多,水分高,不易脱粒,内部欠充实也较难贮藏;太迟则角果容易爆裂,籽粒散落,造成损失。脱粒后应及时干燥收藏。

(2)清除泥沙杂质　油菜种子的发热与含杂率高有一定关系,泥沙杂质过多,使种子堆的孔隙度变小,通气不良,妨碍散热散湿,因此菜籽入库以前,应进行严格的风选筛理,除去尘芥杂质及菌核之类,借以增强贮藏的稳定性。

(3)严格控制入库水分　菜籽入库的安全水分应视当地气候特点和贮藏条件而定。就大多数地区的一般贮藏条件而言,种子水分控制在9%~10%以内,可以达到安全。但在高温多湿地区,且仓库条件较差,最好将水分控制在8%~9%以内。根据四川经验,水分超过10%,经高温季节,就开始结块;水分在12%以上,就会出现霉变,形成团饼,完全失去利用价值。

(4)低温贮藏　低温贮藏对于保持菜籽发芽力有较明显的效果。郭长根等(1978)曾用3个品种的菜籽进行少量贮藏试验,结果表明种子水分在7.9%~8.5%范围内,用塑料袋密封贮存于8℃的低温下,经12年之久,发芽率仍在98%以上。对于生产上大量种子的贮藏温度,应按季节加以控制,夏季一般不宜超过28~30℃,春秋季不宜超过13~15℃,冬季不宜超过6~8℃。如果种温超过仓温3~5℃,就应采取措施通风降温。

(5)合理堆放　散装的堆放高度应随水分多少而增减。水分在7%~9%时,堆高可到1.5~2.0 m;水分在9%~10%时,堆高1~1.5 m;水分在10%~12%时,堆高只能在1.0 m左右,并须安装通风笼;水分超过12%时,不能入库。散装种子尽可能低堆,或将表面耙成波浪形,增大与空气的接触面,以利堆内湿、热的散发。

菜籽的袋装贮藏,应尽可能堆成各种形式的风凉桩,如井字形、工字形或金钱形等。种子水分在9%以下时,可堆高10包;水分在9%~10%时,可堆高8~9包;水分在10%~12%时,可堆高6~7包;水分在12%以上时,高度不宜超过5包。

(6)加强管理勤检查　菜籽属于不耐贮藏的种子,虽然进仓时种子水分低、杂质少,但在仓库条件好的情况下仍须加强管理和检查。一般在4~10月,对水分在9%~12%的菜籽每天检查2次,水分在9%以下,每天检查一次;在11月至翌年3月之间,水分在9%~12%的菜籽每天检查一次,水分在9%以下,可隔天检查一次。

(六)棉花种子贮藏方法

1.棉籽的贮藏特性

棉籽种皮坚厚,一般在种皮表面附有短绒,导热性很差,在低温干燥条件下贮藏,寿命可达10年以上,是农作物种子中属于长命的类型。但如果水分和温度较高,就很容易变质,生活力可在数周内完全丧失。

棉籽的耐藏性和成熟度有密切关系。一般从霜前花轧出的棉籽胚部饱满,种壳坚硬,比较容易贮藏;而从霜后花轧出的棉籽则种皮柔软,内容松瘪,在相同条件下,种子水分较霜前采收的棉籽高,生理活性也较强,因此不易贮藏。

棉籽表面附着短绒容易吸湿,晒干后必须压紧密闭贮藏。如仓库不够完善,高湿度的空气侵入棉籽堆空隙,致使水分增高,呼吸增强,放出大量热能,积累在棉籽堆中不能散发,可引起发酵、发热。干燥棉籽由于附着短绒,很容易燃烧,因此在贮藏期间,要特别注意防火工作。

棉籽入库前,要进行一次检验,其安全标准为:水分不超过11%～12%,杂质不超过0.5%,发芽率应在90%以上,无霉烂粒,无病虫粒,无破损粒,霜前花子与霜后花子不可混在一起(后者通常不作留种用)。

留种用的棉籽短绒上会带有病菌,可用脱短绒机或用浓酸将短绒除去,以消除这些病菌,并可节约仓容和使播种均匀,有利于吸水发芽。但脱绒的棉籽贮藏中容易发热,须加强检查和适当通风。

2.棉籽贮藏技术要点

棉籽从轧出到播种须经过5～6个月的时间。在此期间,如果温湿度控制不适当,就会引起种子中游离脂肪酸增多,呼吸作用旺盛,微生物大量繁殖,以致发热霉变,丧失生活力。

用于贮藏棉籽的仓库,虽然仓壁所承受的侧压力很小,但为了预防高温影响和水湿渗透,仓壁构造仍应适当加厚,地坪也须坚固不透水,此外还须具备良好的通风条件。棉籽在贮藏前如发现有红铃虫,可在轧花以后,通入热气对棉籽进行熏蒸,称为热熏法。此法不但可杀死红铃虫,且可促进棉籽后熟和干燥,有利于安全贮藏。棉籽堆积在仓库中,只可装到仓容的一半左右,至多不能超过70%,以便通风换气。仓库中须装置测温设备,方法是每隔3 m插竹管一根,管粗约2 cm,一端制成圆锥形,管长分3种,以便上、中、下层各置温度计一支。竹管距仓壁亦为3 m,每隔5～10 d测温一次,9～10月则需每天测温一次,温度须保持在15℃以下。如有异常现象,立即采取翻堆或通风降温等措施。袋装棉籽须堆垛成行,行间留走道,如堆放面积较大,应设置通气篾笼。

中国地域广大,贮藏方式应因地制宜。华北地区冬春季温度较低,棉籽水分在12%以下,已适宜较长时间保管,贮藏方式可以用露天围囤散装堆藏;冬季气温过低,须在外围加一层保护套,以防四周及表面棉籽受冻。水分在12%～13%的棉籽要注意经常性的测温工作,以防发热变质。如水分超过13%以上,则必须重新晾晒,使水分降低后,才能入库。棉籽要降低水分,不宜采用人工加温机械烘干法,以免引起棉纤维燃烧。

华中、华南地区,温湿度较高,必须有相应的仓库设备,采用散装堆藏法。安全水分要求达到11%以下,堆放时不宜压实,仓内须有通风降温设备,在贮藏期间,保持种温不超过15℃。

【本项目小结】

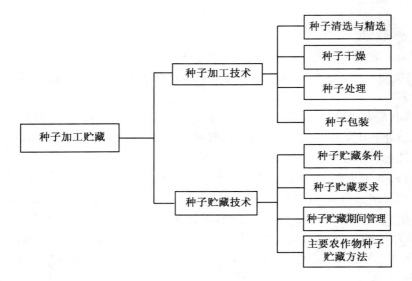

种子加工贮藏
├─ 种子加工技术
│ ├─ 种子清选与精选
│ ├─ 种子干燥
│ ├─ 种子处理
│ └─ 种子包装
└─ 种子贮藏技术
   ├─ 种子贮藏条件
   ├─ 种子贮藏要求
   ├─ 种子贮藏期间管理
   └─ 主要农作物种子贮藏方法

【复习题】

一、名词解释

种子干燥　种子发热　种子包衣

二、简答题

1. 种子清选原理有哪些？

2. 种子干燥方法有哪些？

3. 简述种子发热的原因、部位和预防措施。

4. 仓内温度是如何影响种子贮藏的？

5. 小麦种子贮藏的具体方法有哪些？

思政园地

1. 种业公司经营的种子所用的贮藏方法有哪些？

2. 你的家乡废弃种子包装袋比较常见的是哪家种业公司的？

技 能 训 练

技能训练一　主要作物有性杂交技术

一、目的

学生在了解主要作物花器构造和开花习性的基础上,学会有性杂交技术。包括小麦、水稻、大豆的有性杂交技术。

二、材料与用具

材料:各种作物的亲本品种若干。

药品:70％乙醇

用具:镊子、小剪刀、羊皮纸袋、回形针、放大镜、小毛笔、小酒杯、脱脂棉、纸牌、铅笔、麦秸管等。

三、方法步骤

1. 小麦有性杂交技术

(1)选穗　在杂交亲本圃中,选择具有母本品种典型性、生长发育健壮并且刚抽出叶鞘3.3 cm左右的主茎穗作为去雄穗,穗的中上部花药黄绿色时为去雄适期。

(2)整穗　选定去雄穗后,先剪去穗的上部和下部发育较迟的小穗,只留中部10～12个小穗(穗轴两侧各留5～6个),并将每个小穗中部的小花用镊子夹去,只留基部的两朵小花。剪去有芒品种麦芒的大部分,适当保留一点短芒,以利去雄和授粉操作的方便。

(3)去雄　将整好的穗子进行去雄,一般采用摘药去雄法。具体做法是用左手拇指和中指夹住整个麦穗,以食指逐个将花的内外颖壳轻轻压开,右手用镊子伸入小花内把3个花药夹出来,最好一次去净,注意不伤柱头和内外颖,不留花药,不要夹破花药。如果一旦夹破花药,这时应摘除这朵花,并用乙醇棉球擦洗镊子尖端,以杀死附在上面的花粉。去雄应按顺序自上而下逐朵花进行,不要遗漏。去雄后应立即套上纸袋,用大头针将纸袋别好,并挂上纸牌,用铅笔写明母本品牌名称和去雄日期。

(4)授粉 一般在去雄后第2~3天进行授粉。当去雄的花朵柱头呈羽状分叉,并带有光泽时授粉为最合适期。

采粉的父本应选用穗子中上部、个别已开过花的小穗周围的小花,用镊子压开其内外颖,夹出鲜黄成熟的花药,放入采粉器中(小酒杯或小纸盒)中,立即授粉。

授粉时,取下母本穗上纸袋,用小毛笔蘸取少量的花粉,或用小镊子夹1~2个成熟的花药依次放入每个小花中,在柱头上轻轻涂擦。授粉后,仍套上纸袋,并在纸牌上添上父本名称、授粉日期。授粉7~10 d后,可以摘去纸袋,以后注意管理和保护。也可采用采穗授粉法,即授粉时采下选用的父本穗(留穗下节),依次剪去小花内外颖1/3,并捻动穗轴,促花开放,露出花药散粉,即行授粉。

2.水稻有性杂交技术

(1)选穗 选取母本品种中植株生长健壮、无病虫害稻穗,稻穗已抽出叶鞘2/3~3/4,穗尖已开过几朵颖花。

(2)去雄 杂交时要选穗中、上部的颖花去雄。去雄方法有很多种,下面介绍温水法去雄和剪颖法去雄两种。

温水法去雄就是在水稻自然开花前30 min把热水瓶的温水调节为45℃,把选好的稻穗和热水相对倾斜,将穗子全部浸入温水中,但应注意不能折断穗颈和稻秆,处理5 min。如水温已下降至42~44℃,则处理8~10 min。移去热水瓶,稻穗稍晾干,即有部分颖花陆续开花。这些开放的颖花的花粉已被温水杀死。温水处理后的稻穗上未开花颖花(包括前一天已开过的颖花)要全部剪去,并立即用羊皮纸袋套上,以防串粉。

剪颖去雄法就是一般在杂交前一天下午4:00—5:00后或在杂交当天早上6:00—7:00前,选择已抽出1/8母本穗轴,将其上雄蕊伸长已达颖壳1/2以上的成熟颖花,用剪刀将颖壳上部剪去1/4~1/3,再用镊子除去雄蕊。去雄后随即套袋,挂上纸牌。

(3)授粉 授粉方法有两种。一种是抖落花粉法:即将自然开花的父本穗轴轻轻剪下,把母本穗轴去雄后套上的纸袋拿下,父本穗置于母本穗上方,用手振动使花粉落在母本柱头上,连续2~3次。父、母本靠近则不必将父本穗剪下,可就近振动授粉。但要注意防母本品种内授粉或与其他品种传授。另一种是授入花粉法:用镊子夹取父本成熟的花药2~3个,在母本颖壳上方轻轻摩擦,并留下花药在颖花内,使花粉散落在母本柱头上。但要注意不能损伤母本的花器。

授粉后稻穗的颖花尚未完全闭合,为防止串粉,要及时套回羊皮纸袋,袋口用回形针夹紧,并附着在剑叶上,以防穗颈折断。同时,把预先用铅笔写好组合名称、杂交日期、杂交者姓名的纸牌挂在母株上。

杂交是否成功,可在授粉后3 d检查子房是否膨大,如已膨大即为结实种子。

3. 大豆有性杂交技术

(1)母本植株和去雄花蕾的选择 母本应选择具有本品种典型性状、生育良好和健壮的植株。无限结荚习性的大豆品种要挑选基部1~2个花簇已经开花,主茎中下部5~6节的花蕾去雄;有限结荚习性的可取上中部或顶部的花蕾去雄。去雄的花蕾必须是花冠已露出萼隙1~2 mm,但还没有伸出萼尖的,这样的花蕾雌蕊已经成熟,雄蕊还没有散粉。一般一个节间只留1~2个花蕾,其余已开或未开的花蕾全部除掉,以免与杂交花混淆。

(2)去雄 去雄一般在杂交前一天下午去雄,也可以在当日上午7:00—8:00进行。去雄的花朵选定后,用左手拇指与食指轻轻捏住花蕾,右手用镊子(或杂交针)挟住花萼向一边撕开,即可把5萼片全部除去,露出花冠。然后用镊子从花冠上部斜向插入,挟住花瓣,轻向上提,把花冠连同花药全部拔出。如有残留花药,再用镊子小心挟出,切勿触伤柱头。

(3)授粉 去雄后的花朵可立即授粉。适宜采粉父本的花朵以花瓣已露出萼尖,将要开放而未开放花朵为好。这时,花药初裂,花粉量多而新鲜,将父本花摘下,剥去萼片和花瓣,露出黄色花药。用镊子夹住父本花朵基部,把花药对准去了雄的母本花蕾的柱头轻轻擦几下,只要柱头上有黄色花粉即可。

授粉后,取靠近杂交花朵的叶片,将授过粉的花蕾包好,用大头针或叶柄别住,既可保证隔离,又可防止日晒雨淋,保持一定湿度,以利发育。最后在杂交花的下一个节间挂上纸牌,用铅笔写明父母本名称、杂交日期和杂交者姓名。

(4)杂交后的管理和收获 授粉后4~5 d,打开包裹的叶片进行检查。若杂交花朵已发育成幼荚,要摘除附近新生花蕾,以免混杂。若杂交花朵已干枯脱落,应将纸牌摘掉。以后每隔4~5 d再检查几次。成熟时,将同一杂交组合的豆荚连同纸牌放一个纸袋内,按组合混合收获。

四、作业

每位学生杂交5~10朵花,将杂交结果记载于表格中,并总结杂交经验。

技能训练二 作物育种场圃实地参观

一、目的

参观某种作物杂交育种各试验圃,了解各试验圃的田间设计和工作内容。

二、用具与基地

育种试验地;实验设计和田间规划的资料、米尺、铅笔等。

三、方法步骤

杂交育种工作中,从搜集、研究品种资源到选育出新品种,必须经过一系列的工作阶段,其工作进程,可由以下几个试验圃组成。

(1)原始材料圃和亲本圃 原始材料圃种植国内外搜集来的原始材料,按类型归类种植,每份种几十株。通过原始材料圃,进行性状的观察、记载;选出具有各种优良性状的材料作为杂交育种的亲本,种在亲本圃。亲本圃采用点播形式,加大行距以便杂交操作。

(2)杂种圃 播种杂种第一代和第二代。这些杂种,遗传性尚未稳定,可塑性大,故必须稀播并采用优良措施,加强培育,以提供进一步选择的优良材料。

(3)选种圃 播种由杂种圃逐年株选的材料。其目的是:①选出优良单株、系统、系统群;②使杂种个体遗传性迅速稳定。

(4)鉴定圃 播种由选种圃升级的新品系及对照品种。任务是:①在接近生产的条件下,初步测产;②鉴定性状的优劣及其一致性。鉴定圃材料较多,一般采用顺序排列,每材料一区,可重复 2~3 次。经 1~2 年试验,好的品系升入品比试验,差的淘汰。

(5)品种比较试验圃 播种由鉴定圃升级的材料及对照品种。目的是对选育出的品系进行产量及主要特性的准确鉴定。

在进行品种比较试验的同时,凡经过品比试验证明确属优良的品系,在投入生产之前,尚须进行品种区域试验,生产试验及栽培试验,同时大量繁殖种子。

经过上述试验,选育出比现有推广品种表现优良的品种,通过区域试验,品种审定后,即可在生产上推广。

四、作业

1.介绍所参观育种田的基本情况。

2.结合所学育种和种子生产知识,描述参观点采用的与我们所学理论相同和不同的技术要点。

3.参观实习收获总结与意见建议。

技能训练三 主要作物原种生产调查记载

一、目的

掌握原种生产中调查记载的国家标准,初步了解当地主要作物优良品种的特征,为今后做好原种生产工作打下基础。

二、材料与用具

材料：当地小麦、水稻、大豆、棉花、玉米、高粱等作物的原种圃，或株行圃、株系圃、种子田、生产田的植株。

用具：米尺、天平、调查表、铅笔等。

三、方法步骤

每4名同学分为一组，在主要作物的不同生育期，按原种生产调查项目逐项调查记载，以掌握各品种的主要形态特征及其区别（各地可从主要作物中选1～2个作物进行）。

四、作业

要求每个学生，将各主要作物品种（系）主要特征特性的观察结果记载在调查表格内（自制），并用文字描述其主要特征特性及其相互的主要区别（具体特征特性调查项目参考附录1至附录5）。

技能训练四　种子田去杂去劣

一、目的

1.学生学会识别杂株和劣株。
2.学生掌握拔杂去劣的时期和方法。

二、材料与用具

小麦、大豆、水稻或其他作物的种子田。

三、方法步骤

种子田的拔杂去劣是在作物品种形态特征表现最明显的时期，分几次进行。

1. 大豆种子田去杂去劣

大豆种子田的去杂去劣一般在苗期、花期和成熟期进行，去杂依据如下：

苗期：根据幼茎基部的颜色、幼苗长相、叶形、叶色和叶姿等；

花期：根据叶形、叶色、花色、茸毛色、株高和感病性等；

成熟期:根据株高、成熟度、株型、结荚习性、茸毛色、荚型和熟相等来进行拔杂去劣。

2.水稻种子田去杂去劣

水稻种子田的去杂去劣一般在苗期、抽穗期和成熟期进行,去杂依据如下:

苗期:根据叶鞘色、叶姿和叶色等;

抽穗期:根据抽穗早晚、株型、叶形、主茎总叶片数和株高等;

成熟期:根据成熟度、株高、剑叶长短、宽窄和着生角度、穗型、粒型和大小、颖壳和颖尖色、芒的有无和长短、颜色等性状。

3.小麦种子田去杂去劣

小麦种子田的去杂去劣一般在苗期、抽穗期和成熟期进行,去杂依据如下:

苗期:根据叶鞘色、叶姿、叶色;

抽穗期:根据抽穗早晚、株型、叶形、株高等;

成熟期:根据成熟度、株高、茎色、穗型、壳色、小穗紧密度、芒的有无与长短等性状。

依据以上性状,鉴别并拔除异作物、异品种及杂株。拔除的杂株、劣株和异作物植株,杂草等应带出种子田另作处理。

四、作业

1.任选一种作物的种子田,在任一去杂时期,进行去杂去劣,每个学生两条垄,将拔除的杂株、劣株统一放在地头,结束后记下每人拔除的杂株和劣株株数,由指导老师检查其中有无拔错的植株。

2.简述去杂品种的形态特征。

技能训练五　主要作物优良品种识别

一、目的

掌握识别品种的方法,初步了解当地主要优良品种的特征,为今后做好原种生产和良种繁育工作打下基础。

二、材料与用具

材料:当地水稻、大豆、小麦、玉米等作物品种的植株。

用具:米尺、天平等。

三、方法步骤

以每 4 个学生为一组,在主要作物品种的开花期和成熟期,每种作物选取当地的推广品种 2~3 个,每品种取 10 株,按下述内容逐项观察记载,以掌握各品种的主要形态特征及其相互的主要区别。

1. 大豆品种的识别

具体特征特性调查项目参考附录 1 至附录 5 填入大豆品种性状观察记载表(下表)。

大豆品种性状观察记载表

品种	株高/cm	结荚高度/cm	结荚习性	茸毛色	分枝数	主茎节数	一株荚数	其中				一株粒数	每荚粒数	荚熟色	粒色	粒型	种皮光泽	脐色	子叶色	百粒重/g	备考
								一粒荚数	二粒荚数	三粒荚数	四粒荚数										

2. 水稻品种识别

具体特征特性调查项目参考附录 1 至附录 5 填入水稻品种性状观察记载表(下表)。

水稻品种性状观察记载表

品种	株高/cm	穗长/cm	穗颈长短	芒	稃尖色泽	穗型	谷粒形状	千粒重/g	米色	米质	备考

3. 小麦品种的识别

具体特征特性调查项目参考附录 1 至附录 5 填入小麦品种性状观察记载表(下表)。

小麦品种性状观察记载表

品种	株高/cm	成熟期秆色	芒的长短	穗长/cm	穗形	穗色	芒色	小穗密度	稃毛有无	粒色	粒型	粒质	千粒重/g

4. 玉米杂交种及亲本自交系的果穗识别

具体特征特性调查项目参考附录 1 至附录 5 填入玉米杂交种及其亲本自交系果穗性状观察记载表(下表)。

玉米杂交种及其亲本自交系果穗性状观察记载表

品种	穗长/cm	穗粗/cm	秃尖长度/cm	穗型	籽粒行数	籽粒类型	籽粒色泽	穗轴色	百粒重/g	备考

四、作业

要求每个学生将各主要作物品种的主要形态特征的观察结果记载在有关表格内,并用文字描述其主要特征及其相互的主要区别。

技能训练六　典型优良单株(穗)选择

一、目的

1.掌握农作物常规品种原种生产过程中选择优良单株的技能。
2.熟悉常规品种的特征特性。

二、材料与用具

材料:小麦、水稻、大豆或其他作物的种子田。
用具:标签、铅笔、麻绳等。

三、方法步骤

在原种生产过程中,选择典型优良单株(穗)是在作物品种形态特征表现最明显的时期,分几次进行的。考虑该项实验时间较长,故安排在成熟期进行。

在种子田成熟时,根据原品种的特点,每个学生选择典型优良单株 10 株。选择优良单株的标准,一般应具备下列条件:
①必须具备本品种的典型性状。
②丰产性好。水稻、小麦要求穗大粒多,籽粒饱满并充分成熟;大豆要求节间短,结荚密、每荚粒数多。
③成熟期适宜,且成熟一致。
④植株健壮,抗病虫能力强,秆强不倒。

选株时应注意避免在田间地头或缺苗断垄的地段选择。所选单株应连根拔起,每 10 株扎成一捆,并挂上 2 个标签(捆的内外各挂 1 个),标签上注明品种名称、选种人姓名,经晾晒种子充分干燥后,用于考种决选。

四、作业

1.在任一作物的种子田中,每个学生选择 10 个典型优良单株。
2.简述所选单株品种的主要特征特性。

技能训练七　典型优良单株(穗)室内考种

一、目的

进一步熟悉优良品种的主要特征,掌握优良单株室内考种的方法,为建立株(穗)行圃提供材料。

二、材料与用具

材料:所选优良单株的样本。

用具:米尺、天平、种子袋、铅笔等。

三、方法步骤

每个学生将自己在种子田内所选的 10 个优良单株,逐株进行室内考种。

四、作业

每个学生将 10 株优良单株逐株考种结果填入调查表。淘汰不典型优良单株,对入选的单株,分别脱粒、编号、装入种子袋,袋内外注明品种名称、株号(或重复号、小区号)、选种人姓名、选种年份,妥善保存,作为下一年株行圃播种材料。

技能训练八　杂交育种和杂交制种田播种

一、目的

通过实际设计和实施一种当地主要栽培作物的杂交制种,把种子生产理论与实际种子生产结合起来,达到理论与实践相结合。为当地主要栽培作物开展有性杂交技术,以及杂交后代的处理奠定基础。同时通过生产实践的组织实施,锻炼学生项目工作能力和组织协调能力。

二、材料与用具

材料：水稻、玉米、油菜或者其他任一种当地主要栽培作物的亲本材料或者雄性不育系、雄性不育恢复系、雄性不育保持系材料(本试验以小麦为例)。

用具：主要生产农机具，必要的放线工具、测量工具和记录工具，主要农业生产用品：化肥，农药等。

三、方法步骤

(一)小麦亲本及杂种世代的种植概述

在小麦育种过程中，诸如种质资源的收集、研究和利用，杂种后代的选择和处理，以及对新品种(品系)的评价，均要经过一系列的田间试验和室内选择工作，以对其产量潜力、抗病性、抗逆性和适应性进行深入研究。

1.小麦亲本及杂种世代的种植

经过鉴定的种质资源可按类别选作亲本，种于亲本圃中，一般点播或稀条播行距 45～60 cm，以便于杂交操作为准。骨干亲本和有特殊价值的亲本分期播种，以便彼此花期相遇。选种圃的种植以系谱法为例，F_1 按组合点播，加入亲本行及对照行。在整个生育期内特别是在抽穗期前后进行细致和及时的观察评定。针对组合缺点分别配以品种或杂种 F_1 组成三交或双交，为此 F_1 的种植行距也应较宽，以便于杂交操作为准，株距 10 cm 左右以便去伪去杂。除有明显缺陷者外，F_1 一般不淘汰组合，按组合收获。F_2 或复交 F_1 按组合点播，每组合 2 000～6 000 株，株距以利于单株选择又能在一定面积上种植较大群体为宜，一般 6～10 cm。在优良组合 F_2 中选的优良单株，翌年种成 F_3 株系，点播，一般株距为 4 cm 左右。其后按系谱法继代选择种植，直至选到优良的、表现一致的系统升级进入鉴定圃。选种圃各世代种植的规格、行距及行长最好大体一致，以利于田间规划和进行播种、田间管理等操作。每隔一定的行数要设置对照以便参照对照的表现确定选择杂种单株或品系的标准。对照同时也可作为田间的一种标志，便于育种家观察评定，避免发生错误。这在杂种早代材料数量较多时尤为必要。在进行抗病育种时，要与试验行垂直设置病害诱发行，在诱发行中接种，使试验行在传播机会均等的条件下发病。与此同时在试验行适当位置上设感病对照，以根据感病对照的发病情况确定抗病性的选择标准。在整个选种圃中，施肥及田间管理尽可能一致，才便于作出客观评定。

2.杂交育种的田间试验

杂交育种试验，包括品种间有性杂交、远缘杂交和无性杂交。目前，国内外几乎都以品种间有性杂交育种，作为作物育种的主要方法。无论哪类杂交育种，都大体分为 3 个试验阶段，即人工杂交，创造变异；分离选择，稳定变异；鉴定比较，评选优良变异。现在，就着重以常用的品种间杂交育种为例，围绕 3 个试验阶段，介绍田间试验方法。

(1)杂交亲本区种植　杂交工作可以结合原始材料区进行。但为方便起见，最好专设杂交亲本区,亲本种植的种类和杂交区面积的大小,是根据育种杂交计划而定的。一般情况下,一个亲本组合的母本和父本的种植比例为1:2或1:3,即每种植一行母本,父本需种植2~3行。

为了便于杂交时的操作,最好以中心亲本(一般作母本)为单位,将各个组合不同的父本与母本相邻种植,行长不宜过长,小区两端每排留有走道。如果组配一些父本相同,而母本不同的组合,可单种一处,相邻种植不同母本,四周种植同一父本,将母本人工去雄或化学杀雄(乙烯利),使其自然杂交。

为促进亲本植株生育健壮,同时便于操作,父、母本一般都采用宽行(或大小行)稀植方法。不同作物的株行距有所不同,比如,小麦可用行距25~33 cm,行长1~2 m,株距5~10 cm,点播(也可稀条播)。

其他作物(例如水稻)“三系”杂交育种类同,育种设计见技训图1。

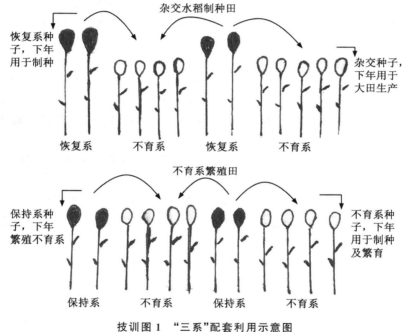

技训图1 “三系”配套利用示意图

(2)系谱法(即多次单株选择法)的种植

①杂种子一代(F_1)的种植。

播种方法:将每个杂交组合所得到的杂交种子,按组合顺序,分别单粒点播一个小区,一个中心亲本的杂交组合群应排列在一起。一般行长1~2 m,行距25~33 cm,粒距10 cm左右,扩大营养面积。每个组合前面,播该组合父母本各一行,便于比较亲本性状的遗传和鉴别假杂种。

群体大小:每个组合子一代种多少株?如双亲都纯时可少种,一般每组合20株左右(按每株收100粒种子,子二代种2 000株群体计算);如亲本不纯或种复合杂交种子(如三交、四交),就需酌情多种一些。

②杂种子二代（F₂）的种植。

播种方法：按组合顺序点播种植（如子一代分株收获的，子二代就要按组合再分株播种）。重点组合排在前面。因为子二代开始大量分离，为便于田间观察和选株，行距应大些（25～33 cm），行长 1.7～2 m，粒距 7～10 cm。在每一组合前面，仍需播种亲本行，并应每隔 9 行或 19 行设一对照品种行。为进行抗锈育种，自 F₂ 以后，在试验区周围及走道，需增种感染行（种易感"三锈"品种），进行诱发鉴定。

群体大小：子二代是性状分离最大的世代，也是选择的关键世代，必须种植足够的株数，不宜太少。一般每个组合可种 1 000～3 000 株（多为 2 000 株），重点组合多种一些，一般组合少种一些；育种主要目标性状是隐性遗传、数量性状遗传、连锁遗传的，群体要求较大，要适当多种，以利优良遗传因素（基因）的重新组合，反之，主要目标性状是显性遗传、简单遗传，就可以少种些。如果子一代的杂交组合太多，限于人力物力，一般组合可采取子二代先试探播种，找出表现较好的少数组合，下一年进行陈种"回锅"，进一步从中选拔优良个体。

③杂种子三代（F₃）的种植。

播种方法：将子二代当选的单株分别点种，每个单株一般播种 100～200 株，每一单株的全部后代称为一个"系统"（或称株行、株系）。重点组合的重点株可多种些，集中排在前面播种，以便重点观察。一般行长 3～4 m，行距 25～33 cm，粒距 7 cm 左右。子二代同一组合的各个当选株必须相邻种植。子三代一般不再增设亲本行，但每隔 9 行或 19 行设一对照行。

④杂种子四代（F₄）及以后各世代的种植。

播种方法：为便于田间观察评选，先按组合，次按系统，再按系统中当选单株的株号，依次播成株行，每隔 9 行或 19 行设一对照行。行株距同子三代。

子三代的同一系统中所选出的若干单株，一般在子四代，每株分别顺序点种 100 株左右（突出的多种），每个单株即为一个系统，因而构成"系统群"。即同一组合，同一系统群的不同系统应相邻种植。

(二)操作方法

①先将所有的小麦种子编写档案号码。

编号方法：年度（4 位）—品种代码（字母 A～Z）—行号（3 位，从 001 开始）—当选株号（3 位，从 001 开始，现在没有选，全部记为 000）。

②准备竹片，并按"1"的要求写号，用油漆或墨汁写。

③准备实习所需材料。按"材料和用具"中的要求准备。

④播种。以小组为单位，将所有的小麦种子类型全部播完，每个品种播种 2～3 行（或 5 行）。行距 20 cm，条沟点播，窝距 5～7 cm，种子尽量分散。播种以后适当盖种，然后掏一施肥沟，撒上尿素和磷肥，撒完以后将肥料盖住。播种以后及时插上竹片，并在记录本上做好记载（画一田间图，在图上标明行号）。每两个品种留一个宽 30 cm 的过道，以作管理和做杂交组合用。

四、作业

1.以班为单位，建立合理的组织安排架构，要做到有项目小组进行工作计划，有项目小组负责各阶段的生产技术实施,有项目小组负责观测、记载和数据的收集整理,有项目小组进行去杂去劣和技术监督(把组织管理作为重要考核内容)。

2.各项目小组的阶段工作计划和总结作为作业之一。

3.最终"三系"及杂交种子的收获和生产种子的获得,作为终产品,在成绩评价中作为主要评价依据。

技能训练九　水稻"三系"观察

一、目的

熟悉水稻"三系"的形态特征,掌握鉴别水稻"三系"的方法。

二、材料与用具

材料:水稻雄性不育系及保持系、恢复系抽穗开花期植株。
用具:显微镜、镊子、解剖针、碘-碘化钾溶液、载玻片、盖玻片等。

三、方法步骤

(1)田间识别　在水稻"三系"的抽穗开花期,根据水稻雄性不育系和保持系在分蘖力、抽穗时间、抽穗是否正常和开花习性、花药形状等外部性状,在田间比较鉴别不育系、保持系和恢复系的特点。并选取穗部刚开放部分花的(或即将开放的花)的穗子,分别挂牌标记,以备室内镜检。

(2)室内镜检　在"三系"稻穗上各选取2～3个发育良好,尚未开花的颖花,分别用镊子、解剖针取出其花药,置于不同的载玻片上,夹破压碎,把花药内的花粉挤出,夹去花药壁残渣,滴上一滴碘-碘化钾溶液,盖上盖玻片,置于显微镜下观察其花粉粒。

四、作业

1.分别写出你所观察的水稻"三系"的名称及形态特征。
2.分别绘制显微镜下"三系"花粉的形态图,并表示其着色情况。

技能训练十　杂交水稻制种田花期预测

一、目的

学习和掌握杂交水稻制种田花期预测方法（幼穗剥检法）。

二、材料与用具

材料：杂交水稻制种田现场。
用具：扩大镜、米尺等。

三、方法步骤

制种田母本移栽后 20 d 起，每隔 3 d 选择有代表性的父母本各 10 株，仔细剥开主茎检查，参照水稻杂交种子生产技术花期相遇标准：1～3 期父早一，4～6 期父母齐，7～8 期母略早，具体观察父母本主茎幼穗发育进度。水稻幼穗发育 8 个时期的形态特征表现为：一期看不见，二期苞毛现，三期毛茸茸，四期粒粒现，五期见颖壳，六期叶枕平，七期穗变绿，八期穗将伸。

①根据制种田面积，分组分田进行剥检有代表性父母本植株主茎各 10～20 株。

②针对实际剥检幼穗情况，对照幼穗发育外部形态特征，确定为何发育时期，然后判断父、母本花期是否相遇。

四、作业

1. 将所观察到的父母本幼穗发育时期分别登记，最后确定父本幼穗分化平均实际时期，并作出判断父、母本花期是否相遇良好。

2. 若花期不遇，如何进行调整？

技能训练十一　主要农作物种子质量田间检验

一、目的

通过田间检验的实际操作，掌握品种纯度、田间检验的方法。

二、材料与用具

材料:水稻、小麦、棉花、玉米等种子田。
用具:米尺、铅笔、记载本。

三、方法步骤

在品种典型性最明显的时期进行,如苗期、抽穗(开花)期、成熟期。

(1)了解情况 掌握被检验作物品种的典型性状,了解其种子来源、播前种子处理及良种繁育技术操作规程执行情况等,并检查田间隔离情况。

(2)划区设点 划分检验区,选定代表田块,并根据作物种类,确定取样方式和取样点。

(3)检验与计算 根据作物种类,在取样点数取一定的株数,逐株分别记载本品种、异品种、异作物、杂草、感染病虫株数,并计算其百分率。

四、作业

将每个检验点的各个检验项目的平均结果,填写在田间检验结果单上,并提出建议和意见。

技能训练十二 玉米杂交制种技术 操作规程制定

一、目的

学生尝试制定玉米制种技术生产方案,系统整理所学的玉米种子生产专业知识,达到整理思路,理清知识点的目的,最终完全掌握玉米种子生产的技术要求。

二、材料与用具

教材、笔记,纸笔,电脑和教室等。

三、方法步骤

①亲本种子的生产方法和技术标准。
②育种家种子的生产方法与技术标准。

③玉米自交系种子的生产方法和技术标准。

④亲本单交种的生产方法和技术标准。

⑤生产用杂交种的生产方法和技术标准。

⑥建立玉米种子生产田间管理档案。

四、作业

把上述主要种子生产技术与方法汇总成玉米杂交种繁育制种技术操作规程,形成文档。

以下附录作为本实验参考。

附:玉米种子生产技术操作规程 GB/T 17315—2011

玉米种子生产技术操作规程

前　言

本标准按照 GB/T 1.1—2009 给出的规则起草。

本标准代替 GB/T 17315—1998《玉米杂交种繁育制种技术操作规程》。

本标准与 GB/T 17315—1998 相比主要变化如下:

a)标准的名称

原标准名称为《玉米杂交种繁育制种技术操作规程》,本标准修订为《玉米种子生产技术操作规程》。

b)亲本类型及其生产程序

本标准简化了亲本类型及其生产程序,将亲本类型改为育种家种子、原种和亲本种子 3 类,生产程序中删除了圃系提纯的亲本繁殖程序。

c)种子生产中的隔离距离

本标准将原来杂交种种子生产过程中的空间隔离距离由 300 m 改为 200 m。

本标准由中华人民共和国农业部提出。

本标准由全国农作物种子标准化技术委员会(SAC/TC 37)归口。

本标准起草单位:中国农业大学、全国农业技术推广服务中心、中国农业科学院、河南农业大学、内蒙古自治区种子管理站、河北省种子管理总站、吉林省种子管理总站、河南省农业科学院、河南省种子管理站、山东省种子管理总站、丹东农业科学院、辽宁省种子管理局、四川省农业科学院、北京市农林科学院、北京奥瑞金种业股份有限公司、北京德农种业有限公司。

本标准主要起草人:陈绍江、孙世贤、黄长玲、陈伟程、王守才、季广德、周进宝、陈学军、王振华、张进生、温春东、李龙凤、景希强、李磊鑫、张彪、杨国航、汤继华、黄西林、楚万国、邱军、刘素霞。

本标准所代替标准的历次版本发布情况为:

——GB/T 17315—1998。

1 范围

本标准规定了玉米种子的类别、生产程序和技术要求等内容。

本标准适用于玉米育种家种子、原种、亲本种子、杂交种种子的生产。

2 规范性引用文件

下列文件对于本文件的应用是必不可少的。凡是注日期的引用文件,仅注日期的版本适用于本文件。凡是不注日期的引用文件,其最新版本(包括所有的修改单)适用于本文件。

GB/T 3543(所有部分)　农作物种子检验规程

GB 4404.1—2008　粮食作物种子 第 1 部分:禾谷类

GB/T 7415—2008　农作物种子贮藏

GB 20464—2006　农作物种子标签通则

3 术语和定义

下列术语和定义适用于本文件。相关术语和定义与 GB 4404.1—2008 和 GB 20464—2006 一致。

3.1　育种家种子 breeder seed

由育种者育成的具有特异性、一致性和遗传稳定性的最初一批自交系种子。

3.2　原种 basic seed

由育种家种子直接繁殖出来的或按照原种生产程序生产并达到规定标准的自交系种子。

3.3　亲本种子 parental seed

由原种扩繁并达到规定标准,用于生产大田用杂交种子的种子。

3.4　杂交种种子 commercial bybrid seed

直接用于大田生产的杂交种子。

4 自交系原种与亲本种子的生产

4.1　原种的生产

4.1.1　制订方案

原种生产前制订生产方案,严格按照程序进行,建立生产档案。

4.1.2　选地

生产地块应当采用空间隔离,与其他玉米花粉来源地相距不得少于 500 m。要求生产田地力均匀土壤肥沃,排灌方便,稳产保收。

4.1.3　播种

播前应精细整地,进行种子精选包衣。适时足墒播种,确保苗齐苗壮。

4.1.4　去杂

在苗期、散粉前、收获前应及时去除杂株和非典型植株,脱粒前应严格去除杂穗、病穗。

4.1.5 收贮

单收单贮,填写档案,包装物内、外应添加标签。原种生产原则是一次繁殖,分批使用,连续繁殖不应超过 3 代。检验方法按照 GB/T 3543(所有部分),贮藏方法按照 GB/T 7415—2008,标签填写按照 GB 20464—2006。

4.2 亲本自交系种子的生产

4.2.1 选地
同 4.1.2。

4.2.2 播种
同 4.1.3。

4.2.3 去杂
同 4.1.4。

4.2.4 收贮
同 4.1.5。

5 杂交种生产

5.1 基地选择
在自然条件适宜、无检疫性病虫害的地区,选择具备生产资质的制种单位,建立制种基地。制种地块应当土壤肥沃、排灌方便,相对集中连片。

5.2 隔离

5.2.1 空间隔离
空间隔离时,制种基地与其他玉米花粉来源地应不少于 200 m。

5.2.2 屏障隔离
屏障隔离时,在空间隔离距离达到 100 m 的基础上,制种基地周围应设置屏障隔离带,隔离带宽度不少于 5 m、高度不少于 3 m,同时另种宽度不少于 5 m 的父本行。

5.2.3 时间隔离
时间隔离时,春播制种播期相差应不少于 40 d,夏播制种播期相差应不少于 30 d。

5.3 播种
播前应核实亲本真实性,进行种子精选、包衣和发芽率测定;根据亲本特征特性和当地的自然条件,确定适宜的父母本播期、播量、行比、密度等。

5.4 去杂

5.4.1 父本去杂
父本的杂株应在散粉前完全去除。

5.4.2 母本去杂
母本的杂株应在去雄前完全去除。

5.5 去雄

母本宜采取带 1～2 叶去雄的方式在散粉前及时、干净、彻底地拔除雄穗;拔除的雄穗应及时带出制种田并进行有效处理。

5.6 清除小苗及母本分蘖

母本去雄工作结束前,应及时将田间未去雄的弱小苗和母本分蘖清除干净。

5.7 人工辅助授粉

为保证制种田授粉良好,可根据具体情况进行人工辅助授粉。

5.8 割除父本

授粉结束后,应在 10 d 内将父本全部割除。

5.9 收获

将籽粒生理成熟后及时收获、晾晒或烘干,防止冻害和混杂。在脱粒前进行穗选,剔除杂穗、病穗。

6 田间检查

6.1 检查项目和依据

6.1.1 生产基地情况检查

重点查明隔离条件、前作情况、种植规格等是否符合要求。

6.1.2 苗期检查

要进行两次以上检查,重点检查幼苗长势以及叶鞘颜色、叶形、叶色等性状的典型性,了解生育进程和预测花期等。

6.1.3 花期检查

应重点检查去杂、去雄情况。主要依据株高、株型、叶形、叶色、雄穗形状和分枝多少、护颖色、花药色、花丝色及生育期等性状的典型性检查去杂情况;主要依据制种田母本雄穗、母本弱小苗和分蘖是否及时、干净、彻底拔除及拔除雄穗处理情况等检查去雄情况。

6.1.4 收获期检查

检查杂株、病虫害及有无错收情况。

6.1.5 脱粒前检查

重点检查穗型、粒型、粒色、穗轴色等性状的典型性。

6.2 检查结果的处理

每次检查,应依据附录 A 的标准,将检查结果记入附录 B。如发现不符合本规程要求的,应向生产部门提出书面报告并及时提出整改建议。经复查,对仍达不到要求的,建议报废。

附 录 A
（规范性附录）
玉米种子生产田纯度合格指标

表 A.1 玉米种子生产田纯度合格指标 　　　　　　　　　　　　　　　　%

类 别	项 目			
	母本散粉株率	父本杂株散粉株率	散粉杂株率	杂穗率
育种家种子	—	—	0	0
原种	—	—	≤0.01	≤0.01
亲本种子	—	—	≤0.10	≤0.10
杂交种种子	≤1.0	≤0.5		≤0.5

注1：母本散粉株率：指散粉株占总株数的百分比。母本雄穗散粉花药数不小于10为散粉株。

注2：散粉杂株率：指田间已散粉的杂株占总株数的百分比，散粉前已拔除的不计算在内。

注3：杂穗率：自交系的杂穗率指剔除杂穗前的杂穗占总穗数的百分比；杂交种的杂穗率是指母本脱粒前杂穗占总穗数的百分比。

附 录 B
（资料性附录）
玉米种子生产田间检查记录

No. _____

生产单位：_____　管理人：_____　户主姓名：_____

品种名称：_____　地块编号：_____　前作：_____　面积：_____　隔离情况：_____

种植密度：父_____　母_____　株/hm²　行比：_____　播种日期_____　收获日期：_____

项 目		次 数						
		1	2	3	4	5	6	备注
检查时间（日/月）								
杂交种	母本散粉株率/%							
	父本杂株散粉率/%							
	母本杂穗率/%							
自交系	散粉杂株率/%							
	杂穗/%							
检验意见		1.符合要求；2.整改；3.报废						

检验员　　　　　　　　　　　　　　　　　　　年 月 日

附　录

附录 1　小麦原种生产调查项目及标准

1. 物候期

(1)播种期　实际播种的日期,以日/月表示,下同。

(2)出苗期　全区有 50% 以上的单株的芽鞘露出地面的日期。

(3)分蘖期　全区有 50% 以上的植株第一分蘖露出叶鞘的日期。

(4)返青期　全区有 50% 植株呈现绿色,新叶开始恢复生长的日期。

(5)拔节期　用手摸或目测,全区有 50% 以上植株主茎第一茎节离开地面 1.5～2.0 cm 时的日期。

(6)抽穗期　全区有 50% 以上麦穗顶部的小穗(不含芒)露出叶鞘或叶鞘中上部裂开见小穗的日期。

(7)成熟期　麦穗变黄,全区 75% 以上植株中部籽粒变硬,麦粒大小和颜色接近正常,手捏不变形的日期。

(8)收获期　正式收获的日期。

2. 植物学特征

(1)幼苗生长习性　出苗后 1 个半月左右调查,分三类:"伏"(匍匐地面)、"直"(直立)、"半"(介于两者之间)。

(2)株型　抽穗后根据主茎与分蘖茎间的夹角分三类:"紧凑"(夹角小于 15°)、"松散"(夹角大于 30°)、"中等"(介于两者之间)。

(3)叶色　拔节后调查,分深绿、绿、浅绿 3 种,蜡质多的品种可记为"蓝绿"。

(4)株高　分蘖节或地面至穗顶(不含芒)的高度,以"cm"表示。

(5)芒　分五类:芒长 40 mm 以上为长芒;穗的上下均有芒,芒长 40 mm 以下为短芒;芒的基部膨大弯曲为曲芒;麦穗顶部小穗有少数短芒(5 mm 以下)为顶芒;完全无芒或极短

（3 mm 以下）为无芒。

（6）芒色　分白（黄）、黑、红色 3 种。

（7）壳色　分红、白（黄）、黑、紫 4 种。

（8）穗型　分 6 类：穗两端尖、中部稍大为纺锤形；穗上、中、下、正面和侧面基本一致为长方形；穗下大、上小为圆锥形；穗上大、下小，上部小穗着生紧密，呈大头状为棍棒形；穗短，中部大、两端稍小为椭圆形；小穗分枝为分枝形。

（9）穗长　主穗基部小穗节至顶端（不含芒）的长度，以"cm"表示。

（10）粒型　分长圆、椭圆、卵圆和圆 4 种。

（11）粒色　分红、白粒两种，浅黄色归为白粒。

（12）籽粒饱满度　分饱满、半饱满、秕 3 种。

3．生物学特性

（1）生长势　在幼苗至拔节、拔节至齐穗、齐穗至成熟期分别记载，分强（＋＋）、中（＋）、弱（－）3 级。

（2）植株整齐度　分 3 级：整齐（＋＋）（主茎与分蘖株高相差不足 10％）；中等（＋）（株高相差 10％～20％）；不整齐（－）（株高相差 20％以上）。

（3）穗整齐度　分整齐（＋＋）、中等（＋）、不整齐（－）3 种。

（4）耐寒性　分 5 级："0"无冻害；"1"叶间受冻发黄干枯；"2"叶片冻死一半，但基部仍有绿色；"3"地上部分枯萎或部分分蘖冻死；"4"地上部全部枯萎，植株冻死。于返青前调查。

（5）倒伏性　分 4 级："0"未倒或与地面角度大于 75°；"1"倒伏轻微，角度在 60°～75°；"2"中度倒伏，角度在 30°～60°；"3"严重倒伏，角度在 30°以下。

（6）病虫害　依据受害程度，用目测法分 0、1、2、3、4 级。

（7）落黄性　根据穗、茎、叶落黄情况分好、中、差 3 级。

4．经济性状

（1）穗粒数　单株每穗平均结实粒数。

（2）千粒重　晒干（含水量不超过 12％～13％）、扬净得籽粒，随机数取 2 份，各 1 000 粒种子，分别称重，取其平均值，以"g"表示。如两次误差超过 1 g 时，需重新数 1 000 粒称重。

（3）粒质　分硬质、半硬质、软（粉）质 3 级，用小刀横切籽粒，观察断面，以硬粒超过 70％为硬质，小于 30％为软质，介于两者之间为半硬质。

（4）产量　将小区面积折算成每公顷产量，以"kg/hm^2"表示。

（5）实际产量　按实收面积和产量折算成每公顷产量。

（6）理论产量　根据产量构成因素公顷穗数、穗粒数和千粒重计算的产量。

附录 2　水稻原种生产调查项目及标准

1．物候期

（1）浸种期、催芽期、播种期、移栽期、收获期　均记载具体日期，用日/月表示，下同。

(2)出苗期　全区 50％植株的第一片新叶伸展的日期。

(3)分蘖期　全区 50％植株的第一分蘖露出叶鞘的日期。

(4)始穗期　全区 10％植株的穗顶露出剑叶叶鞘的日期。

(5)抽穗期　全区 50％植株的穗顶露出剑叶叶鞘的日期。

(6)齐穗期　全区 80％植株的穗顶露出剑叶叶鞘的日期。

(7)成熟期　粳稻 95％以上,籼稻 85％以上谷粒黄熟、米质坚硬、可收获的日期。

2.植物学特征

(1)叶姿　分弯、中、直 3 级(弯:叶片由茎部起弯垂超过半圆形;直:叶片直生挺立;中:介于两者之间)。

(2)叶色　分为浓绿、绿、淡绿 3 级,在移栽前 1～2 d 和本田分蘖盛期各记载一次。

(3)叶鞘色　分为绿、淡红、红、紫色等,在分蘖盛期记载。

(4)株型　分紧凑、松散、中等 3 级。

(5)穗型　分两大类区分法,一类是按小穗和枝梗及枝梗之间的密集程度,分紧凑、中等、松散 3 级;另一类是按穗的弯曲程度,分直立、弧形、中等 3 级。

(6)粒型　分卵圆、短圆、椭圆、直背 4 种。

(7)芒　分无芒、顶芒、短芒、长芒 4 种(无芒:无芒或芒极短;顶芒:穗顶有短芒,芒长在 10 mm 以下;短芒:部分或全部小穗有芒,芒长在 10～15 mm;长芒:部分或全部小穗有芒,芒长 25 mm 以上)。

(8)颖、颖尖色　分黄、红、紫色等。

(9)株高　从地面至穗顶(不包括芒)的高度,以"cm"表示。

3.生物学特性

(1)抗寒性　在遇低温情况下,秧田期根据叶片黄化凋萎程度、出苗速度和烂秧情况等,抽穗结实期根据抽穗速度、叶片受冻程度和结实率高低、熟色情况等,分强、中、弱 3 级。

(2)抗倒性　记载倒伏时期、原因、面积、程度。倒伏程度分直(植株向地面倾斜的程度为 0°～15°)、斜(15°～45°)、倒(45°至穗部触地)、伏(植株贴地)。

(3)抗病虫性　按不同病虫害目测,分无、轻、中、重 4 级。

(4)分蘖性　分强、中、弱 3 级。

(5)抽穗整齐度　在抽穗期目测,分整齐、中等、不整齐 3 级。

(6)植株和穗位(层)整齐度　成熟期目测,分整齐、中等、不整齐 3 级。

4.经济性状

(1)有效穗　每穗实粒数多于 5 粒者为有效穗(白穗算有效穗)。收获前田间调查两次重复,共 20 穴。每公顷有效穗计算公式:每公顷有效穗＝每公顷穴数 × 每穴有效穗数。

(2)每穗总粒数　包括实粒、半实粒、空壳粒。

(3)结实粒　按下式计算:结实率＝(平均每穗实粒数/每穗平均粒数)×100％。

(4)千粒重　在标准含水量下 1 000 粒实粒的重量,以"g"表示。

(5)单株籽粒重　在标准含水量下单株总实粒的平均重量,以"g"表示。

5.水稻不育系

(1)不育株率　不育株占调查总株数的百分数。

（2）不育度　每穗不实粒数占总粒数的百分数（雌性不育者除外），其等级暂定如附表 1 所示。

附表 1　不育度等级划分

不育度	全不育	高不育	半不育	低不育	正常不育
自交不实率/%	100	99～90	89～50	49～20	19 以下

（3）不育系的标准　不育株率和不育度均达 100%；遗传性状相对稳定，群体要求 1 000 株以上，其他特征特性及物候期与保持系相似。

（4）不育系颖花开张角度　籼型：大（90°以上）、中（45°～89°）、小（44°以下）；粳型：大（60°以上）、中（30°～59°）、小（29°以下）。

（5）不育系柱头情况　外露、半外露、不外露。

（6）恢复株率　结实株（结实率 80% 以上）占调查总株数的百分数。

（7）恢复度　每穗结实粒数占每穗总粒数的百分数。

（8）水稻雄性不育花粉镜检标准　镜检方法：每株取主穗和分蘖穗不同部位上的小花共 10 朵，每朵花取 2～3 个花药，用碘的碘化钾液染色，压片，放大 100 倍左右，取 2～3 个有代表性的视野计算。水稻花粉不育等级划分如附表 2 所示。

附表 2　水稻花粉不育等级划分

不育等级	正常可育	低不育	半不育	高不育	全不育
正常花粉	50% 以上	31%～50%	6%～30%	5% 以下	0

附录 3　大豆原种生产调查项目及标准

1. 物候期

（1）播种期　播种当天的日期，用日/月表示，下同。

（2）出苗期　全区 50% 以上的子叶出土并离开地面的日期。

（3）始花期　全区 10% 植株开花的日期。

（4）开花期　全区 50% 植株开花的日期。

（5）成熟期　籽粒完全成熟，呈本品种固有的颜色，粒形、粒色已不再变化，不能用指甲刻伤，摇动时有响声的株数达 50% 的日期。

2. 植物学特征

（1）幼茎色　分紫、淡紫、绿 3 种。

（2）花色　分紫、白两种。

（3）叶形　分卵圆、长圆、长 3 种。

（4）茸毛色　分灰、棕两种。

（5）叶色　开花期观察，分淡绿、绿、深绿 3 级。

（6）株高　由地面或子叶节量至主茎顶端生长点的高度，以"cm"表示。

(7)结荚高度 从子叶节量至最低结荚的高度,以"cm"表示。

(8)节数 主茎的节数。

(9)分枝数 主茎上 2 个以上节结荚的分枝数。

(10)荚熟色 分淡褐、半褐、暗褐、黑色 4 种。

(11)荚粒形状 分半满与扁平两种。

(12)粒色 分白黄、黄、深黄、绿、褐、黑、双色。

(13)脐色 分白黄、黄、淡褐、褐、深褐、蓝、黑。

(14)粒型 分圆、椭圆、扁圆 3 种。

(15)光泽 有、无、微 3 种。

(16)子叶色 分黄、绿两种。

3. 生物学特性

(1)植株整齐度 根据植株生长的繁茂程度、株高及各性状的一次性记载,分整齐和不整齐两级。

(2)倒伏性 分 4 级:"1"直立不倒;"2"植株倾斜不超过 15°;"3"植株倾斜在 15°～45°;"4"植株倾斜超过 45°。

(3)结荚习性 成熟期观察,分无限结荚习性、亚有限结荚习性、有限结荚习性 3 种。

(4)生长习性 分直立、蔓生、半蔓生 3 种。

(5)裂荚性 分不裂、易裂、裂 3 种。

(6)虫食率 从未经粒选的种子中随机取 1 000 粒(单株考种取 100 粒),挑出虫食粒,按下式计算:虫食率=(虫食粒数/取样粒数)×100%。

(7)病粒率 从未经粒选的种子中随机取 1 000 粒(单株考种时取 100 粒),挑出病粒,按下式计算:病粒率=(病粒粒数/取样粒数)×100%。

4. 经济性状

(1)单株荚数 单株所结的平均荚数(秕荚不计算在内)。

(2)单株粒重 在标准含水量下,单株籽粒的平均粒重,以"g"表示。

(3)百粒重 在标准含水量下 100 粒种子的质量,以"g"表示。

(4)籽粒产量 以小区产量折算成每公顷产量,以"kg/hm²"表示。

附录 4 棉花原种生产调查项目及标准

1. 物候期

(1)播种期 播种当天的日期,以日/月表示,下同。

(2)出苗期 全区 50%幼苗 2 片子叶平展时的日期。

(3)现蕾期 全区 50%植株的花蕾苞片达 3 mm 时的日期。

(4)开花期 全区 50%植株有一朵以上的花开放时的日期。

(5)吐絮期 全区 50%植株棉铃正常开裂见白絮的日期。

2.植物学特征

(1)株型　在花铃期观察,分塔形、筒形、紧凑、松散 4 种。

(2)株高　在第一次收花前,测量地面到植株顶端的距离,取 20 株的平均值,以"cm"表示。

(3)叶形　开花期观察,以叶片大小、缺刻深浅、叶面皱褶、平展等表示。

(4)铃型　吐絮前观察,分椭圆形、卵圆形、圆形 3 种和铃嘴尖、钝两种。

(5)第一果枝节位　现蕾后自子叶节上数(子叶节不计在内)至第一果枝着生节位,调查 10～20 株,以平均数表示。

(6)果枝数　打顶后调查 20 个植株的单株果枝平均数。

3.生物学特性

(1)生长势　在 5～6 片真叶时,观察幼苗的健壮程度,铃期观察生长是否正常,有无徒长和早衰现象,分强(＋＋)、中(＋)、弱(－)3 级。

(2)枯萎病　在 6 月间发病盛期和 9 月初各调查一次,按 5 级记载:0 级:健株;Ⅰ级:病株叶片有 25% 以下表现叶脉呈黄色网纹状,或变黄、变红、发紫等现象;Ⅱ级:病株叶片有 25%～50% 表现症状,株型萎缩;Ⅲ级:病株叶片有 50%～90% 表现症状,植株明显萎缩;Ⅳ级:病株叶片焦枯脱落,枝茎枯死或急性凋萎死亡。

(3)黄萎病　在 7 月下旬至 8 月上旬调查一次,按 5 级记载:0 级:健株;Ⅰ级:病株 25% 以下的叶片叶脉间出现淡黄色不规则斑块;Ⅱ级:病株 25%～50% 的叶片出现西瓜皮形的黄褐色枯斑,叶缘略向上翻卷;Ⅲ级:病株 50% 的叶片呈现黄褐色枯斑,叶缘枯焦,少数叶片脱落;Ⅳ级:全株除顶叶外,全部呈现病状,多为掌状枯斑,中部叶片大部分脱落或整株枯死。

4.经济性状

(1)百铃重　随机采取 100 个棉铃,干后称籽棉重量,以"g"表示。取 2～3 次重复的平均值。

(2)衣分　定量籽棉所轧出的皮棉重量占籽棉重量的百分比。

(3)衣指　百粒籽棉的皮棉重。随机取 100 粒籽棉,轧后称其皮棉重,重复 2 次,以"g"表示。

(4)籽指　百粒籽棉重,以"g"表示,与衣指考种时结合进行。

(5)纤维长度　取 30～50 个健全棉瓣的中部籽棉各一粒,从棉籽中间左右梳开,测量其长度被 2 除,求其平均数。以"mm"表示。

(6)纤维整齐度　用纤维长度平均数加减 2 mm 范围内的种子数占总数的百分数表示。

(7)产量　小区实收籽棉量,折成每公顷籽棉产量,并按衣分折算出每公顷皮棉产量,均以"kg/hm²"表示。

(8)霜前花率(%)　从开始收花至霜后 5 d 内所收的籽棉产量占总产量的百分数。

附录5   玉米原种生产调查项目及标准

1.物候期

(1)播种期　实际播种日期,以日/月表示,下同。

(2)出苗期　全区有60%以上的幼芽露出地面高3 cm左右的日期。

(3)抽雄期　全区有60%以上的植株雄穗尖端露出顶叶的日期。

(4)吐丝期　全区有60%以上的植株的果穗开始吐丝的日期。

(5)散粉期　全区有60%以上植株的雄花开始散布花粉的日期。

(6)成熟期　全区有90%以上植株的果穗苞叶变黄色,籽粒硬化,并达到原品种固有色泽的日期。

(7)收获期　实际收获的日期。

(8)生育期　从播种次日到成熟的生育天数,以天(d)表示。

2.植物学特征

(1)株高　在乳熟期选有代表性的10～20棵植株,测量其从地面到雄穗顶端的高度,取平均值,以"cm"表示。

(2)穗位高度　测定自地面到果穗着生的高度,取平均值,以"cm"表示。

(3)叶色　分青绿、绿、深绿3种。

(4)花药色　分黄绿、紫、粉红等颜色。

(5)花粉量　分多、中、少3种。

(6)花丝色　分绿、紫红、粉红3种。

(7)单株有效果穗数　调查20～30株的结实果穗数,取平均值。

(8)空秆率　空秆株数占调查株数的百分率。

(9)双穗数　双穗株数占调查株数的百分数。

(10)穗长　在收获期选有代表性植株10～20株,测定每株第一果穗(风干)的长度,取平均值,以"cm"表示。

(11)穗粗　取上述干果穗,测定其中部直径,取平均值,以"cm"表示。

(12)秃尖长度　取上述干果穗,测定其秃尖长度,取平均值,以"cm"表示。

(13)穗行数　取上述干果穗,数其每穗中部籽粒行数,取平均值。

(14)穗型　分圆柱形、长锥形、短锥形等。

(15)穗粒重　取上述干果穗脱粒称重,取平均值,以"g"表示。

(16)穗轴粗　取上述干果穗穗轴,测定其中部直径,取平均值,以"cm"表示。

(17)轴色　分紫、红、淡红、白等色。

(18)粒型　分硬粒、马齿、半马齿3种。

(19)粒色　分白、黄、浅黄、橘黄、浅紫红、紫红等色。

3.生物学特性

(1)植株整齐度　开花后全区植株生育的整齐程度,分整齐、不整齐两类。

(2)倒伏度　抽雄后,因风雨及其他灾害倒伏倾斜度大于45°者作为倒伏指标。分轻、中、重3级,轻:倒伏株数占全区株数的1/3以下;倒伏株数占全区株数的1/3～2/3者为中;倒伏株数占全区株数超过2/3者为重。

(3)叶斑病　包括大小斑病。在乳熟期观察植株上、中、下部叶片的病斑数量及叶片因病枯死的情况,依发病程度分4级:无:全株叶片无病斑;轻:植株中、下部叶片有少量病斑,病斑约占叶面积的20%～30%;中:植株下部有部分叶片枯死,中部叶片有病斑,病斑占叶面积的50%左右;重:植株下部叶片全部枯死,中部叶片部分枯死,上部叶片也有病斑。

(4)其他病害　如青枯病、黑穗病、黑粉病等,在乳熟期调查发病株数,以百分率表示。

4.经济性状

(1)出籽率　取干果穗500～1 000 g,脱粒后称种子重量,求出籽率。

$$出籽率＝(籽粒干重/果穗干重)×100\%$$

(2)百粒重　标准含水量下100粒种子的重量,以"g"表示。
(3)籽粒产量　将小区产量折算成每公顷产量,以"kg/hm²"表示。

附录6　双抗体夹心酶联免疫检测法

一、溶液配制

所用化学试剂为分析纯级规格,用水为蒸馏水。
1.洗涤缓冲液(PBST,pH 7.4)

氯化钠(NaCl)	8.00 g
磷酸二氢钾(KH₂PO₄)	0.20 g
磷酸氢二钠(Na₂HPO₄·12H₂O)	2.93 g(或 Na₂HPO₄ 1.15 g)
氯化钾(KCl)	0.20 g
吐温-20(Tween-20)	0.50 mL

溶于蒸馏水中,定容至1 000 mL,4℃保存
2.抽提缓冲液(pH 7.4)
20.0 g聚乙烯吡咯烷酮(PVC)溶于1 000 mL PBST中。
3.包被缓冲液(pH 9.6)

碳酸钠(Na₂CO₃)	1.59 g
碳酸氢钠(NaHCO₃)	2.93 g
叠氮钠(NaN₃)	0.20 g

溶于蒸馏水中,定容至1 000 mL,4℃保存。
4.封板液

牛血清白蛋白(或脱脂奶粉)	2.00 g

聚乙烯吡咯烷酮(PVC)   2.00 g

溶于 100 mL PBST 中,4℃保存。

5.酶标抗体稀释缓冲液

牛血清白蛋白(或脱脂奶粉)   0.10 g

聚乙烯吡咯烷酮(PVC)   1.00 g

叠氮钠(NaN_3)   0.01 g

溶于 100 mL PBST 中,4℃保存。

6.底物缓冲液

二乙醇胺   97 mL

叠氮钠(NaN_3)   0.20 g

溶于 800 mL 蒸馏水中,用 2 mol/L 盐酸调 pH 至 9.8,定容至 1 000 mL,4℃保存。

7.底物溶液(现用现配)

0.05 g 4-硝基苯酚磷酸盐溶于 50 mL 底物缓冲液中。

二、样品制备

取样品 0.5～1.0 g,加入 5 mL 抽提缓冲液,研磨,4 000 r/min 离心 5 min,取上清液备用。

三、操作步骤

(1)包被抗体   每孔加 100 μL 用包被缓冲液按工作浓度稀释的抗体,37℃保湿孵育 2～4 h 或 4℃保湿过夜。

(2)洗板   用洗涤缓冲液洗板 4 次,每次 3～5 min。

(3)封板   每孔加 200 μL 封板液,34℃保湿孵育 1～2 h。

(4)洗板   用洗涤缓冲液洗板 4 次,每次 3～5 min。

(5)包被样品   每孔加样品 100 μL,34℃保湿孵育 2～4 h 或 4℃保湿过夜。同时设阴性、目标病毒的阳性和空白对照,可根据需要设置重复。

(6)洗板   用洗涤缓冲液洗板 4～8 次,每次 3～5 min。

(7)包被酶标抗体   每孔 100 μL 用抗体稀释缓冲液稀释到工作浓度的碱性磷酸酯酶标记抗体,37℃孵育 2～4 h。

(8)洗板   用洗涤缓冲液洗板 4 次,每次 3～5 min。

(9)加底物溶液   每孔加 100 μL,37℃保湿条件下反应 1 h。

(10)酶联检测   用酶联检测仪测定 405 nm 的光吸收值(OD_{405}),记录反应结果。阳性判断标准:

$$\frac{\text{检测样品 } OD_{405}}{\text{阴性对照 } OD_{405}} > 2 \text{ 为阳性}$$

附录7　往复双向聚丙烯酰胺凝胶电泳法

应用本法检测脱毒苗是否感染有马铃薯纺锤块茎类病毒。

一、仪器和设备

(1)电泳仪。

(2)电泳槽。

(3)转数为 3 000 r/min 以上的离心机。

(4)冰箱。

(5)高温水浴锅。

(6)微量可调进样器,需要 2~10 μL,10~50 μL,10~200 μL 3 种规格,并附有相应规格的塑料头。

(7)玻璃或白瓷制造的小研钵。

(8)带乳头的玻璃小吸管。

(9)小塑料盘。

(10)牙签、滤纸等。

二、试剂

为分析纯级规格,用水为蒸馏水。

(1)核酸提取缓冲液　0.53 mol/L 氨水(NH_4OH),0.013 mol/L 乙二胺四乙酸钠(Na_2-EDTA),用三羟甲基氨基甲烷(Tris)调至 pH 7.0,4 mol/L 氯化锂(LiCl)。

(2)10×电极缓冲液　0.89 mol/Ltris,0.89 mol/L 硼酸,2.5 mmol/L Na_2EDTA,pH 8.3。

(3)载样缓冲液　60 mL 1×电极缓冲液加 40 mL 丙三醇,含 0.25%二甲苯蓝,0.25%溴酚蓝。

(4)水饱和酚　约为 80%酚的水溶液,内含 0.1% 8-羟基喹啉。

(5)30 丙烯酰胺贮液　丙烯酰胺 30 g,亚甲基双丙烯酰胺 0.75 g,用水定容为 100 mL,过滤,贮于 4℃条件下。

(6)10%过硫酸铵溶液　0.1 g 过硫酸铵加水 1 mL(现用现配)。

(7)四甲基乙二胺(TEMED)

(8)4 mol/L 乙酸钠溶液　5.44 g 无水乙酸钠定容为 10 mL。

(9)脲　按 8 mol/L 用量加到反向电泳凝胶中,即所谓的变性胶。

(10)核酸固定液　含 10％乙醇,0.5％醋酸的水溶液。

(11)0.2％硝酸银溶液

(12)核酸显影液　0.375 mol/L 氢氧化钠(NaOH),2.3 mmol/L 硼氢化钠(NaBH₄),0.4％甲醛(37％,W/V)。

(13)增色液　70 mmol/L 碳酸钠(Na₂CO₃)水溶液。

三、核酸提取

(1)在无菌条件下,从试管苗上剪下长 2 cm 茎段,放于小研钵中。把取样的试管苗放回试管中,封好管口,编号,以便根据检测结果决定取舍。

(2)向小研钵中加入 0.4 mL 核酸提取缓冲液,0.6 mL 水饱和酚,研碎,倒入小塑料离心管中。

(3)3 000 r/min(可在 3 000～8 000 r/min 幅度内离心,一般离心速度高些好)离心 15 min。用带乳头小吸管口把上层水相吸到另一清洁的离心管中。

(4)向小离心管中加入 1 mL 乙醇,1 滴 4 mol/L 乙酸钠,混匀后放在冰箱冰盒中至少冷冻 30 min。

(5)3 000 r/min 离心 15 min,倒掉乙醇,用少量乙醇轻轻冲洗管壁两次;倒放离心管,控干剩余的乙醇。

(6)向每一离心管中加入 50 μL 载样缓冲液,用干净牙签混匀,即可用于上样电泳。

四、电泳

(1)正向电泳,用 5％聚丙烯酰胺凝胶,用 1× 电极缓冲液,进行从负极到正极电泳(上电泳槽的电极是负极,下电泳槽是正极),电流量为每厘米宽凝胶 5 mA。上样量为 6 μL,当二甲苯蓝示踪染料迁移到凝胶板中部时(从上样原点迁移约 6 cm),拆开玻璃板,横切下约 1 cm 宽的带有二甲苯蓝带的凝胶条,平移到玻璃板的底部边缘,安装好玻璃板,灌进含 8 mol/L 脲的变性胶;把玻璃板装回到电泳槽内,变换电极,进行从正极到负极的反向电泳。约 20 min,当二甲苯蓝带已经完全进入变性胶中以后,停止电泳。拆开电泳槽,取下玻璃板。

(2)加温带变性胶的电泳玻璃板,促使类病毒变性。在 80℃水浴中,加温电泳玻璃板 30 min,然后把电泳玻璃板装回到电泳槽中。

(3)反向电泳,是从正极到负极的电泳。电极缓冲液与电流量和正向电泳相同。电泳约 2 h,当二甲苯蓝示踪染料带迁移到胶板上方距电泳原点约 4 cm 处,停止电泳,取出凝胶片进行银染色。

五、银染色

(1)核酸固定。把凝胶片放在盛有 200 mL 核酸固定液的塑料盘中,轻轻振荡 10 min,然后倒掉固定液。

（2）向塑料盘中加进 200 mL 0.2％硝酸银溶液，轻轻振荡 15 min，然后倒出银溶液（可重复使用）。

（3）用蒸馏水冲洗凝胶板，以除掉残留的银溶液，共冲洗四次，每次用水 200 mL，每次冲洗 15 s。

（4）核酸带显色。加入核酸显影液 200 mL（现用现配），轻轻振荡，直到核酸带显现清楚为止，然后用自来水冲洗停显。

（5）增色。加入增色液 200 mL。

（6）结果判定。在凝胶板下方 1/4 处的核酸带为类病毒核酸带（即最下方的核酸带）；其上为寄主核酸带，在寄主核酸带与类病毒核酸带之间有空隙，二者可明显区分开。

参 考 文 献

[1] 蔡后銮.园艺植物育种学.上海:上海交通大学出版社,2002.

[2] 曹家树,申书兴.园艺植物育种学.北京:中国农业大学出版社,2001.

[3] 陈大成,等.园艺植物育种学.广州:华南理工大学出版社,2001.

[4] 陈世儒.蔬菜种子生产原理与实践.北京:农业出版社,1993.

[5] 盖钧镒.作物育种学各论.北京:中国农业出版社,1997.

[6] 谷茂,杜红.作物种子生产与管理.2版.北京:中国农业出版社,2010.

[7] 谷茂.作物种子生产与管理.北京:中国农业出版社,2002.

[8] 郭才,霍志军.植物遗传育种及种苗繁育.北京:中国农业大学出版社,2006.

[9] 郝建华.园林苗圃育苗技术.北京:化学工业出版社,2003.

[10] 贺浩华,高书国.种子生产技术.北京:中国农业科技出版社,1996.

[11] 胡晋.种子贮藏原理与技术.北京:中国农业大学出版社,2001.

[12] 胡延吉.植物育种学.北京:高等教育出版社,2003.

[13] 季孔庶.园艺植物遗传育种.北京:高等教育出版社,2005.

[14] 景士西.园艺植物育种学总论.北京:中国农业出版社,2000.

[15] 李振陆.农作物生产技术.北京:中国农业出版社,2001.

[16] 刘宜柏,董洪平,丁为群.作物遗传育种原理.北京:中国农业科技出版社,1999.

[17] 吕爱枝,靳占忠.作物遗传育种.北京:高等教育出版社,2005.

[18] 吕爱枝,霍志军,马贵民.作物遗传育种.北京:高等教育出版社,2009.

[19] 潘家驹.作物育种学总论.北京:中国农业出版社,1994.

[20] 钱拴提.园林专业综合实训指导.沈阳:白山出版社,2003.

[21] 申书兴.园艺植物育种学实验指导.北京:中国农业大学出版社,2002.

[22] 孙新政.园艺植物种子生产.北京:中国农业出版社,2006.

[23] 王建华,张春庆.种子生产学.北京:高等教育出版社,2006.

[24] 王孟宇,刘弘.作物遗传育种.北京:中国农业大学出版社,2009.

[25] 西北农学院.作物育种学.北京:农业出版社,1983.

[26] 西南农业大学,四川农业大学.作物育种学各论.北京:农业出版社,1992.

[27] 徐大胜,张彭良.遗传与作物育种.成都:四川大学出版社,2011.

［28］颜启传. 种子学. 北京：中国农业出版社，2000.

［29］颜启传，等. 国际农作物品种鉴定技术. 北京：中国农业科学技术出版社，2004.

［30］张天真. 作物育种学总论. 北京：中国农业出版社，2003.

［31］浙江农林大学. 遗传学. 北京：农业出版社，1990.

［32］中国农业标准汇编（种子苗木卷）. 北京：中国标准出版社，1998.

［33］第二届植物学名词审定委员会. 植物学名词. 2 版. 北京：科学出版社，2019.

［34］许立奎，等. 种子生产技术. 北京：中国农业大学出版社，2021.

［35］吴丽敏，左广成. 园艺植物种苗生产. 北京：中国农业大学出版社，2021.

［36］张光昱，杨志辉. 种子生产实用技术. 北京：中国农业出版社，2020.